高 等 学 校 教 材

机械制造
工程训练 上册

主编 罗丽萍 郭烈恩

Mechanical Manufacturing
Engineering Training

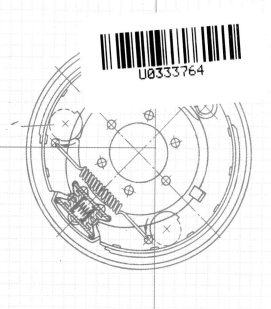

高等教育出版社·北京

内容提要

本书是《机械制造工程训练》教材上册,共分四篇14章,主要介绍与各实际训练项目有关的、必需的基础理论知识,其中第一篇工程材料主要介绍金属材料常识、钢的热处理方法和塑料及其成形技术基本知识;第二篇毛坯成形方法主要介绍铸造、锻压和焊接工艺的基础知识;第三篇机械加工基本方法主要介绍切削加工基本知识(刀具、机械加工零件的技术要求和常用量具)和零件表面加工方法(车削加工、铣削加工、磨削加工和钳工)的基础知识;第四篇现代制造技术主要介绍数控加工技术、特种加工技术、快速成形制造技术和三坐标测量技术基本知识。 为了帮助学生消化、巩固和深化相关内容,加强理论与实践的联系,每章后面都附有复习思考题。

本书主要作为高等工科院校本科、专科机械类和近机类机械制造工程训练用教材,对于非机械类各专业可根据专业特点和教学条件,有针对地选择其中的训练内容组织教学,本书还可以作为相关工程技术人员和技工的自学参考书。

图书在版编目(CIP)数据

机械制造工程训练. 上册 / 罗丽萍, 郭烈恩主编. -- 北京: 高等教育出版社, 2017.9(2019.8重印)
ISBN 978-7-04-048174-7

Ⅰ. ①机… Ⅱ. ①罗… ②郭… Ⅲ. ①机械制造工艺 – 教材 Ⅳ. ①TH16

中国版本图书馆 CIP 数据核字(2017)第 176850 号

策划编辑	卢 广	责任编辑	沈志强	封面设计	赵 阳	版式设计	马 云
插图绘制	杜晓丹	责任校对	刘春萍	责任印制	毛斯璐		

出版发行	高等教育出版社	网 址	http://www.hep.edu.cn	
社 址	北京市西城区德外大街 4 号		http://www.hep.com.cn	
邮政编码	100120	网上订购	http://www.hepmall.com.cn	
印 刷	三河市华骏印务包装有限公司		http://www.hepmall.com	
开 本	787mm×960mm 1/16		http://www.hepmall.cn	
印 张	25.25			
字 数	460 千字	版 次	2017年9月第1版	
购书热线	010-58581118	印 次	2019年8月第2次印刷	
咨询电话	400-810-0598	定 价	45.50 元	

本书如有缺页、倒页、脱页等质量问题,请到所购图书销售部门联系调换
版权所有 侵权必究
物 料 号 48174-00

前言

机械制造工程训练是工科高等院校对学生进行工程训练的重要环节之一，是一门传授机械制造基础知识和技能的实践性很强的技术基础课。本书是学生进行机械制造工程训练的主教材，主要介绍零件的成形方法和加工方法，毛坯制造和零件加工的一般工艺过程，所用设备的构造、工作原理和使用方法，所用材料、工具、附件与刀具及安全技术等，以零件各种加工工艺方法中的各个训练项目为实训单元对学生进行训练。通过机械制造工程训练使学生对典型工业产品的结构、制造过程有一个基本的体验和认识；对各主要的制造加工方法、设备、工艺等有一定的了解；培养学生的基本操作技能，增强工程实践能力，提高工程素质，培养创新意识和创新能力，为后续课程的学习以及为将来从事有关工作奠定良好的基础。

本书是为适应现代机械制造工业发展，结合金工系列课程改革与工程训练教学基地建设，根据国家教育部制订的《机械工程训练教学基本要求》，并吸取借鉴各校机械工程训练教学改革成果的基础上编写的。

编写教材时，精减和完善了基本制造技术训练内容，增强非金属材料成形技术、现代制造技术和现代测量技术的训练内容；注重突出实践性、启发性、科学性和先进性，做到基本概念清晰，重点突出，简明扼要，形象生动；不仅注重学生观察现象、发现问题、获取知识，独立分析问题和解决问题能力的培养，而且注重学生工程实践能力、工程素质和创新思维能力的提高。

本书是机械制造工程训练教材的上册，共分四篇14章，主要介绍与各实际训练项目有关的、必需的基础理论知识。为了帮助学生消化、巩固和深化相关内容，加强理论与实践的联系，在每章后面都附有复习思考题。

本书由南昌大学工程训练中心组织编写，由罗丽萍、郭烈恩担任主编，朱政强、朱金平、宋心鑫担任副主编。编写分工如下：罗丽萍（第1章、第6章部分、第 7 章、第 10 章），郭烈恩（第 8 章、第 9 章），朱政强（第 5 章部分、第 14 章部分），熊新根（第 2 章、第 14 章部分），孙江（第 2 章部分），占多产（第 3 章），徐明发（第 4 章），李学文（第 5 章部分），汪灶炎（第 6 章部分），邓国华（第 10 章），宋心鑫、王官明（第 11 章），朱金平（第 12 章），钟雪华（第 13 章）。

本书由清华大学傅水根教授审阅，在此表示衷心感谢。

全书采用的参考文献列于书后并向各文献作者致以谢意。

由于编者水平有限，书中难免存在不妥或错误之处，恳请读者批评指正。

编　者
2017 年 4 月

目录

第3篇 机械加工基本方法

第4篇 现代制造技术

工程材料是指用于工程方面的材料，主要有机械工程材料、建筑工程材料、电工材料和电子材料等。机械工程材料是用于制造各种机械设备、机械产品的结构件和零部件，以及各种加工用工模具的材料，它包括金属材料和非金属材料。

金属材料因其具有良好的力学性能、物理性能、化学性能和工艺性能，所以成为机器零件最重要最常用的工程材料。金属材料分为黑色金属（钢铁）和有色金属，有色金属是指除黑色金属以外的所有金属材料，如铜合金、铝合金及轴承合金等。应用最广的是黑色金属，它占整个结构材料和工具的90%以上。与钢铁相比，有色金属材料的产量低，价格高，但由于其具有许多优良特性，因此在科技和工程中也占有重要的地位，是一种不可缺少的工程材料。

非金属材料是指除金属材料以外的一切材料的总称，如塑料、橡胶、陶瓷和复合材料等。非金属材料具有许多特殊的性能，如塑料的重量轻、易成形、耐磨、隔热、隔音及优良的电绝缘性；橡胶的高弹性；陶瓷的高硬度、耐高温、耐腐蚀等，而且它们的原料来源广泛，自然资源丰富，成形工艺简便。因此，非金属材料正愈来愈多地应用于各类工程结构中，用它来取代部分金属材料可取得巨大的经济技术效果。例如：用玻璃纤维增强塑料制造汽车车身，在相同强度下，其重量较钢板车身降低 67%，造价减少 20%；塑料刹车片寿命较铸铁提高 7~9 倍；塑料轴承造价较青铜低 80%~90%；陶瓷发动机的出现使热效率提高 30%~40%，并使发动机体积和重量减小，同时还可以取消整个冷却系统和通风系统。由此可见，非金属材料的生产和应用，是当代科学技术革命的重要标志之一。如今它已发展成为一类独立的材料体系，是一种不可取代的材料。

本篇主要介绍金属材料常识、钢的热处理方法、塑料及其成形技术基本知识。

第1章 金属材料及钢的热处理

1.1 金属材料常识

▲ 1.1.1 金属材料的力学性能

金属材料的性能包括力学性能、物理性能、化学性能和工艺性能等。金属材料的力学性能是指材料受外力作用时所反映出来的性能，主要有强度、硬度、塑性、冲击韧性、疲劳强度等。

强度是金属材料在外力作用下抵抗塑性变形和断裂的能力。工程上常用的强度指标有屈服强度和抗拉强度。屈服强度是金属材料在外力作用下开始产生塑性变形时的应力，通常用 σ_s 表示。抗拉强度是金属材料在拉断前所能承受的最大应力，通常用 σ_b 表示。σ_s 和 σ_b 在设计机械零件和选择、评定材料时具有重要意义。

塑性是金属在外力作用下产生塑性变形而不被破坏的能力。通常用伸长率 A 和断面收缩率 Z 作为金属材料的塑性指标。

硬度是金属材料抵抗更硬的物体压入其内的能力，实质上是表示金属材料在一个小的体积范围内抵抗弹性变形、塑性变形或断裂的能力。一般来说，硬度越高，耐磨性越好，强度也较高。硬度是生产中最常用的一个指标，常用的有布氏硬度（HB 表示）、洛氏硬度（HR 表示）和维氏硬度（HV 表示）等。

冲击韧性是金属材料在冲击载荷作用下，抵抗破坏的能力，金属材料韧性好坏用冲击韧性值 a_k 衡量，冲击韧性值大则材料韧性好、反之则材料韧性差。

疲劳强度是金属材料经无数次循环载荷作用下而不致引起断裂的最大应力，当应力按正弦曲线对称循环时，疲劳强度以符号 σ_{-1} 表示。所谓金属疲劳是指在交变载荷下工作的零件，虽然工作应力低于屈服强度，但在长时间工作后发生断裂，这种现象称为疲劳。

因此在交变载荷作用下工作的零件，选材和设计时，不仅要考虑材料的屈服强度，还要考虑它的疲劳强度（疲劳极限）。

零件选材时，除要考虑材料的力学性能外，还必须同时考虑其工艺性能。按工艺方法的不同，工艺性可分为可铸性、可锻性、可焊性和可切削加工性等。

◢ 1.1.2　常用金属材料

1. 钢

（1）钢的分类

① 钢按化学成分可分为碳素钢和合金钢两大类。碳素钢是碳的质量分数小于 2.11% 的铁碳合金，并含有少量的 Mn、Si、S、P、O、N 等杂质元素，碳素钢按碳的质量分数又可分为低碳钢（$w_\mathrm{C} < 0.25\%$）、中碳钢（$w_\mathrm{C} = 0.25\%$ ~ 0.6%）和高碳钢（$w_\mathrm{C} > 0.6\%$）。合金钢是为了改善和提高碳素钢的性能或使之获得某些特殊性能，在碳素钢的基础上，特意加入某些合金元素而得到的多元的以铁为基础的铁碳合金，合金钢按合金元素含量又可分为低合金钢（合金元素总含量 $w_\mathrm{Me} < 5\%$）、中合金钢（合金元素总含量 $w_\mathrm{Me} = 5\%$ ~ 10%）和高合金钢（合金元素总含量 $w_\mathrm{Me} = 5\%$ ~ 10%）。

② 钢按冶金质量和钢中有害元素硫、磷，可分为普通质量钢（$w_\mathrm{S} \leqslant$ 0.035% ~ 0.05%、$w_\mathrm{P} \leqslant 0.035\%$ ~ 0.045%）、优质钢（$w_\mathrm{S,P} \leqslant 0.035\%$）和高级优质钢（$w_\mathrm{S,P} \leqslant 0.025\%$）。

③ 钢按用途可分为结构钢、工具钢和特殊性能钢。结构钢又可分为工程结构用钢（碳素结构钢、低合金高强度结构钢等）和机械结构用钢（优质碳素结构钢、合金结构钢、弹簧钢及滚动轴承钢等）。工具钢根据用途不同又可分为刃具钢、模具钢和量具钢。

钢厂在给钢的产品命名时，往往将成分、质量、用途这三种分类方法结合起来。如将钢称为优质碳素结构钢、碳素工具钢、高级优质钢、合金结构钢和合金工具钢等。

（2）常用碳钢的牌号、种类和用途

由于碳钢容易冶炼，价格低廉，工艺性能好，力学性能能够满足一般工程和机械制造的使用要求，所以在机械制造业中得到了广泛的应用。表 1.1 列出了碳素钢的牌号、种类和用途。

表 1.1　碳素钢的牌号、种类和用途

名称	碳素结构钢	优质碳素结构钢	碳素工具钢
常用种类	Q195、Q235、Q235A·F、Q275	08F、08、15、20、35、40、45、50、45Mn、60、60Mn	T8、T10、T10A、T12、T13
牌号意义	字母"Q"表示屈服点的"屈";数字表示最小屈服点,数字越大,碳的质量分数越高;"A"表示质量等级,分 A、B、C、D 四级;"F"表示脱氧方法,符号 F、b、Z、TZ 分别表示沸腾钢、镇静钢及特殊镇静钢。镇静钢和特殊镇静钢的牌号中脱氧方法符号可省略	两位数字表示钢中平均碳的质量分数的万分之几;"F"表示为沸腾钢;锰的质量分数在 0.8% ~ 1.2% 时加 Mn 表示	"T"表示碳素工具钢,其后的数字表示平均碳的质量分数的千分之几;"A"表示高级优质
用途举例	螺栓、连杆、法兰盘、键、小轴、销子等	冲压件、焊接件、轴、齿轮、蜗杆、弹簧等	锯条、手锤、刮刀、锉刀、丝锥、量规、冷切边模等

（3）合金钢的牌号、种类和用途

与碳素钢相比,合金钢经过合理的加工处理后能够获得较高的力学性能,有的还具有耐热、耐酸、抗蚀性等特殊物理化学性能。但其价格较高,某些加工工艺性能较差,某些专用钢只能应用于特定工作条件。表 1.2 列出了合金钢的牌号、种类和用途。

表 1.2　合金钢的牌号、种类和用途

名称	合金结构钢	合金工具钢	特殊性能钢
常用种类	20CrMnTi、40Cr、38CrMoAlA、55Si2Mn	9SiCr、CrWMn、W18Cr4V、Cr12MoV	1Cr18Ni9、1Cr13Mo、ZGMn13 - 1
牌号意义	首两位数字表示碳的质量分数的万分之几,元素符号及其后面的数字表示该元素的质量分数的百分之几,小于 1.5% 时,不标明数字,为 1.5% ~ 2.49%、2.5% ~ 3.49%……时,相应地标以 2、3……;"A"表示高级优质	首位数字表示钢中碳的平均质量分数的千分之几,高于 1.0% 时,不标出;元素符号及其后面的数字表示方法与合金结构钢相同	专用钢牌号的表示方法与钢种有关,有特殊的命名方法,详见国家标准
用途举例	高压容器、车辆、齿轮、连杆、曲轴、机床主轴等	各种模具、量具、刃具等	不锈钢、耐热钢、耐磨钢

2. 铸铁

铸铁是碳的质量分数大于2.11%并含Mn、Si、S、P等杂质元素较钢多的铁碳合金，抗拉强度、塑性和韧性不如钢好，但容易铸造，减振性好，易切削加工，且价格便宜，所以铸铁在工业中仍然得到广泛的应用。

① 根据铸铁中碳的存在形式不同，铸铁可分成以下四种：

a. 白口铸铁   碳除微量溶于铁素体外，其余全部以渗碳体的形式存在，其断口呈银白色，故称白口铸铁。这种铸铁组织中因存有大量莱氏体，性能硬而脆，难以切削加工，所以很少用来制造机器零件。

b. 灰口铸铁   碳全部或大部分以游离状态的石墨存在于铸铁中，其断口呈灰色，故称灰口铸铁。它是工业中应用最广的铸铁。

c. 麻口铸铁   这种铸铁组织中既有石墨，又有莱氏体，属于白口和灰口间的过渡组织。断口呈黑白相间的麻点，故称麻口铸铁。这类铸铁也具有较大的硬脆性，故工业上很少使用。

根据铸铁中石墨形态的不同，灰口铸铁又可分为灰铸铁、可锻铸铁、球墨铸铁和蠕墨铸铁四种。

② 根据铸铁的化学成分，铸铁可分为普通铸铁和合金铸铁。合金铸铁是指含硅量大于4%、含锰量大于2%，或者至少含有一定量的钛、钒、钼、铬、铜等元素的铸铁，它们常具有耐蚀、耐热、耐磨等性能。

表1.3列出了常用铸铁的牌号、种类和用途。

表1.3   常用铸铁的牌号、种类和用途

分类	灰铸铁	球墨铸铁	可锻铸铁	蠕墨铸铁	耐热铸铁
牌号举例	HT150 HT200 HT350	QT400-18 QT600-3 QT900-2	KTH330-08 KTH370-12 KTZ650-02	RuT300 RuT340 RuT380	RTCr16 RTSi5
牌号意义	石墨以片状形态存在，HT表示灰铸铁，数字表示最小抗拉强度值	石墨以球状形态存在，QT表示球墨铸铁，前面数字表示最小抗拉强度值，后面数字表示最小伸长率	石墨以团絮形态存在，KTH表示黑心可锻铸铁，KTZ表示珠光体可锻铸铁，KTB表示白心可锻铸铁，数字意义同球墨铸铁	石墨以蠕虫形态存在，RuT表示蠕墨铸铁，数字表示最小抗拉强度值	RT表示耐热铸铁，加入的合金元素用化学符号表示

续表

分类	灰铸铁	球墨铸铁	可锻铸铁	蠕墨铸铁	耐热铸铁
应用举例	底座、床身、齿轮、气缸体、泵体、阀体等	汽车、拖拉机连杆、曲轴、齿轮、机床主轴、蜗杆等	犁刀、扳手、汽车、拖拉机前后轮壳、冷暖接头等	齿轮箱体、气缸盖、活塞环、排气管等	化工机械零件、焙烧机箅条、炉底、坩埚、换热器等

1.2 钢的热处理

钢的热处理是将钢在固态下通过加热、保温、冷却的方法，使钢的组织结构发生变化，从而获得所需性能的工艺方法。

在机械零件制造过程中，热处理起着重要的作用。钢经过热处理，不仅可以消除组织结构上的某些缺陷，更重要的是可以改善或提高钢的性能，充分发挥钢的性能潜力，提高产品质量，延长使用寿命，提高经济效益。

钢的热处理工艺主要分为整体热处理和表面热处理。

常用的整体热处理方法有退火、正火、淬火、回火等。

（1）退火

是将钢加热到某一温度，保温一定时间，随后缓慢冷却（炉冷）的热处理工艺。

退火主要目的是消除缺陷，改善组织；细化晶粒，改善力学性能；降低硬度，改善切削加工性；消除应力，防止变形或开裂；均匀成分，并为最终热处理作好组织准备。

（2）正火

是将钢加热到某一温度，保温一定时间，随后从炉中取出，在静止空气中冷却的热处理工艺。

正火的目的与退火基本相似，但正火的冷却速度比退火稍快，故得到较细密的组织，力学性能较退火好，且正火后钢的硬度比退火高，对于低、中碳素结构钢以正火作为预先热处理比较合适，对于中碳合金钢和高碳钢应采用退火为宜。正火难以消除内应力，为防止工件的变形和产生裂纹，对于大件和形状复杂件仍多采用退火处理。

从经济方面考虑，正火比退火的生产周期短，设备利用率高，节约能源，降低成本，操作简便，所以在可能的条件下，应尽量以正火代替退火。

重要机械零件常用正火做预备热处理，普通机械零件常用正火做最终处理。

（3）淬火

是将钢加热到临界温度以上30～50℃，保温一定时间，随后快速冷却（水或油冷）的热处理工艺。

淬火目的是提高钢的强度和硬度，增加耐磨性。淬火是强化钢最经济有效的热处理工艺，几乎所有的工、模具和重要零件都需要进行淬火处理。淬火后须继之以回火，才能获得优良综合力学性能的工件。

（4）回火

是将经淬火后的钢重新加热到适当的温度，保温一段时间再冷却下来的热处理工艺。

根据加热温度不同，回火可以分为以下三种：

① 低温回火　回火温度在150～250℃之间，其目的是在基本保持淬火高硬度的前提下，适当地提高淬火钢的韧性，降低淬火应力。低温回火适用于刀具、量具、冷冲模具和滚动轴承等。

② 中温回火　回火温度在350～450℃之间，用于需要得到足够硬度、高的弹性并保持一定韧性的零件，如弹簧、锻模等。

③ 高温回火　回火温度在500～650℃之间。高温回火后硬度大幅度降低，但可获得较高强度和韧性良好配合的综合力学性能。淬火后随即进行高温回火这一联合热处理操作，在生产中称为调质处理。机器中受力复杂、要求具有较高综合力学性能的零件，如齿轮、机床主轴、传动轴、曲轴、连杆等，均需进行调质处理。

（5）表面热处理

表面热处理仅对钢件表层进行热处理，有表面淬火和化学热处理。表面淬火是指仅对钢件表层进行淬火的工艺。一般包括感应加热表面淬火和火焰加热表面淬火等。钢件经表面淬火后具有"表硬里韧"的性能。化学热处理是将钢件置于一定的化学介质中，通过加热、保温，使介质中一种或几种元素原子渗入工件表层，以改变钢表层的化学成分和组织的热处理工艺。钢件经过化学热处理后不仅具有"表硬里韧"的性能，而且具有某些特殊的物理化学性能。根据渗入元素的不同，化学热处理可分为渗碳、渗氮、碳氮共渗、渗硼和渗金属等。常用的是渗碳和渗氮。

第 2 章　塑料成形技术

2.1　常用塑料知识简介

随着塑料工业的发展，社会对塑料制品的需求愈来愈大。塑料作为三大工程材料之一，在人们的日常生活及现代工业生产领域中得到日益广泛的应用。塑料是以高分子合成树脂为主要成分，并加入其他添加剂，在一定温度和压力下塑化成形的一种高分子合成材料。

2.1.1　塑料的组成

塑料均以合成树脂为基本原料，并视需要加入适当添加剂。其组成成分如下。

1. 树脂

树脂是在受热时软化，在外力作用下有流动倾向的聚合物。它是塑料中起黏结作用的成分，也叫黏料。树脂主要决定塑料的类型（热塑性或热固性）且基本决定塑料的主要性能（物理性能、化学性能、力学性能及电性能等）。

2. 添加剂

为了改变塑料的性能而加入的添加剂有如下三种。

（1）填料

填料在塑料中主要起增强作用，有时还可使塑料具有树脂所没有的新性能。正确使用填料，可以改善塑料的性能，扩大其使用范围，也可减少树脂含量。

对填料的一般要求是：易被树脂浸润，与树脂有很好的粘附性，本身性质稳定，价格便宜，来源丰富。

填料按其形状有粉状、纤维状和片状。常用的粉状填料有木粉、滑石粉、铁粉、石墨粉等，纤维状填料有玻璃纤维、石棉纤维等，片状填料有麻布、棉布、玻璃布等。

（2）增塑剂

增塑剂是为改善塑料的性能和提高柔软性而加入的一种低挥发性物质。

对增塑剂的基本要求是：能与树脂很好地混溶而不起化学变化；不易从制件中析出及挥发，不降低制件的主要性能；无毒、无害、成本低。

常用的增塑剂有邻苯二甲酸酯类、癸二酸酯类、磷酸酯类、氯化石蜡等。

（3）稳定剂

稳定剂是指能阻缓材料变质的物质，常用的稳定剂有二盐基性亚磷酸铅、三盐基性硫酸铅、硬脂酸钙，硬脂酸钡等。

2.1.2 塑料的特性

塑料品种繁多，性能也各不相同。归纳起来，塑料的主要特性如下。

1. 质量轻

塑料的密度一般在 $0.9 \sim 2.3 \, g/cm^3$ 范围内，约为铝的 $1/2$，铜的 $1/6$。

2. 比强度和比刚度高

塑料的强度和刚度虽然不如金属好，但塑料的密度小，所以其比强度（σ_b/ρ）和比刚度（E/ρ）相当高。如玻璃纤维增强塑料和碳纤维增强塑料的比强度和比刚度都比钢材好。该类塑料常用于制造人造卫星、火箭、导弹上的零件。

3. 化学稳定性能好

塑料对酸、碱等化学药物具有良好的抗腐蚀能力。因此，在化工设备以及日用工业品种得到广泛应用。常用的耐腐蚀塑料是硬质聚氯乙烯，它可以加工成管道、容器和化工设备中的零部件。

4. 电绝缘性能好

塑料具有优越的电绝缘性能和耐电弧特性，所以广泛应用于电动机、电器和电子工业中，用来制作结构零件和绝缘材料。

5. 耐磨和减摩性能好

塑料的摩擦系数小，耐磨性强，可以作为减摩材料，如用来制造轴承、齿轮等零件。

6. 消声和吸振性能好

塑料制成的传动摩擦零件，噪声小，吸振性好。

2.1.3 塑料的分类

塑料因聚合物不同而品种繁多，每一品种又可以分为不同的牌号。常见的分类方法有如下几种：

1. 按性能分类

按其受热后所表现的性能不同可分为**热固性塑料**和**热塑性塑料**两大类。

（1）热固性塑料

是指在初受热时变软，可以制成一定形状，但加热到一定时间或加入固化剂后，就硬化定型，再加热则不熔融也不溶解，形成体型（网状）结构物质的塑料。例如，酚醛塑料、环氧塑料、氨基塑料等。

（2）热塑性塑料

是指在特定温度范围内能反复加热和冷却硬化的塑料。例如，聚乙烯、聚丙烯、聚苯乙烯等。

2. 按特点、用途分类

按性能特点和用途不同可分为以下几类。

（1）通用塑料

通用塑料一般指产量大、用途广、成形性能好、价廉的塑料。如聚乙烯、聚丙烯、聚氯乙烯等塑料。

（2）工程塑料

工程塑料指可以作为工程材料的塑料或者作为结构材料的塑料，但从狭义上讲一般指具有某些金属性能，能承受一定的外力作用，并有良好力学性能和尺寸稳定性以及在高、低温下仍具有优良性能的塑料，如聚酰胺、聚砜、聚碳酸酯等。

（3）特种塑料

特种塑料一般是指具有特种功能（如耐热、自润滑等），可应用于特殊要求的塑料，如氟塑料、有机硅塑料等。

3. 按成形方法分类

按成形方法不同可分为以下几类。

（1）模压塑料

供压塑用的树脂混合料，如一般树脂的混合料。

（2）层合塑料

使用或不使用黏合剂，加热、加压把相同或不同材料的两层或多层结构为一个整体的塑料材料。

（3）注塑、挤出和吹塑用塑料

是指能在机筒温度下熔融流动，在模具中迅速硬化的塑料，如热塑性塑料。

（4）铸塑塑料

能在无压或低压的情况下，倾注于模具中并能在室温下硬化成为一定形状制品的液态树脂混合料。

（5）反应注塑模塑料

是指液态原料加压、加热注入模具内，使其反应固化制得制品。

2.1.4 常见塑料的特性和用途

1. 聚氯乙烯

聚氯乙烯（PVC）是世界上产量最大的通用塑料品种之一，具有原料来源广、价格便宜、加工成型容易等特点。聚氯乙烯无毒、无臭，应用广泛，可加工成板材、管材、棒材、容器、薄膜和日用品等。由于其电气绝缘性能优良，在电子、电器工业中可制造插座开关、电缆等。

2. ABS 树脂

ABS 树脂由苯烯腈、丁二烯、苯乙烯共聚而成，具有尺寸稳定，化学性能稳定，力学性能良好的特点，是最重要的工程塑料之一，在工业、日用品上都有极为广泛的应用。主要用来制造叶轮、轴承、把手、冰箱外壳等产品，还可以制造纺织器材、电器零件、文教体育用品、玩具等。

3. 环氧树脂

环氧树脂（EP）是具有环氧基的高分子化合物。环氧树脂在固化过程中不产生气泡，无副产物，因而收缩率小，热膨胀系数小。因为这些特性，环氧树脂在模具制造上有良好的应用。环氧树脂黏结性能很强，是人们熟知的"万能胶"，可以黏接多种金属和非金属制品。因为环氧树脂具有防水、防潮、防霉、耐热、耐冲击和绝缘性能好等特点，所以在电器行业也有广泛的应用，如大量使用在变压器上。其缺点是耐气候性差，耐冲击性能低，质地脆。

4. 聚乙烯

聚乙烯（PE）是目前产量最大、应用最广泛的通用塑料，具有性能优良、原材料来源丰富、价格便宜、加工成形容易等特点。聚乙烯为白色蜡状非透明材料，无毒、无臭、无味，可以用来制造塑料瓶、塑料袋、软管等食品包装产品。聚乙烯的电气性能好，可以用来制造电气绝缘零件，还可以制造承载力要求不高的零件，如齿轮、轴承零件等。聚乙烯的缺点是成形收缩力大，方向性明显，制品易翘曲变形，与有机溶剂或蒸汽接触时会产生龟裂。

2.2　塑料成形工艺

塑料成形工艺有很多，主要包括注塑成形工艺、吹塑成形工艺、挤出成形工艺、真空吸塑成形工艺等，这几种成形工艺几乎占了塑料制品加工成形方法的大部分。

2.2.1　注塑成形工艺

1. 注塑成形工艺基本原理和特点

注塑成形用设备是各种类型的注射机。注塑成形就是注射机将料筒内的塑料加热，使其熔化（塑化），然后对熔融塑料施加高压，使其经喷嘴高速注入模具型腔并冷却、固化、成形，形成所需要的塑料制品。

注塑成形是热塑性塑料制品生产的一种重要方法。除个别热塑性塑料外，几乎所有的热塑性塑料都可用此方法成形。近年来，注塑成形还成功地用来成形某些热固性塑料制品。注塑成形可成形各种形状的塑料制品。它的特点是成形周期短，能一次成形外形复杂、尺寸精密、带有嵌件的塑料制品，生产效率高，易于实现自动化生产，所以应用广泛。

2. 注塑成形机的结构

注塑成形机主要分为柱塞式注塑机和螺杆式注塑机。注塑成形机主要由注射系统、合模系统、顶出机构、液压系统和控制系统组成，如图 2.1 所示。

（1）注射系统

注射系统主要由螺杆、加热器、料筒和喷嘴等部件组成。其主要功能是：均匀加热并塑化塑料颗粒；按一定的压力和速度把定量的熔化塑料注射到并充满注塑模具的型腔；完成注射过程后，对型腔里的熔化塑料进行保压并对型腔补充一部分熔化塑料以填充因冷却而收缩的熔料，使塑料制作的内部密实和表面平整，保证塑料制品的质量。

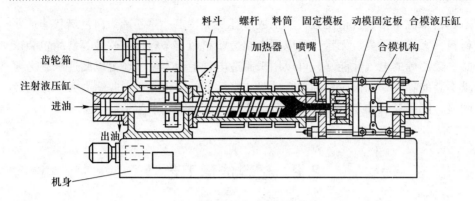

图 2.1 注塑成形机的结构

（2）合模系统

合模系统主要由合模机构和合模液压缸组成。其主要功能是：实现模具的可靠开、闭动作，在注射、保压过程中保持足够的合模锁紧力，防止塑料制品溢出；完成塑料制品的顶出。

（3）顶出机构

顶出机构的作用是在保压结束后取出注塑模具中的塑料制品。根据动力来源，顶出机构分为机械顶出、液压顶出和气动顶出三种结构。

（4）液压系统

液压系统是注塑机的主要动力来源，注塑机主要机构的运动、工作都是由液压系统完成的。

（5）控制系统

控制系统是注射机的神经中枢系统，它与液压系统相配合，正确无误地实现注射机的工艺过程要求（压力、温度、时间）和各种程序动作。控制系统主要由各种电器元件、仪表动作程序回路和加热、测量、控制回路等组成。注射机的整个操作由电器系统控制完成。

3. 注塑成形机的成形过程

注塑成形过程是一个循环过程，包括加料、塑化、注射、保压、冷却和脱模等步骤，如图 2.2 为注塑成形的工作循环过程。基本步骤：将塑料原料加入到注塑机的料斗（图 2.1），随着螺杆的转动，原料随螺杆向前输送并被压实，在加热装置和螺杆剪切作用下原料被加热呈黏流态，在注塑机注射装置持续而快速的压力作用下进入模具的型腔并冷却、固化、成形，形成所需要的塑料制品。

从实质上讲，注塑成形主要是塑化和流动与冷却定型两大过程。

（1）塑化

是指塑料在料筒内经加热达到流动状态并具有良好的可塑性的全过程。对

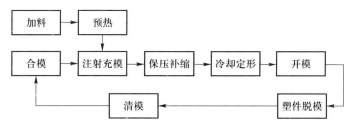

图 2.2　注塑成形循环过程

塑化的要求是：塑料在进入模腔之前，应达到规定的成形温度，并能在规定时间内提供足够数量的熔融塑料，熔料各点温度应均匀一致。为达到要求，应视塑料的特性，正确选择工艺参数和注射机类型。塑化情况直接关系到塑料制品的质量和生产率，在实际生产中必须予以重视。

（2）流动与冷却定型

是指用柱塞或螺杆推动塑化后的塑料熔体注入并充满塑料模型腔，熔体在压力下的冷却凝固定型，直至塑料制品脱模的全过程。这一过程时间不长，但合理地选择和控制该过程的温度、压力、时间等工艺参数，对塑料制品的质量有重要影响。

塑料熔体进入模腔内的流动情况可分为充模、压实、倒流和浇口冻结后的冷却四个阶段。在这四个阶段中，塑料熔体温度将不断降低，而压力也会不断变化。

① 充模阶段　从注射机的柱塞或螺杆向前推进，将塑料熔体射入型腔，直到型腔被塑料熔体完全充满为止。在充模开始阶段，型腔内没有压力，当型腔快充满时，型腔内压力迅速上升而达到最大值。

② 压实阶段　从塑料熔体充满型腔时起至柱塞或螺杆开始退回的一段时间。这段时间内，塑料熔体因受到冷却而收缩，但由于柱塞或螺杆继续缓慢向前移动对塑料熔体保持压力，这样料筒内的熔料必然会继续注入型腔，以补充收缩留出的空隙，从而使型腔内熔体压力保持不变。压实阶段对提高塑料制品的密度，减小塑料制品收缩和克服塑料制品表面缺陷都有重要影响。

③ 倒流阶段　从柱塞或螺杆开始后退起至浇口处熔料冻结为止。在这一阶段中，由于柱塞或螺杆后退，所以型腔内的压力比浇注系统流道内的压力高，这就导致塑料熔体从型腔内倒流出来，型腔内压力亦随着迅速下降。塑料熔体倒流情况主要决定于压实阶段的时间。浇口冻结时型腔内的压力和温度是决定塑料制品平均收缩率的重要因素，而影响这些因素的则是压实阶段时间。

④ 浇口冻结后的冷却阶段　从浇口的塑料完全冻结时起到塑料制品从模腔中顶出为止。这一阶段中，型腔内的塑料继续冷却、硬化和定型。在冷却阶段中，随着温度的下降，型腔内塑料体积收缩，压力下降，到开模时，型腔内的压

力不一定等于外界的大气压。型腔内压力与外界大气压之差称为残余压力。残余压力的大小与压实阶段的压力和时间长短有关。当残余压力为正值时，脱模比较困难，塑料制品容易被刮伤或破裂；残余压力为负值时，塑料制品表面容易有凹陷或内部有真空泡，当残余压力接近零时，塑料制品脱模容易，质量良好。

▲ 2.2.2   吹塑成形工艺

1. 吹塑成形工艺基本原理和特点。

聚合物的吹塑成形是一种生产中空制品的加工过程，它是将挤出或注射成形所得的半熔融态管坯（型坯）放于各种形状的模具中，在管坯中通入压缩空气使其膨胀，紧贴于模具型腔壁上，经冷却脱模得到制品的方法。这种成形方法可以生产形状、容量不同的瓶、桶、壶等中空容器，日常生活用品及儿童玩具等，也可以生产不同用途的工业中空制品。

吹塑成形所适用的塑料品种仅为热塑性塑料，例如聚乙烯、聚氯乙烯、聚对苯二甲酸乙二醇酯及工程塑料如聚碳酸酯等。

2. 吹塑成形机的结构

吹塑成形可以分为两类：挤出吹塑和注射吹塑。图2.3为挤出吹塑设备，包括挤出系统、吹塑成形模具、吹气系统和锁模装置。

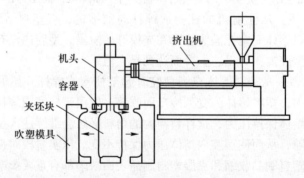

图2.3   挤出吹塑设备及过程

（1）挤出系统

挤出系统主要由挤出机的螺杆与机筒、机头和口模组成。其主要功能是完成塑料固体输送、熔融、熔体混炼与挤出等，由挤出机将熔融塑料通过机头口模成形为具有一定断面形状的型坯。

（2）吹塑成形模具

吹塑成形模具通常是由两瓣阴模组成。模具除了赋予容器形状与尺寸之外，由于在模体内设有冷却水道系统，还起到对容器的冷却作用。吹塑成形模具对吹塑容器的几何形状、精度以及力学性能都有着直接的影响，是吹塑成形的关键。

（3）吹气系统

吹气系统是用压缩空气通过吹气嘴将进入模具并闭合后的型坯吹胀成模腔所具有的精确形状。根据吹气嘴不同位置可分为针管吹气、型芯顶吹、型芯底吹等形式。

（4）锁模装置

锁模装置是由液压或气压与机械杆机构通过合模板来使吹塑模具闭合与开启。锁模装置通常有：固定式、往复运动式、旋转式等。

3. 吹塑成形的工艺过程

吹塑成形加工过程可由以下几个步骤组成。

① 将选用的塑料加热熔融，使挤出机或注射机在一定的温度下，让塑料熔融，通过挤出机头或注塑模具制成管状型坯；

② 将半熔型坯放到吹塑模具内，闭合模具并用夹紧装置锁紧模具；

③ 利用辅助的空气压缩机提供的压缩空气充入模具将管坯吹胀；

④ 将型坯附在模具壁上后冷却定型；

⑤ 冷却定型后，开模取出制品。

多数情况下，中空制品需要后加工，例如去除飞边、印刷、贴标签等，一些制品上的钻孔、研磨操作等可用自动操作设备完成。基本的吹塑加工过程如图 2.4 所示。根据塑料型胚的来源的不同，吹塑成形分为两类：挤出吹塑和注射吹塑。两者的主要区别在于型坯的制备，而吹塑过程基本相同。在这两类成形方法的基础上发展起来的还有挤出—拉伸—吹塑和注射—拉伸—吹塑及多层吹塑的共挤吹塑和共注吹塑等。

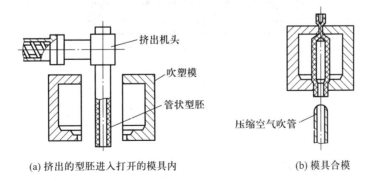

(a) 挤出的型胚进入打开的模具内　　　　　　(b) 模具合模

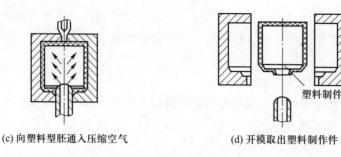

| (c) 向塑料型胚通入压缩空气 | (d) 开模取出塑料制作件 |

图 2.4　吹塑成形过程

2.2.3　挤出成形工艺

1. 挤出成形工艺基本原理和特点

挤出成形又称挤塑成形，在热塑性塑料加工中是一种重要的、用途广泛的成形工艺，几乎所有的热塑性塑料都可以用挤出成形方法加工成形。挤出成形的工艺过程是将塑料在主机的旋转螺杆和料筒之间进行输送、压缩、塑化，然后定量、连续地通过位于挤塑机主机头部的口模和定型装置，从而获得所需要的塑料制件。挤出成形方法主要用来加工膜、带、丝、片、管和棒等产品。

2. 挤出成形主机结构

挤出成形主机由塑化系统、传动系统和加热系统组成，主要完成材料的加热、压缩、熔融和塑化等步骤。主机结构见图 2.5 所示，熔融塑料从料斗开始最后进入口模进行成形。

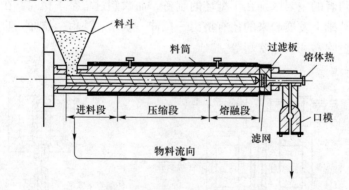

图 2.5　挤出成形主机结构

3. 挤出成形辅机结构

图 2.6 是典型的管材挤出辅机，即成形机头。挤出成形辅机由机头、定型

装置、冷却装置和牵引装置等几部分组成。

机头的作用是使来自挤出主机的熔融塑料由螺旋运动转变为直线运动并进一步塑化，产生必要的压力，保证塑料密实，从而获得截面形状相似的连续型材。

定型装置的作用主要是采用冷却、加压或者抽真空的方法，将从口模中挤出的塑料形状进一步稳定并对其进行修整，获得截面尺寸更加准确、形状更为精确、表面更为光亮的塑料制件。

机头由如下几个主要部分组成。

① 过滤板　过滤板为多孔结构，其作用是将塑料熔体由螺旋运动转变为直线运动并形成一定的压力。

② 分流器　分流器的作用是使经过的熔融塑料分流并变成薄环状的流体，平稳地进入成形区，同时进一步加热和塑化塑料。

③ 定型模　离开成形区的塑料虽然已具备给定的截面形状，但因其温度较高而可能产生变形，因此，使用定型模对塑料冷却、定型，使塑件制件获得准确的尺寸和几何形状以及良好的表面质量。

④ 温度调节器　为了保证熔融塑料在机头的顺利流动，一般在机头设置了温度调节器对塑料加热，比如图 2.6 所示的电加热器。

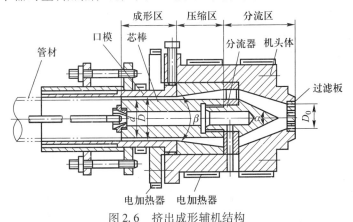

图 2.6　挤出成形辅机结构

4. 挤出成形的工艺过程

挤出成形的工艺过程类似于注塑成形，主要包括两个方面：一是塑料原料在主机中的传递、加热、塑化；二是从挤出主机出来的熔融塑料进入机头，在定型模的作用下产生指定的截面形状的各种型材。

（1）塑料在挤出机的处理过程

如图 2.5 所示，塑料原料由料斗进入料筒后，在螺杆的作用下向前输送，螺杆使熔融塑料产生压缩、熔融和塑化，然后到达挤出机的末端，进入滤网，滤网是将若干片30～120目的不锈钢网叠放在一起，限制熔融树脂的流出，从而增高料筒内压力，使材料能很好地搅拌。最后经过多孔的过滤板进入挤出机头。

（2）塑料在成形机头的处理过程

从挤出机出来的熔融塑料经过过滤板后（见图2.6），进入分流器进行分流，变成薄环状的塑料后平稳地进入压缩区进行压缩，再进入成形区，由口模和芯棒初步确定制件的形状，制件继续移动进入定型模，进一步冷却成形，获得所需要的塑料制件。

（3）塑料管的最后冷却定径处理过程

一般来说，制件从定型模出来还需要冷却，以获得最终的形状和尺寸。最后，塑件经过定长切割之后，完成了整个挤出成形过程。

2.2.4　真空吸塑成形

真空吸塑成形的工艺原理是把热塑性塑料板、片材固定在塑料模具上，用辐射加热器加热至软化，然后用真空泵把板材和模具之间的空气抽掉，使板材按照模具轮廓成形，冷却后借助压缩空气使塑件从模具上分离。常用于吸塑加工的塑料有聚氯乙烯、聚苯乙烯和聚乙烯等材料。

1. 凹模真空吸塑工艺

凹模真空吸塑成形工艺过程如图2.7所示。首先，将塑料薄板置于模具上方并固定，用加热器加热使其软化，在模具下方将塑料薄板与模具之间的空气抽成真空，在内外压力的作用下，软化的塑料薄板紧密地贴在模具上。当塑料冷却之后，再从模具下方充入压缩空气，将塑料制件取出。

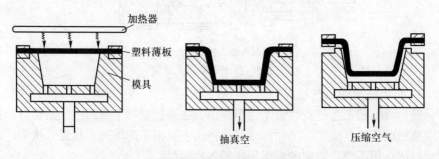

图2.7　凹模真空吸塑原理图

上述方法的主要优点是塑料制件外表面尺寸精度较高，一般用于成形深度不大的塑料制件。

　　2. 凸模真空吸塑工艺

　　凸模真空吸塑工艺原理如图 2.8 所示。被夹紧的塑料薄板在加热器的加热下软化，塑料板向下移动，当接触凸模时被冷却而且不被减薄，塑料板外缘继续下移直到完全与凸模接触。抽真空开始后，制件的边缘及四周都减薄而成形。这种工艺的优点是制件的底部厚度变化小。

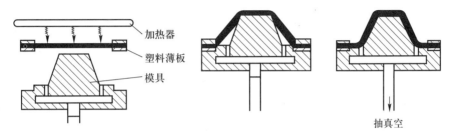

加热器

塑料薄板

模具

抽真空

图 2.8　凸模真空吸塑原理图

　　真空成形还有其他成形工艺，如凹凸模真空成形、吹泡成形等。

复习思考题

　　1. 请简述塑料的种类及常见分类方法。

　　2. 请简述最常见的几种工程塑料的名称、代号和应用范围。

　　3. 请简述注塑成形的基本原理和工艺过程。

　　4. 根据动力来源，顶出机构可分为哪几种结构？你在实习中用的是哪种？有何作用？

　　5. 请简述吹塑成形工艺的基本原理及工艺过程。

　　6. 锁模装置通常可分为哪几种？你在实习中用的是哪种？有何作用？

　　7. 挤出成形工艺的特点是什么？主要用在什么地方？

第2篇　毛坯成形方法

本篇主要介绍铸造、锻压和焊接工艺的基础知识。

第3章 铸造

. . . .

3.1 概　述

熔炼金属，制造铸型，并将熔融的金属注入与工件形状相适应的铸型空腔中，冷却凝固后获得毛坯或零件的成形方法称为铸造。铸件一般作为毛坯，经过切削加工后才能成为零件。

熔炼金属，制造铸型是铸造的两个基本要素。适于铸造的金属有铸铁、铸钢和铸造有色合金等，其中铸铁（特别是灰铸铁）用得最为普遍。铸型可用型砂、金属或其他耐火材料做成，其中砂型用得最为广泛，主要用于铸造铸铁件、铸钢件，而金属型主要用于铸造有色合金铸件。本章重点介绍铸件的砂型铸造方法。

砂型铸造的生产工序很多，主要工序为制模、配砂、造型、造芯、合箱、熔炼、浇注、落砂、清理和检验。套筒铸件的生产过程如图3.1所示。首先分

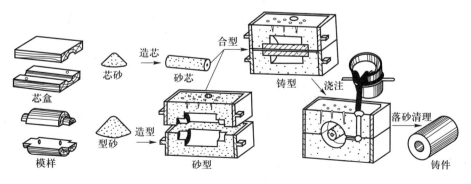

图 3.1　套筒铸件的砂型铸造过程

别配制型砂和芯砂，并用相应工艺装备（模样、芯盒等）造出砂型和砂芯，然后合为一个整体铸型，将熔融的金属浇注入铸型内，冷却凝固后取出铸件。

砂型铸型一般由上砂型、下砂型、砂芯和浇注系统等几部分组成。上下砂箱通常要用定位销定位（单件小批量生产的情况下，可用做泥号的方法定位）。铸型的组成及各部分的名称如图 3.2。

铸造可以生产出各种合金类别，多种尺寸规格和形状极为复杂的铸件，且成本较低。但铸件的力学性能一般不如锻件高。

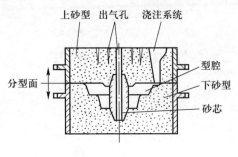

图 3.2   铸型的结构

3.2   型砂和芯砂

砂型是由型砂做成的，砂芯是由芯砂做成的。型砂和芯砂的性能对于铸件质量有很大影响。如铸件上的砂眼、气孔、裂纹等缺陷，往往是由于型砂和芯砂的性能不良所引起的。每生产 1 t 合格铸件，需 4 ~ 5 t 型砂和芯砂。因此，合理选用型砂和芯砂，对提高铸件质量和降低铸件成本具有重要意义。

▲ 3.2.1   型砂和芯砂应具备的性能

为保证铸件质量，必须严格控制型（芯）砂的性能。对湿型砂的性能要求分为两类：一类是工作性能，指砂型（芯）经受自重、外力、高温金属液烘烤和气体压力等作用的能力，包括湿强度、透气性、耐火度和退让性等；另一类是工艺性能，指便于造型、修型和起模的性能，如流动性、韧性、起模性和紧实率等。特别在机器造型中，这些性能更为重要。

① 湿强度   型砂和芯砂抵抗外力破坏的能力称为湿强度。足够的强度可保证铸型在铸造过程中不破坏、塌落和胀大，但强度太高，会使铸型过硬，透气性、退让性和落砂性很差。

② 透气性   紧实砂样的孔隙透过气体的能力称为透气性。浇注时，型内会产生大量气体（水分汽化为高温过热蒸汽和空气受热膨胀），液态金属凝固

过程中也会析出气体，这些气体必须通过铸型排出去。如果铸型透气性太低，气体留在型内，会使铸件形成呛火、气孔等缺陷；但透气性太高会使砂型疏松，铸件易出现表面粗糙和机械粘砂的缺陷。

③ 耐火度　型砂或芯砂抵抗高温热作用的能力。耐火度主要取决于砂中 SiO_2 含量，SiO_2 含量越多，耐火度越高。若耐火度差，铸件表面将产生粘砂，使切削加工困难，甚至造成废品。

④ 退让性　铸件凝固和冷却过程中产生收缩时，型砂或芯砂能被压缩、退让的性能称为退让性。型砂或芯砂退让性不足，会使铸件收缩受到阻碍，产生内应力和变形、裂纹等缺陷。对小砂型避免舂得过紧，对大砂型，常在型（芯）砂中加入锯末、焦炭粒等材料以增加退让性。

⑤ 溃散性　溃散性是指铸型浇注后容易溃散的性能。溃散性好可以节省落砂和清理的劳动量。溃散性与型（芯）砂配比及黏结剂种类有关。

⑥ 流动性　型砂或芯砂在外力或本身重量作用下，砂粒间相对移动的能力称为流动性。流动性好的型（芯）砂易于充填、舂紧和形成紧实度均匀、轮廓清晰、表面光洁的型腔（砂芯），可减轻紧砂劳动量，提高生产率。

⑦ 韧性　韧性也称可塑性，指型砂在外力作用下变形，去除外力后仍保持所获得形状的能力。韧性好，型砂柔软，容易变形，起模和修型时不易破碎及掉砂。手工起模时在模样周围砂型上刷水的作用就是增加局部型砂的水分，以提高型砂的韧性。

由于砂芯大部分被金属液包围，故对芯砂的性能要求比型砂高。

▲ 3.2.2　型砂干湿程度的判别方法

在铸型制造中，大铸件多采用干砂型（经过烘干的砂型），中小铸件则广泛采用湿砂型（不经烘干可直接浇注的砂型）。为得到所需的湿强度和韧性，湿型砂必须含有适量的水分，使型砂具有最适宜的干湿程度。型砂太干或太湿均不适于造型，也易引起各种铸造缺陷。判断型砂的干湿程度有以下几种方法：

① 水分　指定量的型砂试样在 $105 \sim 110℃$ 下烘干至恒重，能去除的水分含量。但当型砂中含有大量吸水的粉尘类材料时，虽然水分很高，型砂仍然显得既干又脆。因为达到最适宜干湿程度的水分随型砂的组成不同而不同，故这种方法不很准确。

② 手感　用手攥一把型砂，感到潮湿但不沾手，柔软易变形，印在砂团的手指痕迹清楚，砂团掰断时断面不粉碎，说明型砂的干湿程度适宜、性能合

格，如图 3.3 所示。这种方法简单易行，但需凭个人经验，因人而异，也不准确。

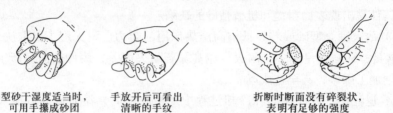

型砂干湿度适当时，　　手放开后可看出　　　折断时断面没有碎裂状，
可用手攥成砂团　　　　清晰的手纹　　　　　表明有足够的强度

图 3.3   手感法检验型砂

③ 紧实率   是指一定体积的松散型砂试样紧实后的体积变化率，以试样紧实后减少的体积与原体积的百分比表示。过干的型砂自由流入试样筒时，砂粒堆积得较密实，紧实后体积变化较小，则紧实率小。这种型砂虽流动性好，但韧性差，起模时易掉砂，铸件易出现砂眼、冲砂等缺陷。过湿的型砂易结成小团，自由堆积时较疏松，紧实后体积减小很多，则紧实率大。这种湿型砂强度和透气性很差，砂型硬度不均匀，铸件易产生气孔、胀砂、夹砂结疤和表面粗糙等缺陷。紧实率是能较科学地表示湿型砂的水分和干湿程度的方法。对手工造型和一般机器造型的型砂，要求紧实率保持在 45% ~ 50%，对高密度型砂则要求为 35% ~ 40%。

3.2.3   型砂和芯砂的组成

型砂和芯砂主要是由原砂和黏结剂组成。

原砂的主要成分是石英（SiO_2），并含有少量杂质。高质量的铸造用砂要求石英含量高，杂质少，砂粒均匀且呈圆形。

常用的黏结剂有普通黏土和膨润土两种。膨润土比普通黏土具有更强的黏结力。为了使普通黏土和膨润土发挥黏结作用，需加入适量的水。对于要求较高的芯砂，可采用特殊黏结剂，如桐油、合脂或树脂等。

在型砂和芯砂中，有时还加入一些附加物。例如，在型砂中加入少量煤粉，能防止黏砂缺陷，使铸铁件表面光滑；在型砂中加入木屑，可提高退让性。

常用的型砂配方为：面砂   旧砂 90% ~ 95%、新砂 5% ~ 10%、膨润土 4% ~ 6%、煤粉 6% ~ 8%、水 5% ~ 7%。背砂   旧砂 100% 加适量的水。在大量生产中，为了提高生产率，简化操作，往往不分面砂和背砂，而只用一种单一砂。

常用芯砂配方为：黏土芯砂   旧砂 70% ~ 80%、新砂 20% ~ 30%、黏土 3% ~ 14%、膨润土 0 ~ 4%、水 7% ~ 10%。合脂砂 新砂 100%、合脂 2% ~

5.5%，膨润土 1.5%～5%、水 1%～3%。

　　型砂和芯砂的制备　按比例加入新砂、旧砂、膨润土和煤粉等材料。先干混 2～3 min，再加水湿混 5～12 min，等性能符合要求从出砂口卸砂。通常混好的型砂应堆放 4～5 h，使黏土膜中水分均匀，叫作调匀。

3.3　模样和芯盒

　　模样和芯盒是造型和制芯的模具。模样用来造型形成铸件外部形状；芯盒用来造芯，以形成铸件内部空腔，有时也用于组成铸件的外形。在单件、小批量生产中，广泛用木材来制造模样和芯盒；在大批量生产中，常用铸造铝合金、塑料等来制造。

　　铸造生产中用模样制造型腔，浇注液态金属，待冷却凝固后获得铸件。铸件经过切削加工即变成零件。图 3.4 表示滑动轴承座零件、模样和芯盒图，从图 3.4 中也可看出它们间存在联系和差别。

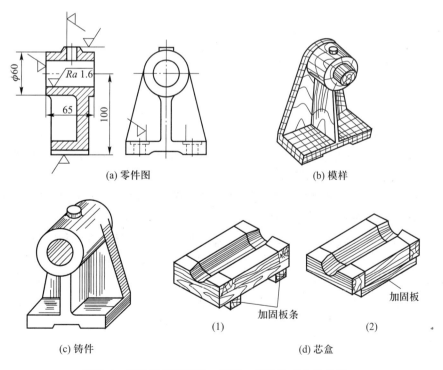

(a) 零件图　　　　　　　　　(b) 模样

(c) 铸件　　　　　　　　　　(d) 芯盒

图 3.4　滑动轴承座零件、模样、铸件和芯盒的关系

在尺寸上，零件尺寸＋加工余量(孔的加工余量为负值)＝铸件尺寸；铸件尺寸＋收缩量＝模样尺寸。

在形状上，为了便于起模，模样的壁都要做出斜度；壁和壁之间要用圆角连接；考虑金属的收缩率，模样的尺寸应放大一些；为使砂芯固定，模样上应做出芯头等。这些都是较重要的铸造工艺问题，必须正确地反映到模样上，才能保证得到合格的铸件。因此，铸件和零件的差别在于有无起模斜度、铸造圆角，还有零件上尺寸较小的孔，在铸件上则不铸出等。铸件和模样的差别因铸件结构、造型方法的不同而呈多样化。铸件是个整体，模样则可能是由几部分(包括活块等)组成的。铸件上有孔的部位模样则可能是实心的，甚至还多出芯头的部分。简单的铸件也可能与模样在形状上相似。

① 分型面　是决定模样类型的首要因素。分型面确定后就决定了造型方法及模样的类型（整体的、分开的或带活块的等）。

② 加工余量　机加工时应从铸件上切去的金属层厚度称为加工余量。加工余量和铸件大小、合金种类及造型方法有关。灰口铸铁比铸钢的加工余量小，小件的加工余量比中、大件小。手工造型时的加工余量值参考表3.1，机器造型时铸件精度较高，加工余量可减少。

表 3.1　铸件的加工余量　　　　　　　　　　　　（单位为 mm）

尺寸/mm 材料	小件 <400	中件 400~800	大件 >800	不铸出孔直径
灰口铸铁	3~5	5~10	10~20	<25
铸钢	4~5	6~15	15~25	<35

③ 起模斜度　为便于起模，在垂直于分型面的模样立壁上要做出斜度，称为起模斜度，一般为 0.5°~4°，不高的模型可取大值，高的模型则取小值；内表面的斜度值应比外表面大。

④ 圆角　模型上壁与壁的连接处应使用圆角过渡，可防止铸件产生缺陷也便于造型。一般中、小件的圆角半径为 3~5 mm 左右。

⑤ 收缩率　模型的尺寸应加上金属冷却凝固后的收缩量。收缩量主要是根据合金的线收缩率及铸件在铸型中的受阻情况确定。不同合金具有不同的收缩率。

⑥ 芯头　空心铸件的模型上，须做出支持砂芯的芯头。模型的芯头与砂芯的芯头应基本一致，只是尺寸上应加上有关的装配间隙。型芯头的主要作用就是固定砂芯，给砂芯定位，给砂芯排气。

3.4　造　　型

造型是砂型铸造的基本工序，其过程有填砂、紧实、起模、合型四个基本工序。造型分为手工造型和机器造型两种。在单件、小批量生产中，常采用手工造型；在大批量生产中，则采用机器造型。

手工造型

手工造型是全部用手工或手动工具完成的造型工序。它具有操作灵活、适应性强、生产准备时间短等优点，但生产率低、劳动强度大、产品的质量难以得到保证。手工造型的方法很多，要根据铸件的形状、大小和批量的不同进行选择，常用的手工造型方法有如下几种。

（1）整模造型

模型为一整体，造型时模型全部放在一个砂箱内，分型面（上型和下型的接触面）是平面。这类零件的最大截面一般在端部，而且是一个平面。其特点是操作方便，不会出现由于上下砂型错位而产生的错型缺陷，铸件的尺寸和形状容易保证。整模造型过程如图 3.5 所示，适用于生产各种批量且形状简单的铸件。

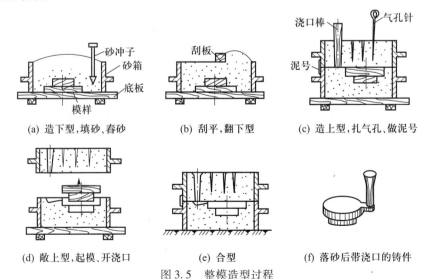

图 3.5　整模造型过程

（2）分模造型

　　分模造型的模型沿最大截面处分为两半，并用销钉定位，造型时分别在上、下箱内，分型面也是平面，这类零件的最大截面不在端部，如果做成整模，在造型时就会取不出来，其造型方法如图 3.6 所示。分模造型是造型方法中应用最广的一种，此法造型简单，便于下芯和安放浇注系统。它适用于铸件最大截面在中部的铸件，也广泛用于有孔的铸件中，如水管、阀体等。

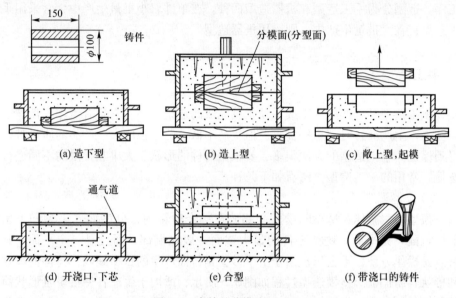

图 3.6　套筒的分模造型过程

　　受铸件的形状限制或为了满足一定的技术要求，不宜用分模两箱造型时，可选用分模多箱造型。如图 3.7 所示的槽轮铸件，两头截面大而中间截面小，

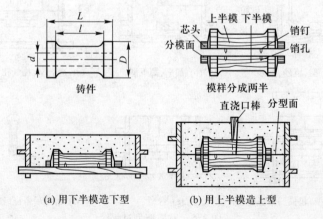

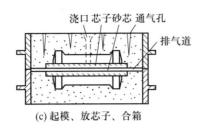

图 3.7 分模两箱造型

用一个分型面取不出模型。需要从小截面处分开模型，用两个分型面，三个砂箱造型，进行三箱造型，造型过程如图 3.8 所示。从图 3.8 中可以看出，三箱造型的特点是中箱的上、下两面都是分型面，都要求光滑平整；中箱的高度应与中箱中的模型高度相近；必须采用分模。

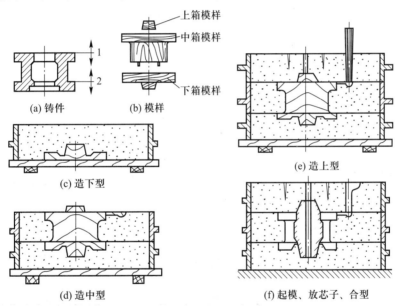

图 3.8 分模三箱造型

三箱造型方法较复杂，生产效率较低，不能用于机器造型（无法造中箱），只适用于单件小批量生产。在成批大量生产或用机器造型时，可以采用外砂芯，将三箱造型改为两箱造型，如图 3.9、图 3.10 所示。

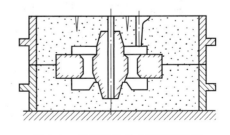

图 3.9 采用外芯的分模两箱造型

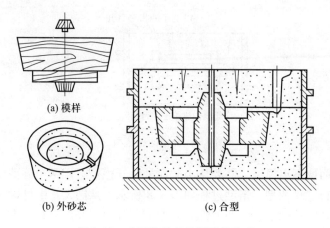

(a) 模样

(b) 外砂芯

(c) 合型

图 3.10   改用外芯的整模两箱造型

（3）活块造型

将整体模或芯盒侧面的伸出部分做成活块，起模或脱芯后，再将活块取出的造型方法，如图 3.11 所示。活块用销钉或燕尾榫与模样主体连接。起模时，先取出模型主体，再单独取出活块，在用钉子连接的活块造型中应注意活块四周的型砂紧实后，要拔出钉子，否则模型取不出；舂砂时不要使活块移动，钉子不要过早拔出，以免活块错位。

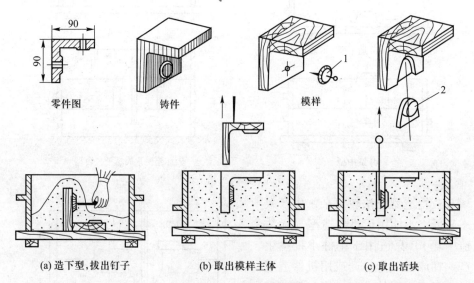

零件图

铸件

模样

(a) 造下型,拔出钉子

(b) 取出模样主体

(c) 取出活块

图 3.11   活块模造型

1—用钉子连接的活块；2—用燕尾榫连接的活块

　　从图 3.11 中可以看出，凸台的厚度应小于凸台处模型壁厚的二分之一，否则活块取不出来。如果活块厚度过大，可以用一个外砂芯做出凸台，如图 3.12 所示。

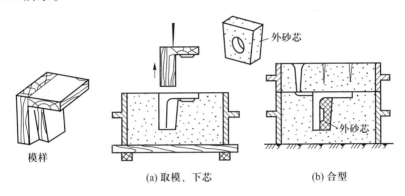

图 3.12　用外砂芯做出活块

　　活块造型要求工人操作技术水平高，而且生产效率较低，仅适用于单件小批量生产。若产量较大时，也可采用外砂芯做出活块的方法。

　　（4）挖砂造型和假箱造型

　　有些铸件的外形轮廓为曲面，但又要求用整模造型（模型太薄或制造分模很费事，不允许分成两半），则造型时需挖出阻碍起模的型砂，这种方法称为挖砂造型。手轮挖砂造型过程如图 3.13 所示。

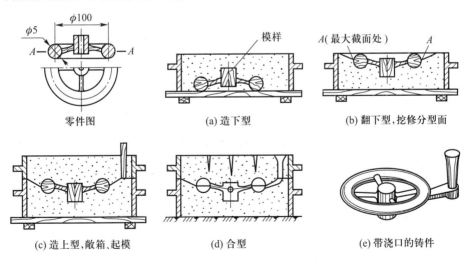

图 3.13　手轮的挖砂造型过程

挖修分型面时应注意：一定要挖到模型的最大断面 $A - A$ 处（见图 3.13b）；分型面应平整光滑，坡度应尽可能地小，以免上箱的吊砂过陡；不阻碍起模的砂子不必挖掉。

挖砂造型操作技术要求较高，生产效率较低，只适用于单件生产。生产数量较多时，一般用假箱造型，如图 3.14 所示。先制出一个假箱代替底板，再在假箱上造下型。用假箱造型时不必挖砂就可以使模型露出最大的截面。假箱只用于造型，不参与浇注，所以称假箱。

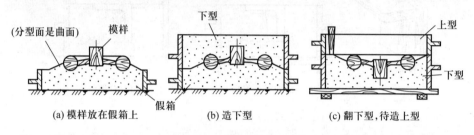

图 3.14   手轮的假箱造型

假箱的做法有多种，图 3.14a 是将一个不带浇口的上箱做假箱，分型面是曲面。图 3.15a 中的假箱是一平砂型，将模型卧进分型面，直到露出最大的截面止，分型面是平面。假箱一般是用强度较高的型砂舂制成的，要求能多次使用，分型面应光滑平整，位置准确。当生产数量更大时，可用木制的成形底板代替假箱，如图 3.15b 所示。

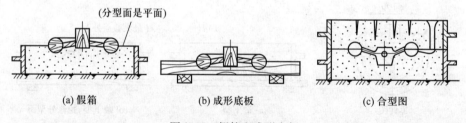

图 3.15   假箱和成形底板

假箱造型免去挖砂操作，提高了造型效率和质量，适用于小批、成批生产。

（5）刮板造型

有些尺寸大于 500 mm 的旋转体，如带轮、飞轮、大齿轮等，由于生产数量很少，为节省模型材料及费用，缩短加工时间，可以采用刮板造型。刮板是一块和铸件断面形状相适应的木板。造型时将刮板绕着固定的中心轴旋转，在砂型中刮制出所需的型腔。大带轮的刮板造型过程如图 3.16 所示。

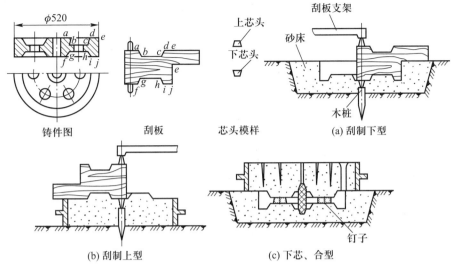

图 3.16　带轮的刮板造型过程

刮板装好后，应当用水平仪校正，以保证刮板轴与分型面垂直。上、下型刮制好后，在分型面上分别做出通过轴心的两条互相垂直的直线，将直线引至箱边做上记号，作为合箱的定位线。

当铸件是截面形状没有变化的管子或弯头时，也可采用导向刮板造型，如图 3.17 所示。弯管刮板造型，一般适用于管子内径 >200 mm 的铸件，过小的管子不宜采用。

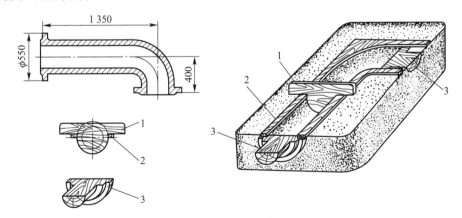

图 3.17　导向刮板造型示意图
1—刮板；2—导板；3—法兰模和芯头

刮板造型可以在砂箱内进行，下型也可利用地面进行刮制。在地面上做下型，可以省掉下砂箱和降低砂型的高度以便于浇注。这种方法称为地面造型或地坑造型。其他的大型铸件在单件生产时，也可用地面造型的方法。

3.5　造　芯

　　为获得铸件的内腔或局部外形，有芯砂或其他材料制成的安放在型腔内部的组元称型芯。绝大部分型芯是用芯砂制成的，又称砂芯。芯砂种类主要有粘土、水玻璃砂和树脂砂等。黏土砂芯因强度低、需加热烘干、溃散性差，应用日益减少；水玻璃砂主要用在铸钢件砂芯中；树脂砂具有快干自硬、强度高、溃散性好等特性，则应用日益广泛，特别适应于大批量生产的复杂砂芯。少数中小砂芯还用树脂砂。为保证足够的强度、透气性，砂芯中黏土、新砂加入量要比型砂高，或全部用新砂。

　　砂芯一般是用芯盒制成的，芯盒的空腔形状和铸件的内腔相适应。根据芯盒的结构，手工制芯方法可以分为以下三种：

　　① 对开式芯盒制芯　适应于圆形截面的复杂砂芯，其制芯过程如图3.18所示。

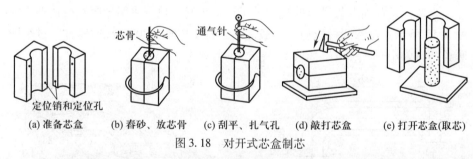

(a) 准备芯盒　　(b) 舂砂、放芯骨　　(c) 刮平、扎气孔　　(d) 敲打芯盒　　(e) 打开芯盒(取芯)

图 3.18　对开式芯盒制芯

　　② 整体式芯盒制芯　用于形状简单的中、小砂芯，其制芯过程如图3.19所示。

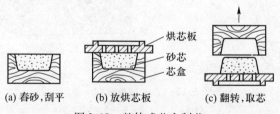

(a) 舂砂，刮平　　(b) 放烘芯板　　(c) 翻转，取芯

图 3.19　整体式芯盒制芯

　　③ 可拆式芯盒制芯　对于形状复杂的中、大型砂芯，当用整体式和对开式芯盒无法取芯时，可将芯盒分成几块，分别拆去芯盒取出砂芯，如图3.20

所示。芯盒的某些部分还可以做成活块。

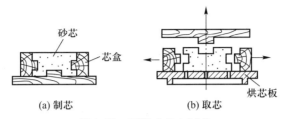

(a) 制芯　　　　　　(b) 取芯

图 3.20　可拆式芯盒制芯

　　为了提高砂芯的强度，在砂芯中放置芯骨，小砂芯的芯骨用钢丝制成，大、中砂芯的芯骨用铸铁铸成。为了提高砂芯的透气能力，在砂芯中应开排气道。为了避免铸件产生黏砂缺陷，在砂芯表面往往需刷涂料，铸铁件砂芯常用石墨涂料，铸钢件砂芯常刷石英粉涂料。重要的砂芯都需烘干，以增加砂芯的强度和透气性。

　　成批大量生产的砂芯可用机器制出，黏土砂芯可用震击式造芯机，水玻璃砂芯和树脂砂芯可用射芯机。

3.6　浇注系统、冒口和冷铁

　　浇冒口系统和铸件质量密切相关，如果设置不当，铸件易产生冲砂、砂眼、渣气孔、浇不足、气孔和缩孔等缺陷。

3.6.1　浇注系统

　　为把液态合金注入型腔和冒口而开设于铸型中的一列通道，称为浇注系统。它通常由浇口杯、直浇道、横浇道和内浇口组成，如图 3.21 所示。

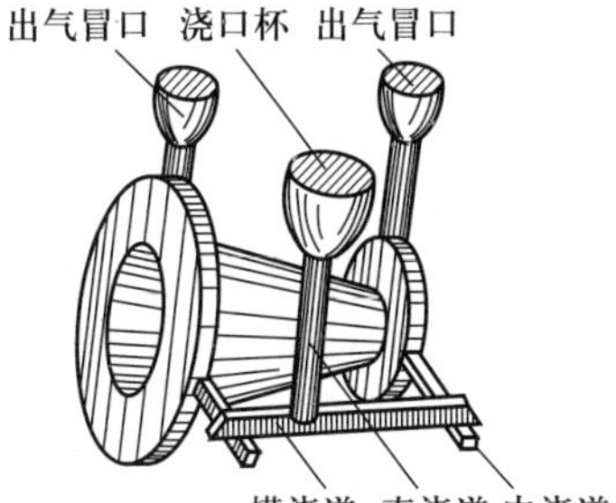

　　浇口杯又称外浇口，其作用是承接浇注时的液态合金，以减少对铸型的直接冲击，同时略能使熔渣浮于表面。

　　直浇道是浇注系统中的垂直通道，一般呈圆锥形，上大下小。其作用是利用液态合金本身的高度产生一定的静压力，以改善充

出气冒口　浇口杯　出气冒口

横浇道　直浇道　内浇道

图 3.21　浇注系统

型能力。

横浇道一般为梯形截面的水平通道。其作用是阻挡熔渣流入型腔，并分配液态合金流入内浇道。

内浇口与型腔直接相连，截面多为扁梯形、月牙形、三角形和矩形等。其作用主要是引导液态合金平稳进入型腔，为了防止液态合金冲毁砂芯，对旋转体铸型及垂直安放的细长砂芯，液态合金最好能沿切线方向进入型腔，如图 3.22 所示。

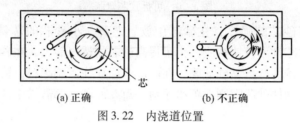

芯

(a) 正确   (b) 不正确

图 3.22   内浇道位置

3.6.2   冒口

常见的缩孔、缩松等缺陷是由于铸件冷却凝固时体积收缩而产生的。为防止缩孔和缩松，往往在铸件的顶部或厚实部位设置冒口。冒口是指在铸型内特设的空腔及注入该空腔的金属。冒口中的金属液可适当地补充铸件的收缩，从而使铸件避免出现缩孔、缩松等缺陷。清理时冒口和浇注系统均被切除掉。冒口除了补缩作用外，还有排气和集渣的作用（图 3.21）。

3.6.3   冷铁

为增加铸件局部的冷却速度，在砂型、砂芯表面或型腔中安放的金属物，称为冷铁。位于铸件下部的厚截面很难用冒口补缩，如果在这种厚截面处安放冷铁，由于冷铁中的金属液冷却速度较快，则可使厚截面处先凝固，从而实现了自下而上的顺序凝固。冷铁通常用钢或铸铁制成。

3.7   合   型

将上型、下型、砂芯、浇注系统等组合成一个完整的铸型的操作过程称为合型，又称合箱。合型要保证铸型型腔几何形状和尺寸的准确和砂芯的稳固。合型后，应将上、下型紧扣或放上压铁，以防止浇注时上型被合金液抬起。合型是制造铸型的最后一道工序，直接关系到铸件的质量。即使铸型和砂芯的质量良好，若合型操作不当，也会引起气孔、砂眼、错箱、偏芯、飞翅和跑火等缺陷。

3.8　合金的熔炼和浇注

◤ 3.8.1　合金的熔炼

合金的熔炼包括熔炼铸铁、铸钢和铸造有色合金等，是铸造的必要过程之一，对铸件质量影响很大，若控制不当会使铸件化学成分和力学性能不合格，以及产生气孔、夹渣、缩孔等缺陷。

对合金熔炼的基本要求是优质、低耗和高效，即金属液温度高、化学成分合格和纯净度高（夹杂物及气体含量少）；燃料、电力耗费少；熔炼速度快。

熔炼铸铁的设备有冲天炉和感应电炉等，熔炼铸钢的设备有电弧炉及感应电炉等，铸造铝、铜合金的熔炼设备主要是坩埚炉及感应电炉等。下面仅介绍常用的熔炼设备。

1. 冲天炉熔炼

冲天炉是铸铁的主要熔炼设备。它结构简单，操作方便，可连续熔炼，生产率高，成本低，其熔炼成本仅为电炉的十分之一，但熔炼的铁水质量不如电炉等。

（1）冲天炉构造

如图 3.23 所示，由炉体、火花捕集器、前炉、加料系统和送风系统等五部分组成。炉体是一个直立的圆筒，包括烟囱、加料口、炉身、风口、炉缸、炉底和支柱部分。炉体的主要作用是完成炉料预热、熔化和铁水的过热。位于烟囱上部的火花捕集器起除尘作用，炉顶喷出的烟尘火花沉积于底部，可由管道排出。前炉起贮存铁水的作用，其前部设置有出铁口和出渣口。

冲天炉的大小以每小时熔化多少吨铁水表示，称为熔化率。常用的冲天炉熔化率为 2 ~ 10 t/h。

（2）冲天炉熔炼用的炉料

包括金属炉料（新生铁、浇冒口及废铸件回炉料、废钢和铁合金等）、燃

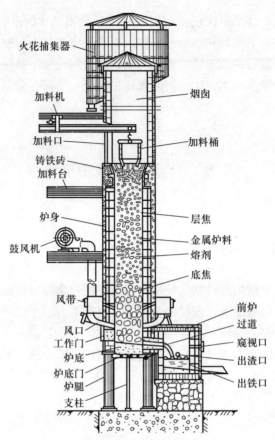

火花捕集器

加料机

加料口

铸铁砖
加料台

炉身

鼓风机

风带

风口
工作门
炉底
炉底门
炉腿
支柱

烟囱

加料桶

层焦

金属炉料

熔剂

底焦

前炉
过道
窥视口
出渣口
出铁口

图 3.23   冲天炉的构造

料（焦炭）和熔剂（石灰石 $CaCO_3$ 和萤石 CaF_2）等三类。熔化的金属炉料总质量与消耗的焦炭总质量之比称为总铁焦比，一般为 10:1。熔剂起造渣作用，加入量一般为每层焦炭量的 25% ~ 45%。

（3）冲天炉熔炼过程

冲天炉是利用对流换热原理实现金属熔炼的。熔炼时热炉气自下而上运动，冷炉料自上而下移动，两股逆向流动的物、气之间进行着热量交换和冶金反应，最终将金属炉料熔化成符合要求的铁水。

（4）冲天炉的操作

冲天炉熔炼时，其操作步骤为：a. 修炉、烘干与点火；b. 加底焦；c. 加炉料；d. 鼓风熔化；e. 出渣出铁；f. 停炉。

冲天炉是间歇工作的，每次连续熔炼时间为 4 ~ 8 h。

2. 感应电炉熔炼

感应电炉是根据电磁感应和电流热效应原理，利用炉料内感应电流的热量熔化金属的。如图 3.24 所示为感应电炉的工作原理,在由石英砂烧结的坩埚外面,绕有内部通水冷却的感应线圈,当感应线圈内通过交变电流时,坩埚内的金属炉料或铁水就会在交变磁场的作用下产生感应电流,因炉料本身具有电阻而发热,从而使金属熔化与过热。感应圈内通过的电流愈大,匝数愈多,漏磁损失愈小,金属料的电阻愈大,则传递的功率也愈大。由于金属表面与中心交流电抗的不均匀性,实际上 80% 以上的电流集中在表面层,这种现象称为集肤效应。此表面层内的电流密度,如取表皮为 100% ,则内界面为 37% 。这一层厚度通常称为电流透入深度 δ 。δ 与电流频率 f 成反比,f 愈高,δ 就愈小,集肤效应愈显著,热效率愈高。感应电炉按工作频率可分为三种:

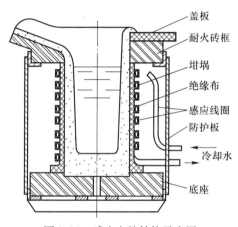

盖板
耐火砖框
坩埚
绝缘布
感应线圈
防护板
冷却水
底座

图 3.24　感应电炉结构示意图

① 高频感应电炉　频率为 10 000 Hz 以上,炉子最大容量在 100 kg 以下。由于容量小,主要用于实验室和少量高合金钢熔炼。

② 中频感应电炉　频率为 250 ~ 10 000 Hz,炉子容量从几千克到几十吨,广泛用于优质钢和优质铸铁的冶炼,也可用于铸铜合金、铸铝合金的熔炼。

③ 工频感应电炉　使用工业频率 50 Hz,炉子容量 500 kg 以上,最大可到 90 t,广泛用于铸铁熔炼,还可用于铸钢、铸铝合金、铸铜合金的熔炼。

感应电炉的优点是加热速度快,热量损失少,热效率高;温度可控,最高温度可达 1 650 ℃ 以上,可熔炼各种铸造合金;元素烧损少,吸收气体少;有电磁搅拌作用,合金成分和温度均匀,铸件质量高,所以得到越来越广泛的应用。感应电炉的缺点是耗电量大,去除硫、磷有害元素作用差,要求金属炉料的硫、磷含量低。

3. 坩埚炉

坩埚炉是利用传导和辐射原理进行熔炼的。通过燃料(如焦炭、重油、煤气等）燃料或电气元件通电产生的热量加热坩埚，使炉内的金属炉料熔化。这种加热方式速度缓慢、温度较低、坩埚容量小，一般只用于有色合金熔炼。如图 3.25 所示。

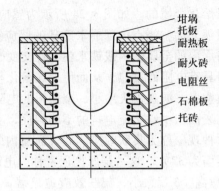

图 3.25　电阻坩埚炉结构示意图

坩埚、托板、耐热板、耐火砖、电阻丝、石棉板、托砖

铝合金熔炼时，铝液极易被吸气氧化，熔炼应在与燃料和燃气隔离的状态下进行，因此一般使用坩埚炉。坩埚电阻炉的电加热元件可用铁铬或镍铬合金电阻丝，也可用碳化硅棒；坩埚用铸铁或石墨制成。

熔炼铝合金的炉料有金属料和熔剂。金属料由铝锭、回炉料等组成。熔剂按用途不同，分为覆盖剂和精炼剂。常用的覆盖剂是冰晶石（氟铝酸钠）和氯化钠、氯化钾的混合物，以隔绝炉气对铝液的作用。常用的精炼剂有氯化锌、无毒精炼剂等，以除去悬浮在铝液中的非金属夹杂物、金属氧化物及溶于铝液中的气体。

由于铝合金在高温下易氧化、吸气，因此一切用料和工具都应预热烘干，并加覆盖剂熔炼、加精炼剂进行除气处理。

铝合金熔点低，对型砂要求不高；铝合金流动性好，能浇薄壁复杂件。

坩埚电阻炉主要用于铸铝合金熔炼，其优点是炉气为中性，铝液不会强烈气化，炉温易控制，操作较简单，缺点是熔炼时间长，耗电量较大。

3.8.2　浇注

把液体金属浇入铸型的操作称为浇注。浇注工艺不当会引起浇不足、冷隔、跑火、夹渣和缩孔等缺陷。

1. 浇注前准备工作

① 准备浇包　浇包种类由铸件大小决定，一般中小件用抬包，容量为 50 ~ 100 kg；大件用吊包，容量为 200 kg 以上。对使用过的浇包要进行清理、修补，要求内表面光滑平整。

② 清理通道　浇注时行走的通道不应有杂物阻挡，更不能有积水。

③ 烘干用具　避免因挡渣钩、浇包的潮湿而降低铁水温度及引起铁水飞溅。

2. 浇注时注意的问题

① 浇注温度　浇注温度过低，铁水流动性差，易产生浇不足、冷隔、气孔等缺陷。浇注温度过高，铁水的收缩量增加，易产生缩孔、裂纹及粘砂等缺陷。对形状复杂的薄壁灰铸铁件，浇注温度为 1 400 ℃ 左右；对形状简单的厚壁灰铸铁件，浇注温度可在 1 300 ℃ 左右；而碳钢铸件则为 1 520 ~ 1 620 ℃。

② 浇注速度　浇得太慢，金属液降温过多，易产生浇不足、冷隔、夹渣等缺陷；浇得太快，型腔中气体来不及逸出易产生气孔，金属液的动压力增大易造成冲砂、抬箱、跑火等缺陷。浇注速度应根据铸件的形状、大小决定，一般用浇注时间表示。

③ 浇注技术　注意扒渣、挡渣和引火。为使熔渣变稠从而便于扒出和挡住，可在浇包内的金属液表面上撒些干砂或稻草灰。用红热的挡渣钩及时点燃从砂型中逸出的气体，以防 CO 等有害气体污染空气及使铸件形成气孔。浇注时中间不能断流，应始终使外浇口保持充满，以便于熔渣上浮。

3.9　铸件的落砂、清理和缺陷分析

▲ 3.9.1　落砂

用手工或机械使铸件和型砂（芯砂）、砂箱分开的操作，称为落砂。

落砂时要注意铸件的温度：过早的落砂，会使铸件产生应力、变形，甚至开裂，铸铁件还会形成白口而使切削加工困难。铸件越大，冷却时间越长。但落砂过晚，将过长时间占用生产场地和砂箱，使生产效率降低。应在保证铸件质量的前提下尽早落砂。一般铸件落砂温度在 400 ~ 500 ℃ 之间。形状简单、小于 10 kg 的铸铁件，可在浇注后 20 ~ 40 min 落砂；10 ~ 30 kg 的铸铁件可在浇注后 30 ~ 60 min 落砂。

▲ 3.9.2　清理

落砂后从铸件上清除表面粘砂、型砂、内部芯砂和芯骨、多余金属（包括浇冒口、飞翅和氧化皮）等过程称为清理。

灰铸铁件的浇冒口，可用铁锤打掉；铸钢件的浇冒口，可用气割除去；有色金属铸件的浇冒口，可用锯子割除。分型面或在芯头处产生的飞边、毛刺和残留的浇、冒口痕迹，可用砂轮机、手凿和风铲等工具修整。

粘砂可用清理滚筒、喷砂器、抛丸设备等清理。铸件内腔的砂芯和芯骨可用手工或振动出芯机去除。

3.9.3 铸件缺陷分析

铸件清理后，应对其进行质量检验。检验铸件质量最常用的方法是宏观法，它通过肉眼观察（或借助尖嘴锤）。找出铸件的内部缺陷则要通过一定的仪器才能发现，如进行耐压试验、磁力探伤、超声波探伤等。若有必要，还可对铸件（或试样）进行解剖检验、金相检验、力学性能和化学成分分析等。

铸件质量好坏，关系到机器（产品）的质量及生产成本，也直接关系到经济效益和社会效益。铸件结构、原材料、铸造工艺过程及管理状况等均对铸件质量有影响。所以对已发现的铸造缺陷，应分析产生的原因，以便采取相应的预防措施。

铸造工序繁多，铸件缺陷类型很多，形成的原因也十分复杂。表 3.2 仅列举一些常见铸件缺陷的特征及产生的主要原因。

表 3.2　几种常见铸件缺陷的特征及产生原因

类别	缺陷名称和特征	主要原因分析
孔洞类	气孔：铸件内部出现的孔洞，常为梨形、圆形和椭圆形，孔的内壁较光滑	1. 砂型紧实度过高； 2. 型砂太湿，起模、修型时刷水过多； 3. 砂芯未烘干或通气道堵塞； 4. 浇注系统不正确，气体排不出
	缩孔：铸件厚截面处出现的形状极不规则的孔洞，孔的内壁粗糙 缩松：铸件截面上细小而分散的缩孔	1. 浇注系统或冒口设置不正确，补缩不足； 2. 浇注温度过高，金属液态收缩过大； 3. 铸铁中碳、硅含量低，其他合金元素含量高时易出现缩松

续表

类别	缺陷名称和特征	主要原因分析
孔洞类	砂眼：铸件内部或表面带有砂粒的孔洞	1. 型砂太干、韧性差，易掉砂； 2. 局部没舂紧，型腔、浇口内散砂未吹净； 3. 合箱时砂型局部挤坏，掉砂； 4. 浇注系统不正确，冲坏砂型
	渣气孔：铸件浇注时的上表面充满熔渣的孔洞，常与气孔并存，大小不一，成群集结	1. 浇注温度太低，熔渣不易上浮； 2. 浇注时没挡住熔渣； 3. 浇注系统不正确，挡渣作用差
表面缺陷类	机械黏砂：铸件表面黏附着一层砂粒和金属的机械混合物，使表面粗糙	1. 砂型舂得太松，型腔表面不致密； 2. 浇注温度过高，金属液渗透力大； 3. 砂粒过粗，砂粒间空隙过大
	夹砂结疤：铸件表面有局部突出的长条疤痕，其边缘与铸件本体分离，并夹有一层型砂。多产生在大平板铸件的上型表面（图 a） 鼠尾：在大平板铸件下型表面有浅的条状凹槽或不规则折痕（图 b）	1. 型砂的热湿强度较低，特别在型腔表层受热后，水分向内部迁移形成的高水层处更低； 2. 表层石英砂受热膨胀拱起，与高水层分离直至开裂； 3. 砂型局部过紧、不均匀，易出现表层拱起； 4. 浇注温度过高，型腔烘烤厉害； 5. 浇注速度过慢，铁水压不住拱起的表面型砂，易产生鼠尾
形状差错类	偏芯：铸件内腔和局部形状位置偏错	1. 砂芯变形； 2. 下芯时放偏； 3. 砂芯没固定好，浇注时被冲偏
	错箱：铸件的一部分与另一部分在分型面处相互错开	1. 合箱时上、下型错位； 2. 定位销或泥记号不准； 3. 造型时上、下模有错动

续表

类别	缺陷名称和特征	主要原因分析
裂纹冷隔类	热裂：铸件开裂，裂纹断面严重氧化，呈暗蓝色，外形曲折而不规则 冷裂：裂纹断面不氧化并发亮，有时轻微氧化。呈连续直线状	1. 砂型（芯）退让性差，阻碍铸件收缩而引起过大的内应力； 2. 浇注系统开设不当，阻碍铸件收缩； 3. 铸件设计不合理，薄厚差别大
	冷隔：铸件上有未完全融合的缝隙，边缘呈圆角	1. 浇注温度过低； 2. 浇注速度过慢； 3. 内浇道截面尺寸过小，位置不当； 4. 远离浇口的铸件壁过薄
残缺类	浇不足：铸件残缺，或轮廓不完整，或形状完整但边角圆滑光亮，其浇注系统是充满的	1. 浇注温度过低； 2. 浇注速度过慢； 3. 内浇道截面尺寸和位置不当； 4. 未开出气口，金属液的流动受型内气体阻碍

3.10　特种铸造方法简介

除普通砂型铸造以外的其他铸造方法统称为特种铸造，如金属型铸造、压力铸造、离心铸造、熔模铸造等。特种铸造在提高铸件精度、降低铸件表面粗糙度、提高劳动生产率、改善劳动条件和降低铸件成本等方面，均有其优势。近些年来，特种铸造在我国发展特别迅速，方法也日益繁多，在铸造生产中占有一定的地位。

3.10.1　金属型铸造

金属型铸造是将液态合金浇入金属制成的铸型中，在重力下完成充型，冷却凝固后获得铸件的方法。由于金属型可以重复使用多次，所以又称为永久性铸造。如图 3.26 所示。

1. 金属型铸造的优点

① 一型多铸，一个金属铸型可以做几百个甚至几万个铸件；

② 生产率高；

③ 冷却速度较快，铸件组织致密，力学性能较好；

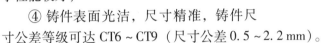

图 3.26　金属型

④ 铸件表面光洁，尺寸精准，铸件尺寸公差等级可达 CT6 ~ CT9（尺寸公差 0.5 ~ 2.2 mm）。

2. 金属型铸造的缺点

① 金属型成本高，加工费用大；

② 金属型没有退让性，不宜生产形状复杂的铸件；

③ 金属型冷却快，铸件易产生裂纹。

金属型常用铸铁或铸钢制造。它没有透气性，由于热导率高而对铸件有激冷作用。因此，应在金属型上开设排气槽，浇注前应将金属型预热，并加上涂料保护。金属型铸造常用于大批量生产有色金属铸件，如铝、镁、铜合金铸件，也可浇注铸铁件。

 3.10.2　压力铸造

压力铸造是将液态合金在高压下高速充填金属型型腔，并在压力下凝固获得铸件的方法。其压力从几兆帕到几十兆帕（MPa），铸型材料一般采用耐热合金钢。用于压力铸造的机器称为压铸机。压铸机的种类很多，目前应用较多的是卧式冷压室压铸机。其生产工艺过程如图 3.27 所示。

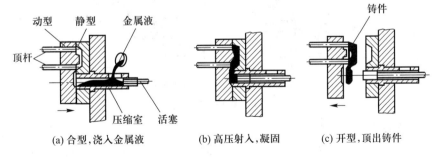

图 3.27　压铸工艺过程示意图

1. 压力铸造的优点

① 由于金属液在高压下成形，因此可以铸出壁很薄，形状很复杂的铸件；

② 压铸件在高压下结晶凝固，组织致密，其力学性能比砂型铸件提高20% ~ 40%；

③ 压铸件表面粗糙度 Ra 值可达 3.2 ~ 0.8 μm，铸件尺寸公差等级可达CT4 ~ CT8（尺寸公差 0.26 ~ 1.6 mm），一般不需再进行机械加工，或只需进行少量机械加工；

④ 生产率很高，每小时可生产几百个铸件，而且易于实现半自动化、自动化生产。

2. 压力铸造的缺点

① 铸型结构复杂，加工精度和表面粗糙度要求很严，成本很高；

② 不适于压铸铸铁、铸钢等金属，因浇注温度高，铸型的寿命很短；

③ 压铸件易产生皮下气孔缺陷，不宜进行机械加工和热处理，否则气孔会暴露出来和形成凸瘤。

压力铸造适用于有色合金的薄壁小件大量生产，如飞机、汽车、拖拉机、内燃机、摩托车的铝活塞、泵体及铜合金轴瓦、轴套等。

3.10.3 离心铸造

离心铸造是将液态合金浇入旋转着的铸型中，并在离心力的作用下凝固成形获得铸件的方法。

离心铸造的铸型可以是金属型，也可以是砂型。铸型在离心铸造机上可以绕垂直轴旋转或者水平轴旋转。如图 3.28 所示。

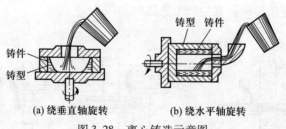

(a) 绕垂直轴旋转   (b) 绕水平轴旋转

图 3.28 离心铸造示意图

1. 离心铸造的优点

① 合金液在离心力的作用下凝固，组织致密、无缩孔、气孔、渣眼等缺陷，铸件的力学性能较好；

② 铸造圆形中空的铸件可不用型芯；

③ 不需要浇注系统，提高了金属液的利用率。

2. 离心铸造的缺点

① 内孔尺寸不精确，非金属夹杂物较多，增加了内孔的加工余量；

② 易产生密度偏析，不宜铸造密度偏析大的合金，如铅青铜。

离心铸造适用于铸造铁管、钢辊筒、铜套等回转体铸件，也可用来铸造开形铸件。

▶ 3.10.4　熔模铸造

熔模铸造是用易熔材料（如蜡料）制成模样（称蜡模），在模样上包覆若干层耐火涂料，用加热的方法使模样熔化流出，经高温焙烧，从而获得无分型面、形状准确的型壳，经浇注获得铸件的方法，又称失蜡铸造。

图 3.29 所示为叶片的熔模铸造工艺过程示意图。先在压型中做出单个蜡模（图 3.29a），再把单个蜡模焊到蜡质的浇注系统上（统称蜡模组，见图 3.29b）。随后在蜡模组上分层涂挂涂料及撒上石英砂，并硬化结壳。熔化蜡模，得到中空的硬型壳（图 3.29c）。型壳经高温焙烧去掉杂质后浇注（图 3.29d）。冷却后，将型壳打碎取出铸件。熔模铸造的型壳也属于一次性铸型。

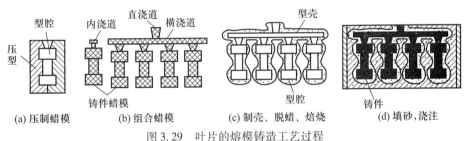

图 3.29　叶片的熔模铸造工艺过程

1. 熔模铸造的优点

① 铸件精度高，铸件尺寸公差等级可达 CT4 ~ CT7（尺寸公差 0.26 ~ 1.1 mm），表面粗糙度 Ra 值可达 6.3 ~ 1.6 μm，一般可以不再机械加工；

② 适用于各种铸造合金，特别是对于熔点很高的耐热合金铸件，它几乎是目前唯一的铸造方法，因为型壳材料是耐高温的；

③ 因为是用熔化的方法取出蜡模，因而可做出形状很复杂、难于机械加工的铸件，如汽轮机叶片等。

2. 熔模铸造的缺点

① 工艺过程复杂，生产成本高；

② 因蜡模易软化变形，且型壳强度有限，故不能用于生产大型铸件。
熔模铸造广泛用于航空、电器、仪器和刀具等制造领域。

复习思考题

1. 什么是铸造？铸造包括哪些主要工序？

2. 湿型砂是由哪些材料组成的？各种材料的作用是什么？

3. 湿型砂应具备哪些性能？这些性能如何影响铸件的质量？

4. 模样、铸件、零件三者有何联系？在形状和尺寸上又有哪些区别？

5. 浇注系统一般是由哪几部分组成的？它们的作用是什么？内浇道应如何设置？

6. 液态合金浇注时，型腔中的气体是从哪里来的？采取哪些措施可以防止铸件产生气孔？

7. 铸型（砂型）由哪几部分组成？画出铸型装配图并加以说明。

8. 应根据哪些条件选择铸件的造型方法？

9. 手工造型方法所用的各种模样有哪些特点？各适用于哪种生产批量？

10. 什么是分型面？分模造型时模样应从何处分开？

11. 活块造型春砂时应注意什么？

12. 挖砂造型时对挖砂分型面有什么要求？

13. 假箱的制造方法有几种？对春砂假箱有什么要求？

14. 手工造型和机器造型各有何特点？各适用于哪种生产批量？

15. 下列铸件（图 3.30）在不同生产批量时，各应采用什么造型方法？

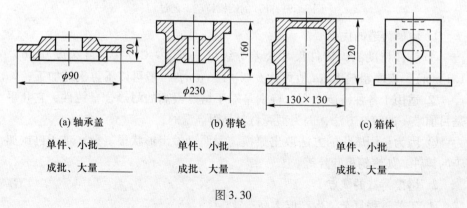

(a) 轴承盖

单件、小批_____

成批、大量_____

(b) 带轮

单件、小批_____

成批、大量_____

(c) 箱体

单件、小批_____

成批、大量_____

图 3.30

16. 图 3.31 所示模样应采用哪种造型方法？

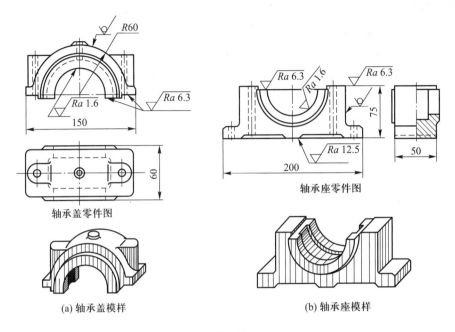

(a) 轴承盖模样　　　　　　　　　(b) 轴承座模样

图 3.31

17. 砂芯的作用是什么？砂芯的工作条件有何特点？

18. 为什么不能用普通型砂制作砂芯？芯砂的成分和型砂有何不同？

19. 为保证砂芯的工作要求，造芯工艺上应采取哪些措施？

20. 合型应注意什么问题？合型不当对铸件质量有何影响？

21. 浇注前应做好哪些准备工作？

22. 浇注温度过高和过低有什么不好？铸铁件合适的浇注温度是多少？

23. 浇注速度的快慢对铸件质量有什么影响？浇注时断流会产生什么缺陷？

24. 在浇包内金属液面上撒干砂或稻草灰起什么作用？

25. 浇注时为什么要在砂型周围引火？

26. 落砂时铸件的温度过高有什么不好？中小铸铁件浇注后多少时间落砂为宜？

27. 铸件的清理包括哪几方面内容？常用的清除表面粘砂的设备有哪些？

28. 铸铁件的热处理方法有哪几种？作用如何？

29. 怎样辨别气孔、缩孔、砂眼和渣孔这四种缺陷？产生以上缺陷的主要原因各有哪些?

30. 芯头的作用是什么？芯头有几种形式?

31. 浇注系统由哪几部分组成？各部分的作用是什么?

32. 为什么熔模铸造能生产精密复杂形状的铸件?

33. 结合实习中铸件出现的缺陷和废品，分析产生的原因，并提出防止的方法。

第 4 章　锻压

4.1　概　　述

锻压是对金属坯料施加外力，使之产生塑性变形，改变其形状、尺寸并改善性能，用以制造机械零件、工具或其毛坯的一种加工方法。锻压是锻造和冲压的总称。

按照成形方式的不同，锻造可分为自由锻和模锻两大类。自由锻按其操作方式不同，又分为手工自由锻和机器自由锻。在现代工业生产中，手工自由锻已为机器自由锻所取代。按照使用的锻造设备不同，机器自由锻又分为锤上自由锻和水压机上自由锻。前者用于中小型锻件的生产，后者用于大中型锻件的生产。

金属材料的锻造（或冲压）性能以其锻造（或冲压）时的塑性和变形抗力来综合衡量，其中尤以材料的塑性对锻造性能影响更大。塑性好且变形抗力小，则锻造性能好。钢的碳的质量分数越高及合金元素的质量分数越高，锻造性能越差。锻件通常采用的中碳钢和低合金钢，大都具有良好的锻造性能。冲压件一般都采用低碳钢或铜、铝等具有良好塑性的材料制造。脆性材料（如铸铁）不能锻压。

金属铸锭经过锻造或轧制后，不仅形状、尺寸发生改变，其内部组织也更加致密，铸锭内部的疏松组织以及气泡、微小裂纹等也被压实和压合，同时，晶粒得到细化，因而具有更好的力学性能。所以，承受重载和冲击载荷的重要机器零件和工具，如机床主轴、传动轴、齿轮、凸轮、曲轴、连杆、弹簧、锻模、刀杆等，大都采用锻件为毛坯。冲压件具有结构轻、刚度好等优点，在一般机器制造及汽车、仪表、电力、电子、航空、航天等工业领域和家用电器、生活用品的制造中，占有重要地位。

4.2　坯料的加热和锻件的冷却

 4.2.1　加热的目的和锻造温度范围

加热的目的是提高坯料的塑性并降低变形抗力，以改善其锻造性能。一般来说，随着温度的升高，金属材料的强度降低而塑性提高。所以，加热后锻造，可以用较小的锻打力量使坯料产生较大的变形而不破裂。

但是，加热温度太高，也会使锻件质量下降，甚至造成废品。各种材料在锻造时，所允许的最高加热温度，称为该材料的始锻温度。

坯料在锻造过程中，随着热量的散失，温度不断下降，因而，塑性越来越差，变形抗力越来越大。温度下降到一定程度后，不仅难以继续变形，且易于锻裂，必须及时停止锻造，重新加热。各种材料停止锻造的温度，称为该材料的终锻温度。从始锻温度到终锻温度称为锻造温度范围。几种常用金属材料的锻造温度范围列于表 4.1。

表 4.1　常用金属材料的锻造温度范围

材 料 种 类	始锻温度/℃	终锻温度/℃
低碳钢	1 200 ~ 1 250	800
中碳钢	1 150 ~ 1 200	800
合金结构钢	1 100 ~ 1 180	850

碳钢在加热及锻造过程中的温度变化可通过观察火色（即坯料的颜色）的变化大致判断。碳钢火色与温度的关系列于表 4.2。

表 4.2　碳钢火色与温度的关系

温度/℃	1 300	1 200	1 100	900	800	700	小于 600
火色	白色	亮黄	黄色	樱红	赤红	暗红	黑色

4.2.2　加热炉

锻件加热可采用一般燃料如焦炭、重油等进行燃烧，利用火焰加热或采用电能加热。典型的电能加热设备是高效节能红外箱式炉，其结构如图 4.1 所示。它采用硅碳棒为发热元件，并在内壁涂有高温烧结的辐射涂料，加热时炉内形成高辐射均匀温度场，因此升温快，单位耗电低，节能。红外炉采用无级调压控制柜与其配套，具有快速启动、精密控温、送电功率和炉温可任意调节的特点。

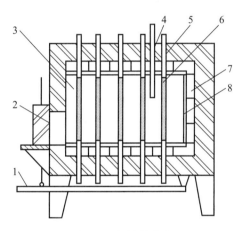

图 4.1　红外箱式炉

1—踏杆；2—炉门；3—炉膛；4—温度传感器；

5—硅碳棒冷端；6—硅碳棒热端；7—耐火砖；8—反射层

4.2.3　加热缺陷

1. 氧化和脱碳

钢是铁与碳组成的合金。采用一般方法加热时，钢料的表面不可避免地要与高温的氧气、二氧化碳及水蒸气等接触，发生剧烈的氧化，使坯料的表面产生氧化皮及脱碳层。每加热一次，氧化烧损量约占坯料重量的 2% ~ 3%。在计算坯料的重量时，应加上这个烧损量。脱碳层可以在机械加工的过程中切削掉，一般不影响零件的使用。但是，如果上述氧化现象过于严重，则会产生较厚的氧化皮和脱碳层，甚至造成锻件的报废。

减少氧化和脱碳的措施是严格控制送风量，快速加热，减少坯料加热后在炉中停留的时间，或采用少氧化、无氧化等加热方法。

2. 过热及过烧

加热钢料时，如果加热温度超过始锻温度，或在始锻温度下保温过久，内部的晶粒会变得粗大，这种现象称为过热。晶粒粗大的锻件力学性能较差。可采取增加锻打次数或锻后热处理的办法，使晶粒细化。

如果将钢料加热到更高的温度，或将过热的钢料长时间在高温下停留，则会造成晶粒间低熔点杂质的熔化和晶粒边界的氧化，从而削弱晶粒之间的联系，这种现象称为过烧。过烧的钢料是无可挽回的废品，锻打时必然碎裂。

为了防止过热和过烧，要严格控制加热温度，不要超过规定的始锻温度，尽量缩短坯料高温下在炉内停留的时间，一次装料不要太多，遇有设备故障需要停锻时，要及时将炉内的高温坯料取出。

3. 加热裂纹

尺寸较大的坯料，尤其是高碳钢坯料和一些合金钢锭料，在加热过程中，如果加热速度过快或装炉温度过高，则可能由于坯料内各部分之间较大的温差引起的温度应力，导致产生裂纹。这些坯料加热时，要严格遵守有关的加热规范。一般中碳钢的中、小型锻件，以轧材为坯料时，不会产生加热裂纹，为提高生产率，减少氧化，避免过热，应尽可能采取快速加热。

4.2.4 锻件的冷却

锻件的冷却是保证锻件质量的重要环节。冷却的方式有三种。

① 空冷 在无风的空气中，放在干燥的地面上冷却。

② 坑冷 在充填有石棉灰、砂子或炉灰等绝热材料的坑中以较慢的速度冷却。

③ 炉冷 在 500℃ ~ 700℃ 的加热炉中，随炉缓慢冷却。

一般地说，碳素结构钢和低合金钢的中小型锻件，锻后均采用冷却速度较快的空冷方法，成分复杂的合金钢锻件大都采用坑冷或炉冷。冷却速度过快会造成表层硬化，难以进行切削加工，甚至产生裂纹。

4.3 自 由 锻

将坯料置于铁砧上或锻造设备的上、下抵铁之间直接使坯料变形而获得锻件的方法，称为自由锻。前者称为手工自由锻（简称手锻），后者称为机器自由锻（简称机锻）。

　　自由锻适用于单件、小批量及大型锻件的生产。

4.3.1　空气锤

　　自由锻的设备有空气锤、蒸汽 – 空气自由锻锤及自由锻水压机等。空气锤是生产小型锻件的通用设备，其外形及工作原理如图 4.2 所示。

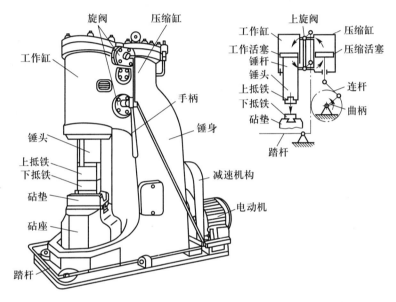

图 4.2　空气锤

1. 结构

　　空气锤由锤身、压缩缸、工作缸、传动机构、操纵机构、落下部分及砧座等几个部分组成。

　　锤身和压缩缸及工作缸缸体铸成一体。

　　传动机构包括减速机构及曲柄连杆机构等。

　　操纵机构包括踏杆（或手柄）、旋阀及其连接杠杆。

　　空气锤以及所有锻锤的主要规格参数是其落下部分的质量，又称锻锤的吨位。落下部分包括工作活塞、锤杆、锤头和上抵铁。例如，75 kg 空气锤，就是指它的落下部分质量为 75 kg。这是一种小型号的空气锤。

2. 工作原理

电动机通过传动机构带动压缩缸内的压缩活塞做上下往复运动，将空气压缩，并经过上、下旋阀压入工作缸的上部或下部，推动工作活塞向下或向上运动。通过踏杆或手柄操纵上、下旋阀，可实现以下动作（图 4.3）。

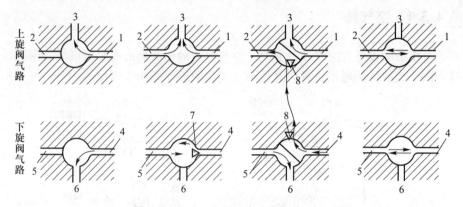

图 4.3　空气锤工作原理示意图

1—通压缩缸上气道；2—通工作缸上气道；4—通压缩缸下气道；

5—通工作缸下气道；3、6—通大气；7、8—逆止阀

① 空转　压缩缸的上、下气道都通过旋阀与大气连通，压缩空气不进入工作缸，锤头靠自重落在下抵铁上，电动机空转，锤头不工作。

② 锤头上悬　工作缸及压缩缸上气道都经上旋阀与大气连通，压缩空气只能经下旋阀和工作缸的下气道进入工作缸的下部。下旋阀内有一个逆止阀，可防止压缩空气倒流，使锤头保持在上悬的位置。

锤头上悬时，可在锤上进行辅助性操作，如检查锻件尺寸，更换或安放锻件及工具，清除氧化皮等。

③ 锤头下压　压缩缸上气道及工作缸下气道与大气相通，压缩空气由压缩缸下部经逆止阀及中间通道进入工作缸上部，使锤头向下压紧锻件。此时可进行弯曲或扭转等操作。

④ 连续打击　压缩缸和工作缸都不与大气相通，压缩缸不断将空气压入工作缸的上、下部分，推动锤头上、下往复运动（此时逆止阀不起作用），进行连续锻打。

⑤ 单次打击　将踏杆踩下后立即抬起，或将手柄由锤头上悬位置推到连续打击位置，再迅速退回到上悬位置，就成为单次打击。初学者不易掌握单打，操作稍有迟缓，就会成为连续打击，此时，务必等锤头停止打击后才能转动或移动锻件。

4.3.2 自由锻的基本工序

自由锻造时,锻件的形状是通过一些基本变形工序将坯料逐步锻成的。自由锻造的基本工序有镦粗、拔长、冲孔、弯曲和切断等。

1. 镦粗

镦粗是对原坯料沿轴向锻打,使其高度减低,横截面增大的操作过程。这种工序常用于锻造齿轮坯和其他圆盘形类锻件。

镦粗分为全部镦粗和局部锻粗两种,如图 4.4 所示。

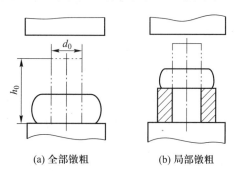

(a) 全部镦粗　　　(b) 局部镦粗

图 4.4　镦粗

镦粗时应注意下列几点:

① 镦粗部分的长度与直径之比应小于 2.5,否则容易镦弯,如图 4.5 所示。

② 坯料端面要平整且与轴线垂直,锻打用力要正,否则容易锻歪。

③ 镦粗力要足够大,否则会形成细腰形或夹层,如图 4.6 所示。

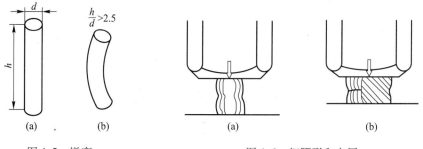

图 4.5　镦弯　　　　　　　图 4.6　细腰形和夹层

2. 拔长

拔长是使坯料的长度增加、截面减小的锻造工序,通常用来生产轴、杆类件毛坯，如车床主轴、连杆等。拔长时，每次的送进量 L 应为砧宽 B 的 0.3～0.7 倍（图 4.7a），若 L 太大，则金属横向流动多，纵向流动少，拔长效率反而下降（图 4.7b）。若 L 太小，又易产生夹层（图 4.7c）。

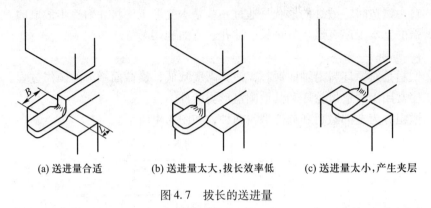

(a) 送进量合适　　　　　(b) 送进量太大,拔长效率低　　　　(c) 送进量太小,产生夹层

图 4.7　拔长的送进量

拔长过程中应作 90° 翻转，较重锻件常采用锻打完一面再翻转 90° 锻打另一面的方法；较小锻件则采用来回翻转 90° 的锻打方法，如图 4.8 所示。

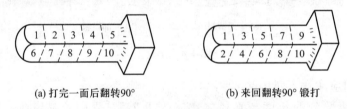

(a) 打完一面后翻转90°　　　　　(b) 来回翻转90° 锻打

图 4.8　拔长时坯料的翻转方法

圆形截面坯料拔长时，先锻成方形截面，在拔长到边长直径接近锻件直径时，再锻成八角形截面，最后倒棱滚打成圆形截面，如图 4.9 所示。这样拔长效率高，且能避免引起中心裂纹。

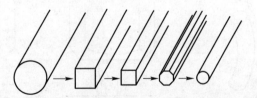

图 4.9　圆形坯料拔长时的过渡截面形状

3. 冲孔

冲孔是用冲子在坯料上冲出通孔或不通孔的锻造工序。实心冲子双面冲孔

如图 4.10 所示，在镦粗平整的坯料表面上先预冲一凹坑，放少许煤粉，再继续冲至约 $\frac{3}{4}$ 深度时，借助于煤粉燃烧的膨胀气体取出冲子，翻转坯料，从反面将孔冲透。

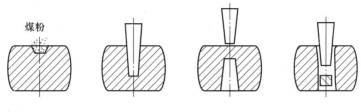

图 4.10 实心冲头双面冲孔

4. 弯曲

使坯料弯曲成一定角度或形状的锻造工序，如图 4.11 所示。

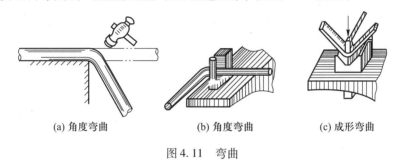

(a) 角度弯曲   (b) 角度弯曲   (c) 成形弯曲

图 4.11 弯曲

5. 扭转

扭转是使坯料的一部分相对另一部分旋转一定角度的锻造工序，如图 4.12 所示。

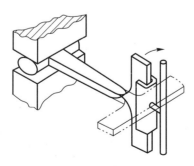

图 4.12 扭转

6. 切割

切割是分割坯料或切除料头的锻造工序。

4.3.3   锻件的锻造过程示例

任何锻件往往是经若干个工序锻造而成的，在锻造前要根据锻件形状、尺寸大小及坯料形状等具体情况，合理选择基本工序和确定锻造工艺过程。表4.3所示为六角螺母的锻造工艺过程示例，其主要工序是镦粗和冲孔。

表4.3   螺母的锻造过程

序号	火次	操作工序	简　图	工　具	备　注
1		下料	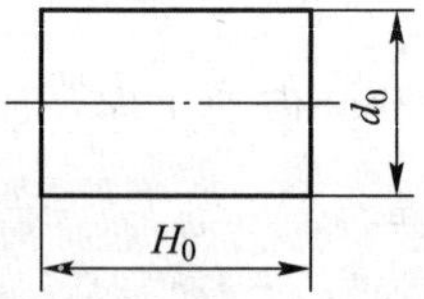	錾子或剪床	按锻件图尺寸，考虑料头、烧损等计算坯料尺寸，并使 $H_0/d_0 < 2.5$
2	1	镦粗	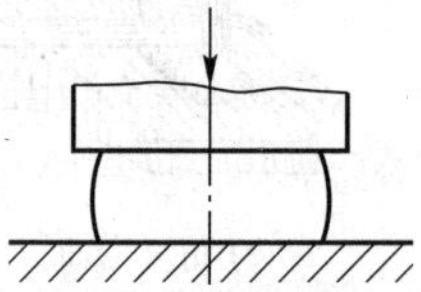	尖口钳	
3	2	冲孔	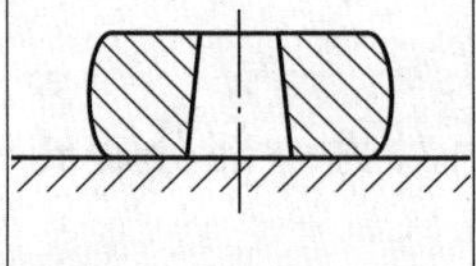	尖口钳 圆钩钳 冲子	
4	3	锻六角	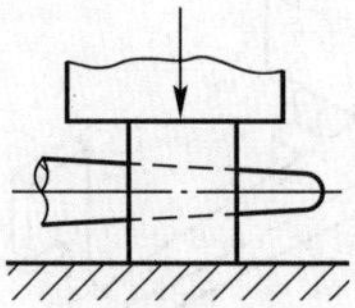	心棒	用心棒插入孔中，锻好一面转60°锻第二面，再转60°即锻好
5	3	罩圆倒角	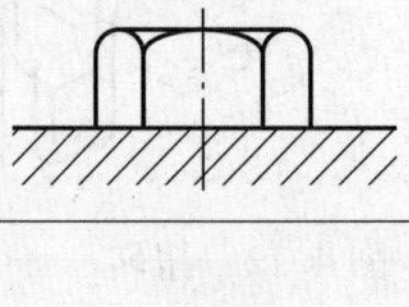	尖口钳 罩圆凹模	

续表

序号	火次	操作工序	简　图	工　具	备　注
6	3	修整		心棒 平锤	修整温度可略低于800℃

4.4　胎模锻和模锻

4.4.1　胎模锻

胎模锻造是自由锻和模锻相结合的一种加工方法，通常是先用自由锻制坯，然后在胎模中锻造成形，整个锻造过程在自由锻设备上进行。胎模结构如图 4.13 所示。胎模锻造时，下模置于气锤的下砧上，但不固定。坯料放在胎模内，合上上模，用锤头锻打上模，待上下模合拢后，便形成锻件。图 4.14所示为手锤锻件的胎模锻造过程。

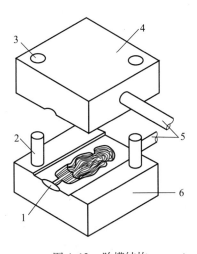

图 4.13　胎模结构

1—模膛；2—导销；3—销孔；
4—上模块；5—手柄；6—下模块

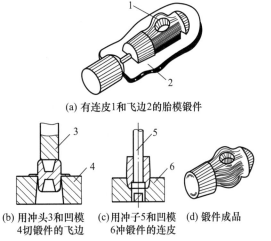

(a) 有连皮1和飞边2的胎模锻件

(b) 用冲头3和凹模4切锻件的飞边　(c) 用冲子5和凹模6冲锻件的连皮　(d) 锻件成品

图 4.14　胎模锻造过程

4.4.2   模锻

模锻全称为模型锻造，它是将加热后的坯料放置在固定于模锻设备上的锻模内锻造成形的。模锻可以在多种设备上进行。在工业生产中，锤上模锻大都采用蒸汽—空气模锻锤，吨位在 5 ~ 300 kN（0.5 ~ 30 t）；压力机上的模锻常用热模锻压力机，吨位在 25 000 ~ 63 000 kN。如图 4.15 所示的摩擦压力机也可用于模锻。

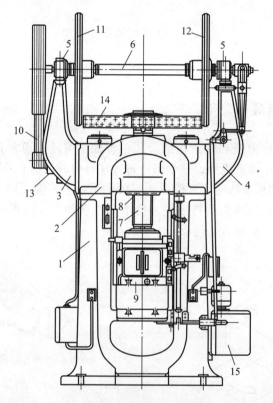

图 4.15   摩擦压力机的构造

1—机架；2—横梁；3、4—支架；5—轴承；6—主轴；7—螺杆；8—螺母；
9—滑块；10—V 形带；11、12—摩擦盘；13—电动机；14—飞轮；15—液压装置

模锻的锻模结构有单模膛锻模和多模膛锻模。如图 4.16 所示为单模膛锻模，它用燕尾槽和斜楔配合使锻模固定，防止脱出和左右移动；用键和键槽的配合使锻模定位准确，并防止前后移动。单模膛一般为终锻模膛，锻造时常需空气锤制坯，再经终锻模膛的多次锤击一次成形，最后取出锻件切除飞边。

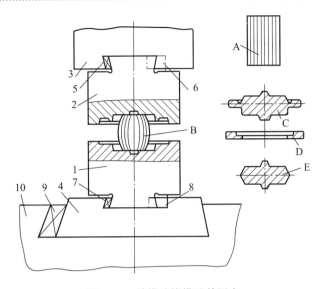

图 4.16　单模膛锻模及其固定

1—下模；2—上模；3—锤头；4—模座；5—上模用楔；

6—上模用键；7—下模用楔；8—下模用键；9—模座楔；

10—砧座；A—坯料；B—变形；C—带飞边的锻件；D—切下的飞边；E—锻件

模锻的生产率和锻件精度比自由锻造高，可锻造形状较复杂的锻件，但要有专用设备，且模具制造成本高，只适用于大批量生产。

4.5　板料冲压

板料冲压是利用冲模使板料产生分离或变形的加工方法。多数情况下板料无须加热，故亦称冷冲压，又简称冷冲或冲压。

常用的板材为低碳钢、不锈钢、铝、铜及其合金等，它们塑性高，变形抗力低，适合于冷冲压加工。

板料冲压易实现机械化和自动化，生产效率高；冲压件尺寸精确，互换性好；表面光洁，无须机械加工；广泛用于汽车、电器、日用品、仪表和航空等制造业中。

4.5.1　冲床结构及其工作原理

冲床有很多种类型，常用的开式冲床如图 4.17 所示。电动机 4 通过三角皮带 10 带动大飞轮 9 转动，当踩下踏板 12 后，离合器 8 使大飞轮与曲轴相连而旋转，再经连杆 5 使滑块 11 沿导轨 2 做上下往复运动，进行冲压加工。当松开踏板时，离合器脱开，制动器 6 立即制止曲轴转动，使滑块停止在最高位置上。

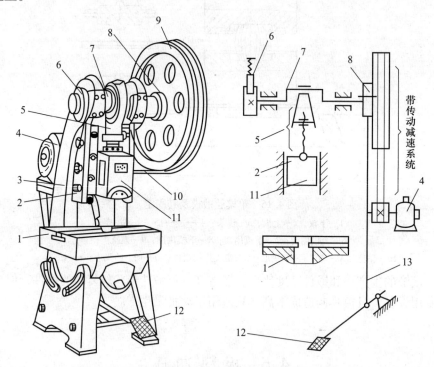

图 4.17　开式冲床

1—工作台；2—导轨；3—床身；4—电动机；5—连杆；6—制动器；7—曲轴；
8—离合器；9—飞轮；10—V 形带；11—滑块；12—踏板；13—拉杆

4.5.2　冲模结构及其分类

1. 冲模结构

冲模是使板料产生分离或变形的工具。典型的冲模结构如图 4.18 所示，它由上模和下模两部分组成。上模的模柄固定在冲床的滑块上，随滑块上下运动，下模则固定在冲床的工作台上。

冲头和凹模是冲模中使坯料变形或分离的工作部分，用压板分别固定在上模板和下模板上。上、下模板分别装有导套和导柱，以引导冲头和凹模对准。而导板和定位销则分别用以控制坯料送进方向和送进长度。卸料板的作用是在冲压后使工件或坯料从冲头上脱出。

2. 冲模的分类

冲模是冲压生产中必不可少的模具。冲模基本上可分为简单模、连续模和复合模三种。

（1）简单冲模

简单冲模是在冲床的一次冲程中只完成一个工序的冲模。图 4.18 即是落料或冲孔用的简单冲模，简单冲模的装配图如图 4.19 所示。工作时条料在凹模上沿两个导板 9 之间送进，碰到定位销 10 为止。凸模向下冲压时，冲下的零件（或废料）进入凹模孔，而条料则夹住凸模并随凸模一起回程向上运动。条料碰到卸料板 8 时（固定在凹模上）被推下，这样，条料继续在导板间送进。重复上述动作，冲下第二个零件。

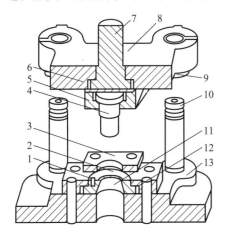

图 4.18　冲模

1—定位销；2—导板；3—卸料板；4—冲头；
5—冲头压板；6—模垫；7—模柄；
8—上模板；9—导套；10—导柱；
11—凹模；12—凹模压板；13—下模板

图 4.19　简单冲模

1—凸模；2—凹模；3—上模板；4—下模板；
5—模柄；6—压板；7—压板；8—卸料板；
9—导板；10—定位销；11—导套；12—导柱

（2）连续冲模

冲床的一次冲程中，在模具不同部位上同时完成数道冲压工序的模具，称为连续模，如图 4.20 所示。工作时定位销 2 对准预先冲出的定位孔，上模向下运动，凸模 1 进行落料，凸模 4 进行冲孔。当上模回程时，卸料板 6 从凸模上推下残料。这时再将坯料 7 向前送进，执行第二次冲裁。如此循环进行，每次送进距离由挡料销控制。

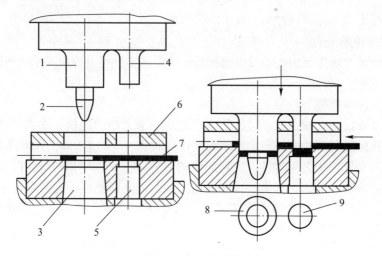

图 4.20 连续冲模

1—落料凸模；2—定位销；3—落料凹模；4—冲孔凸模；
5—冲孔凹模；6—卸料板；7—坯料；8—成品；9—废料

（3）复合冲模

在一次冲程中，在模具同一部位上同时完成数道冲压工序的模具，称为复合模，如图 4.21 所示。复合模的最大特点是模具中有一个凸凹模 1。凸凹模的外圆是落料凸模刃口，内孔则成为拉深凹模。当滑块带着凸凹模 1 向下运动时，条料首先在凸凹模 1 和落料凹模 4 中落料。落料件被下模当中的拉深凸模 2 顶住，滑块继续向下运动时，凹模随之向下运动进行拉深。顶出器 5 和卸料器 3 在滑块的回程中将拉深件 9 推出模具。复合模适用于产量大、精度高的冲压件。

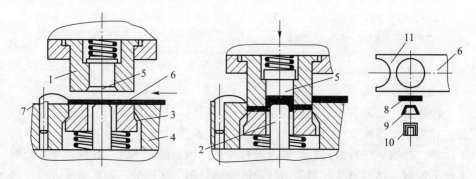

图 4.21 落料及拉深复合冲模

1—凸凹模；2—拉深凸模；3—压板（卸料器）；4—落料凹模；5—顶出器；
6—条料；7—挡料销；8—坯料；9—拉深件；10—零件；11—切余材料

◢ 4.5.3　模具装配、调整与拆卸工艺

1. 冲裁模装配的一般工艺

冲裁模装配的一般工艺如下:

① 确定装配顺序　装配顺序的选择关键是要保证凸、凹模的相对位置精度,使其间隙均匀。通常是先装基准件,再装关联件,然后调整凸模、凹模间隙,最后装其他辅件。

② 确定装配基准　装配基准件起到连接其他零部件的作用,并决定了这些零件之间的正确的相互位置。冲模中常用凸、凹模及其组件或导向板、固定板作为基准件。

③ 装配模具固定部分的相关零件　如与下模座相连的凹模、凹模固定板、定位板等。

④ 装配模具活动部分的相关零件　如与上模座相连的凸模、凸模固定板、卸料板等。

⑤ 组合　将凸模部件和凹模部件组合起来,调整凸模与凹模之间的间隙,使间隙符合设计要求。

⑥ 最后紧固　间隙调整好后,把紧固件拧紧,然后再一次检查配合间隙。

⑦ 检查装配质量　检查凸、凹模的配合间隙,各部分的连接情况及模具的外观质量。

2. 冲模的安装与调整

(1) 冲模的安装

冲模是通过模柄安装在冲床上,装模时必须使模具的闭合高度介于冲床的最大闭合高度和最小闭合高度之间,通常应满足:

$$(H_{max} - H_1) - 5 \geqslant h \geqslant (H_{min} - H_1) + 10$$

式中:

H_{max}——冲床最大闭合高度,即滑块位于下死点位置、连杆调至最短时,滑块端面至工作台面的距离;

H_{min}——冲床最小闭合高度,即滑块位于下死点位置、连杆调至最长时,滑块端面至工作台面的距离;

H_1——冲床垫板的厚度;

h——模具的闭合高度,即合模状态下,上模座至下模座的距离。

式中各量如图 4.22 所示,单位为 mm。

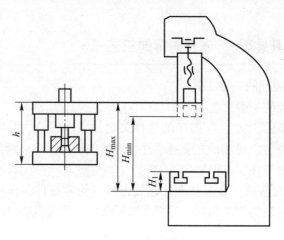

图 4.22   冲模安装尺寸

（2）冲模的调整

①凸、凹模刃口间隙的调整   凸、凹模要吻合，深度要适中，可通过调整冲床连杆长度和下模座前后左右的位置来实现，以能冲出合格件为准。

②卸料系统的调整   卸料板的形状要与工件贴合，行程要足够大，卸料弹簧或橡皮的弹力应能顺利把料卸下，漏料槽和出料孔应畅通无阻。

3. 冲模的拆卸

（1）拆卸的顺序

拆卸时应与装配的顺序相反，一般应先拆卸外部附件，然后按总成、部件的顺序进行拆卸。部件或组件的拆卸应按先外后内，先上后下的顺序。某些组件是过盈配合，压装后又进行了精加工，最好不要拆卸，如凸模与凸模固定板、上模座与模柄、模座与导柱和导套等。

（2）拆卸件的标记

拆卸前要测量（或做记号）有关调整件的相对位置，拆下时要安排好次序，做好标记。这样，装配时才能迅速准确地调整到原先的相对位置，主要是凸模、凹模、导向装置和定位装置之间的位置。

（3）拆卸的注意事项

①严禁用硬手锤直接对零件的工作表面敲击，以免造成零件的损伤或变形。

②尽可能使用专用工具，如各种拉出器、固定扳手等。

③拆卸螺纹连接件时，必须辨别清楚回松的方向（左旋或右旋）。

④重要零部件要仔细存放，防止弯曲、变形或碰伤，如凸模刃口、模架导向装置等。

4.5.4　冲压模具的结构分析与拆装实验

通过拆装冲压模具，并对其结构进行分析，目的是了解实际生产中各种冲压模具的结构、组成及模具各部分的作用，了解冲压模具凸、凹模的一般固定方式，并掌握正确拆装冲压模具的方法。

1. 工具、量具及模具的准备

① 单工序冲模、单工序拉深模和复合模若干套，每套模具最好配有相应的成形零件，以便对照零件分析模具的工作原理和结构。

② 拆装用具（锤子、铜棒、扳手及螺丝刀等）、量具（直尺、游标卡尺及塞尺等）以及煤油、棉纱等清洗用辅料。

2. 拆装内容及步骤

① 打开上、下模，认真观察模具结构，测量有关调整件的相对位置（或做记号），并拟定拆装方案，经指导人员认可后方可进行拆装工作。

② 按所拟拆装方案拆卸模具。注意某些组件是过盈配合，最好不要拆卸，如凸模与凸模固定板、上模座与模柄、模座与导柱和导套等。

③ 对照实物画出模具装配图（草图），标出各零件的名称，如图 4.23 所示。

④ 观察模具与成形零件，分析模具中各零件的材料、热处理要求和在模具中的作用，如表 4.4 所示。

表 4.4　冲孔模中各零件的材料、热处理要求和作用

序　号	零件名称	材　料	热处理及硬度要求	零件在模具中的作用
1	下模座	HT200		安装导柱、凹模、固定板等
2	凹模	Cr12MoV	淬火、回火 58~62HRC	冲压的工件零件
3	定位板	45	淬火、回火 30~40HRC	对冲压件定位
4	弹压卸料板	45	淬火、回火 30~40HRC	卸料用
5	弹簧	65Mn	淬火、中温回火	对卸料板产生卸料推力
6	上模座	HT200		安装导套、模柄、凸模和凹模
7、18	固定板	45	淬火、回火 30~40HRC	分别固定凸模和凹模
8	垫板	45	淬火、回火 30~40HRC	支承作用

续表

序　　号	零件名称	材　　料	热处理及硬度要求	零件在模具中的作用
9、11、19	销钉	35	淬火、回火 30~40HRC	对固定板、垫板起定位作用
10	凸模		淬火、回火 58~62HRC	冲压的工作零件
12	模柄	Q235		与冲床的滑块连接
13、14、17	螺钉	45		紧固固定板等
15	导套	20	渗碳 58~62HRC	导向作用
16	导柱	20	渗碳 58~62HRC	导向作用

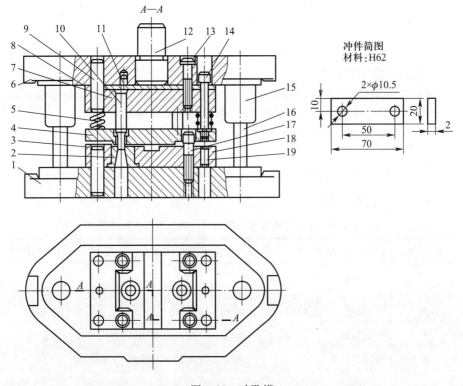

图 4.23 冲孔模

1—下模座；2—凹模；3—定位板；4—弹压卸料板；5—弹簧；
6—上模座；7、18—固定板；8—垫板；9、11、19—定位销钉；
10—凸模；12—模柄；13、14、17—螺钉；15—导套；16—导柱

⑤ 画出所冲压的工件图，如图 4.23 中的"冲件简图"。

⑥ 观察完毕，将模具各零件擦拭干净、涂上机油，按正确装配顺序装

配好。

⑦ 检查装配正确与否后，在冲床上安装和调整冲模，并试冲出冲压件。

⑧ 整理清点拆装用工具。

3. 实验报告要求

① 画出一副模具的装配草图和工作零件图；注明模具各主要零件的名称、所用材料、热处理要求和用途。

② 模具结构分析。

a. 分析工件图；

b. 分析模具的结构特点；

c. 说明模具的动作过程。

4.6　其他锻压方法简介

4.6.1　轧制

轧制是生产原材料的主要方法。金属铸锭除少数用于铸造外，绝大部分均经轧制成不同用途的型材，如型钢、钢板和钢管等。随着精密轧制技术的发展，轧制已直接用来生产各种机械零件和工具，如齿轮、轴承环、法兰盘、滚珠、扳手、钻头等。轧制一般为热轧。

1. 型钢和钢板的轧制

型钢和钢板的轧制设备是轧钢机。其主要工作部分是轧辊，可用冷硬铸铁、球墨铸铁等制成。轧辊按其表面形状可分为平辊和槽辊两种。平辊表面光滑，用来轧制钢板，如图 4.24 所示。槽辊的辊面上有特殊的轧槽，上下两辊对合便形成一定形状的孔型，用来轧制各种型材，如圆钢、方钢、角钢、槽钢、工字钢等。如图 4.25 所示。

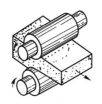
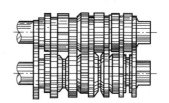

　　图 4.24　钢板轧制　　　　　　　　图 4.25　槽辊

管材分有缝管和无缝管两种。有缝管是用板料卷合成管坯再经焊接而成，故亦称焊接管。无缝管是用圆材坯经穿孔、轧管、整径和定径等工序制成的。用这种方法可以制成壁厚 0.5 ~ 40 mm、直径 5 ~ 45 mm、长达 10 m 以上的管材。承受高压的蒸汽管、高压输油管等都必须用无缝管。

2. 轧制在机器制造业中的应用

（1）辊锻

是使毛坯通过装有扇形模块的一对旋转锻辊时受压发生塑性变形而获得所需零件的方法，如图 4.26 所示。辊锻变形是一种连续的静压过程，没有冲击和震动。辊锻设备简单，生产率高，材料利用率高，且纤维方向分布合理，但锻件精度不高。目前多用于制造扳手、剪刀、镰刀、麻花钻头、连杆、发动机叶片、铁路道岔等。

（2）轧环

是利用改变坯料截面形状，扩大外径及孔径以获得各种环状零件的轧制方法，如图 4.27 所示。零件在两套轧辊作用下成形。径向成形轧辊沿径向扩孔和成形，轴向锥形轧辊保持轮缘高度并且防止轮缘在轧制过程中跳动。用这种方法可生产大车轮箍、轴承座圈、齿圈及法兰盘等零件。

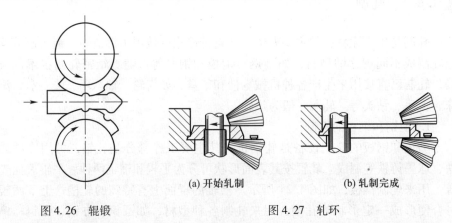

(a) 开始轧制   (b) 轧制完成

图 4.26 辊锻   图 4.27 轧环

（3）热轧齿轮

是利用展成原理强制性地迫使齿轮轧辊和经感应加热的齿坯对辗轧出齿廓的轧制方法，如图 4.28 所示。光轧辊可使齿坯外圆保持一定的尺寸精度。对于模数小于 2 的小模数齿轮可用冷轧法获得。

（4）螺旋斜轧

采用两个带有螺旋型槽的轧辊，两辊互相交叉成一定角度，且同向旋转，使坯料获得既绕自身轴线转动，又作轴向移动，同时受压变形获得所需零件。

图 4.29a 为钢球轧制，b 为周期轧制。除此之外，采用特殊措施可轧制麻花钻和冷轧出高精度的丝杠。

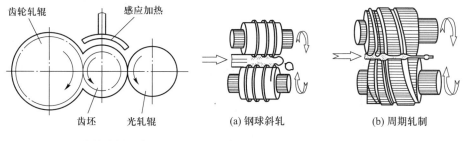

图 4.28　热轧齿轮示意图　　　　　图 4.29　螺旋斜轧

4.6.2　挤压

挤压是使坯料在挤压模具中受强大压力作用而变形以获得零件的方法。按照变形时金属流动方向与凸模运动方向是否相同，挤压可分为正挤压、反挤压和复合挤压等。按照坯料受挤压时温度的高低，挤压又可分为冷挤压（室温）、热挤压（与锻造温度相同）、温挤压（低于再结晶温度，一般 100 ~ 800℃）三种。

（1）正挤压

挤压时金属的流动方向和凸模运动方向相同，如图 4.30a 所示。多用于制造各种形状的实心零件，也可用空心或杯形坯料制造带凸缘的管子或杯形工件。

（2）反挤压

挤压时金属的流动方向和凸模运动方向相反，如图 4.30b 所示。多用于制造各种截面形状的杯形零件。

（3）复合挤压

挤压时金属的流动方向一部分与凸模运动方向相同，另一部分则相反，如图 4.30c 所示。用于制造各种带有凸起的复杂形状的杯形件。

采用冷挤压直接制造零件，生产率高，材料利用率高，力学性能高；其尺寸精度可达 IT7 ~ IT8，表面粗糙度 Ra 值为 0.2 ~ 1.6 μm；是少切屑和无切屑工艺的主要方法；广泛地用于铝、铜及其合金的加工，也可用于低碳钢和不锈钢等材料的零件。但冷挤压时弯形抗力大，模具磨损很快，除采用有利于金属流动的模具形状，进行有效地润滑外，还可先将坯料热挤压成形后，再用冷挤压获得高质量零件。

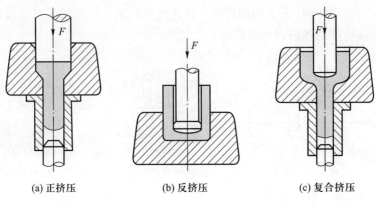

(a) 正挤压   (b) 反挤压   (c) 复合挤压

图 4.30   挤压的方式

冷挤压用的凸模和凹模要用性能很好的模具钢如 Crl2MoV、6W6Mo5Cr4V 等制造。

4.6.3 冷拔

冷拔是在室温下，将金属坯料通过一定形状的模孔，使其截面积减小，长度增加的变形工艺过程。冷拔的优点是制品尺寸精确、表面光滑。常用来拉拔细线材（如直径 0.002～6 mm 的钢丝）和特殊剖面形状的薄壁管材或棒料，如图 4.31 所示。

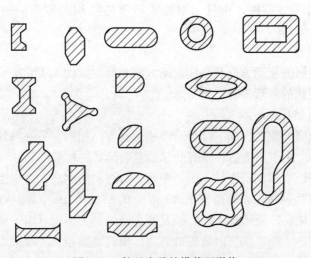

图 4.31   拉丝产品的横截面形状

冷拔所用的模具称为拉丝模，图 4.32 为拉丝模剖面图。模套用中碳钢制造，模子用硬质合金制造，若孔的尺寸小于 0.25 mm 时，则用金刚石制造。润滑角 $\beta = 40° \sim 60°$。工作锥角 $2\alpha = 6° \sim 14°$，坯料在此变形。平直的圆柱部分为精整环，使产品尺寸精确和表面光洁。

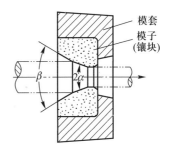

图 4.32　拉丝横剖面

为保证冷拔过程顺利进行，不致拉裂，坯料冷拔前应退火，以消除内应力，同时需酸洗去除氧化皮。在冷拔过程中还需进行中间退火，以消除冷拔过程中产生的加工硬化现象，减少变形抗力。

复习思考题

1. 锻压成形的实质是什么？与铸造相比，锻压加工有哪些特点？

2. 用于锻压加工的材料主要应具有什么样的性能？常用材料中哪些可以锻压，哪些不能锻压？

3. 锻造前，坯料加热的目的是什么？低碳钢、中碳钢的始锻温度和终锻温度分别是多少？此温度时坯料的火色各呈什么颜色？

4. 锻件有哪几种冷却方式？如何选择？

5. 加热缺陷有哪些？哪种缺陷是无可挽救的？

6. 空气锤由哪几个部分组成？空气锤常用在什么场合？

7. 空气锤的吨位是怎样确定的？

8. 自由锻的基本工序有哪些？

9. 试从设备、工模具、生产率、锻件形状、锻件精度方面分析比较自由锻、模锻的区别。

10. 冲床通常由哪几个部分组成？

11. 冲模有哪几类？它们如何区分？

12. 冲模通常包括哪几个部分？各有何作用？

13. 冲模的拆卸应注意哪些事项？

14. 常用的锻压方法有哪些？

第 5 章　焊接

5.1　概　　述

　　焊接是通过加热或加压，或者两者并用，使两个分离的金属件产生原子（分子）间结合力而连接成一体的连接方法。

　　在焊接方法广泛应用之前，连接金属的结构件主要靠铆接。与铆接相比，焊接具有节省金属、生产率高、质量优良、劳动条件好等优点。目前，在工业生产中，大量铆接件已由焊接件所取代。此外，焊接还可用于修补铸、锻件的缺陷和磨损的机器零件。

　　某些简单的焊接方法，例如，把两块熟铁（钢）加热到红热状态以后用锻打的方法连接在一起的锻接，用火烙铁加热低熔点铅锡合金的软钎焊，已经有几百年甚至更长的应用历史。但是现代工业中广泛采用的焊接方法几乎都是19世纪末期以来现代工业的产物。随着科学技术的迅猛发展，焊接方法和焊接技术日新月异，应用领域不断扩大，已成为车辆、舰船、桥梁、建筑、航空、原子能、石油化工、电工、机械制造等工业领域不可缺少的重要加工手段。

5.1.1　焊接方法及其分类

　　按照焊接过程中金属所处的状态不同，可以把焊接方法分为熔焊、压焊和钎焊三大类。

熔焊（熔化焊）是利用局部加热使连接处的金属熔化，再加入（或不加入）填充金属而结合的方法。常见的气焊、电弧焊、电渣焊等都属于熔焊，其中，电弧焊应用最为广泛。

压焊（压力焊）是利用焊接时所施加的一定压力使接触处的金属相结合的方法。压焊时，金属连接处可加热（如锻焊、电阻焊、摩擦焊、气压焊、扩散焊），也可不加热（如冷压焊、爆炸焊）。压焊中，应用最广的当属电阻焊。

钎焊（钎接）是把比被焊金属熔点低的钎料金属熔化至液态，并使其充满被焊金属接缝的间隙而达到结合的方法。锡焊就是日常生活中常用的一种钎焊方法。

表 5.1 为焊接方法分类。

表 5.1　焊接方法分类

焊接	熔化焊	电弧焊	手工电弧焊、埋弧自动焊
		气焊	
		气体保护焊	氩弧焊、CO_2 气体保护焊
		电渣焊、等离子焊、铝热焊、电子束焊、激光焊	
	压力焊	电阻焊	点焊、缝焊、对焊、凸焊
		锻焊、摩擦焊、气压焊、冷压焊、爆炸焊、超声波焊、扩散焊	
	钎焊	烙铁钎焊、火焰钎焊、电阻钎焊、盐浴钎焊	

5.1.2　焊接的特点

焊接经过近几十年来的工程实践和研究，已日趋完善。与其他连接方法比较，有以下优点与不足。

1. 焊接的优点

① 焊接可以较方便地将不同形状与厚度的型材连接起来，也可以将铸、锻件焊接起来，甚至能将不同种类的材料连接起来，从而使结构中不同种类和规格的材料应用得更合理。

② 焊接连接刚度大、整体性好。同时，焊接容易保证气密性与水密性。

③ 焊接工艺一般不需要大型、贵重的设备，因此设备投资少、投产快，

容易适应不同批量的生产，更换产品方便，易于实现机械化。此外，焊接参数
的电信号易于控制，易于实现自动化；焊接机械手和机器人已应用于制造行
业。国内外已出现无人焊接自动化车间。

④ 焊接适宜于制造尺寸较大的产品，形状复杂及单件或小批量生产的金
属结构，并可在一个结构中选用不同种类和价格的材料，以提高技术及经济
效率。

2. 焊接的不足之处

① 焊接接头在热影响区出现脆性或软化组织（后一种情况出现在热处理
高强度钢的焊接接头内），使材料的性能变差，同时不可避免地产生焊接残余
应力和变形，以及由焊接连接构造和焊接工艺缺陷所带来的应力集中，影响产
品的质量和安全性，同时也影响结构的承载能力。

② 焊缝的质量检验比较复杂费事。

实践证明，这些缺点的严重程度和危害性均与材料的选用、设计、制造工
艺水平等有关。因此，合理选用材料，精心设计，采用合理的焊接工艺和严格
的科学管理制度将可大大提高焊件的使用寿命。

5.2   手工电弧焊

▲5.2.1   手工电弧焊特点

手工电弧焊（简称手弧焊）是利用电弧产生的热量来熔化母材和焊条的
一种手工操作的焊接方法。

手工电弧焊是熔化焊中最基本的焊接方法。使用设备简单，操作方便灵
活。对于一些形状复杂、尺寸小、焊缝短或弯曲的焊件，采用自动焊较困难，
因此，手工电弧焊仍是焊接工作中的主要方法。

手工电弧焊焊缝的形成过程是：焊接时在焊条与焊件间引发电弧，高温电
弧将焊条端头与焊件局部熔化而形成熔池，然后，熔池迅速冷却，凝固形成焊
缝，使分离的两块焊件牢固地连接成一整体。

电焊条的药皮熔化后形成熔渣覆盖在熔池上，熔渣冷却后形成渣壳依旧覆
盖在焊缝上，始终对焊缝起着保护作用。

图 5.1 为手工电弧焊过程示意图。

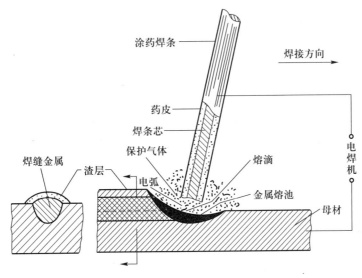

图 5.1　手工电弧焊过程示意图

5.2.2　焊接电弧

　　熔化焊的各种工艺方法中，大多以电弧作为加热热源。焊接电弧中所进行的一系列反应过程，直接影响着焊接结果。为此，这里我们首先要了解焊接电弧的有关知识。

　　1. 电弧放电的基本概念

　　电弧是在电极间（焊接时是焊条与工件之间）气体介质中强烈而持续的放电现象。它是气体放电的一种形式。在气体放电时，气体就是一个导电体，参与导电的是气体内的带电粒子。这些带电粒子在电场作用下作方向性的移动，就形成了电流。

　　通常，气体是由气体分子或原子所组成，存在的带电粒子非常少，所以是不导电的。为了气体导电，必须有大量的带电粒子存在，也就是必须有气体分子或原子离解为正离子和电子的过程，这一过程称为"电离"。

　　金属导体内的电流，实质上就是电子的流动。电流从正极流向负极，其实质是电子由负极流向正极。电弧燃烧时，电流从正极通过气体介质流向负极，其实质是电子源源不断地从负极（阴极）通过气体介质流向正极（阳极），这就是电弧放电的过程。

　　2. 焊接电弧的产生

　　焊接电弧的产生即我们通常所说的引弧。焊接时，最常用的引弧方法是接触引弧法。最典型的例子就是手弧焊引弧。首先，将焊条与焊件轻轻接触，焊条与焊件短路。短路产生大量的电阻热，使接触点周围的金属、药皮及气体温度迅即升高，引起金属、药皮的熔化、蒸发以及气体、蒸气的热电离。这时再将焊条拉开很短距离时，能在焊条与焊件间产生足够大的电场强度，阴极处产生电子发射。在强电场的作用下，带电粒子（电子与正离子）旋即向两极加速运动，中途撞击中性的空气分子并使其产生碰撞电离，从而产生电弧。继而在药皮中某些能稳定电弧燃烧的成分的作用下，能在低于 100 V 的电压下，保持持续而稳定的电弧放电过程。

3. 焊接电弧的静特性

焊接电弧是焊接回路中的负载，它起着把电能转变为热量的作用，在这一点上它与普通的电阻有相似之处，但它与普通电阻又有明显的区别。

普通电阻通以电流时，电阻两端的电压与通过的电流值成正比，而焊接时，电弧两端的电压与通过电弧的电流并不成正比。正常焊接中电弧长度一定时，电弧两端的电压与焊接电流大小无关，焊接电弧的这一特性，称为焊接电弧的静特性。

在电流较小时，电弧电压较高。较高的电压才能维持必需的电离程度。电流增大使电弧温度升高，气体电离和阴极发射电子增强，所以维持电弧所需的电弧电压就降低。在正常规范焊接时，电弧电压与焊接电流大小无关，电弧电压与焊接电流关系曲线呈平特性。如果弧长增高，则所需的电弧电压相应增加。

5.2.3　手工电弧焊设备与工具

手工电弧焊电源设备，一般有交流电弧焊变压器、直流电弧焊发电机，通常简称为交流弧焊机、直流弧焊机。

焊条电弧焊时，欲获得优良的焊接接头，首先要使电弧稳定地燃烧。决定电弧稳定燃烧的因素很多，如电源设备、焊条成分、焊接规范及操作工艺等，其中主要的因素是电源设备。

1. 对电弧焊电源设备（电焊机）的要求

焊接电弧在引弧和燃烧时所需要的能量，是由电弧电压和焊接电流来保证的，为确保能顺利起弧和稳定地燃烧，要求：

① 焊接电源在引弧时，应供给电弧以较高的电压（但考虑到操作人员的安全，这个电压不宜太高，通常规定该空载电压为 50～90 V）和较小的电流（几安）；引燃电弧并稳定燃烧后，又能供给电弧以较低的电压（16～40 V）

和较大的电流（几十安至几百安）。这样的电源可使初学者在不慎将焊条与工件粘连时，短路电流不会过大。

②　焊接电源还要可以灵活调节焊接电流，以满足焊接不同厚度的工件时所需的电流。此外，焊接电源还应具有好的动特性。

2. 交流电弧焊机

交流手弧焊机（即交流手弧焊变压器）是手弧焊电源中最简单的一种。这种焊机具有材料省、效率高、使用可靠、维修容易等优点。但焊接时电弧稳定性不太好。交流手弧焊机实际上就是一种具有陡降外特性的特殊降压变压器，可通过调节漏磁（漏感）大小，来调节输出电流的大小。图 5.2 为交流电弧焊机。

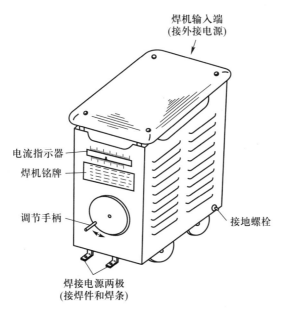

图 5.2　交流电弧焊机

3. 直流电弧焊机

直流电弧焊机通常又分为三种：发电机式直流弧焊机、整流式直流弧焊机、逆变式直流弧焊机。

发电机式直流弧焊机，它是按照焊接电源的要求而设计制造的直流发电机，一般以交流电机为动力，带动一台弧焊直流发电机组成，图 5.3 为发电机式直流弧焊机。发电机式直流弧焊机因结构复杂、价格高、噪声大等原因，我国早在 20 世纪 90 年代初已明文规定不准生产和使用。

整流式直流弧焊机，它是近年发展起来的一种直流电焊机，它把交流电经

图 5.3　发电机式直流弧焊机

整流器整流后而得到直流电。它具有引弧容易、电弧稳定、焊接质量高的优点，而且噪声小、空载损耗小、效率高、成本低、制造与维修容易，逐步取代了发电机式直流弧焊机，成为我国早期推广的一种直流弧焊机。整流器式直流弧焊机的型号，例如 ZXG – 500，其含义为：Z 表示整流弧焊电源，X 为下降特性电源，G 为硅整流式，500 为额定电流的安培数。

逆变式直流弧焊机，作为新一代的弧焊电源，其特点是直流输出，生产效率高达 80% ~90%，功率因数可达 0.99，具有电流波动小、电弧稳定、焊机质量轻、体积小、能耗低等优点，得到了越来越广泛的应用。例如，型号 ZX7 – 315、ZX7 – 160S 等，其中 7 表示为逆变式，315、160 为额定电流安培数，S 表示手弧焊。

图 5.4 为直流弧焊机的正接与反接示意图，当使用直流弧焊机焊接时，把工件接电源正极，焊条接负极，这种接法称为正接法；把工件接电源负极，焊条接正极，称为反接法。因为电弧正极端的温度和热量比负极高，所以一般都采用正接极，以利工件接头达到较大的熔深。但在焊接薄板时，或者用药皮熔点较高的焊条进行焊接时，则宜采用反接法，可防止薄板烧穿。

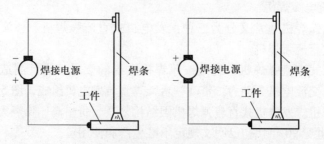

图 5.4　直流弧焊机的正接与反接

焊接时除了弧焊机外，常用的工具还有夹持焊条的焊钳、劳动保护用的手套、护目墨镜面罩以及清渣榔头等。

5.2.4　手工电弧焊焊条

1. 焊条的组成及作用

焊条是由焊芯及焊条药皮（或称涂层）两部分组成的。图 5.5 为焊条的组成示意图。在焊条药皮前端有 45°的倒角，便于引弧。焊条尾部的裸焊芯，便于焊钳夹持和导电。

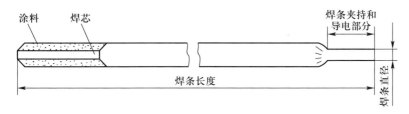

图 5.5　焊条的组成

焊条药皮主要是由各种不同的矿物、金属和铁合金、有机物以及化工制品等原料按一定比例混合后用水玻璃黏结而成。

焊条药皮在焊接过程中也起着极其重要的作用，大致可归纳如下：使电弧容易引燃和保持电弧燃烧的稳定性；在电弧的高温作用下，产生大量气体，并形成熔渣，以保护熔化金属不被氧化；同时，添加有益的合金元素，改善焊缝质量。

2. 电焊条的分类及牌号

电焊条品牌繁多，我国现行的焊条主要根据其用途进行分类。新国家标准按用途分为七大类型：碳钢焊条、低合金钢焊条、不锈钢焊条、堆焊焊条、铸铁焊条及焊丝、铜及铜合金焊条和铝及铝合金焊条。为了满足各类焊条的焊接工艺及冶金性能要求，根据国标 GB/T 5117—2012，对碳钢焊条型号做出了各项具体规定。在同一类型的焊条中，根据不同特性有不同的型号。焊条的型号能反映焊条的主要特性。以碳钢焊条为例，碳钢焊条型号根据熔敷金属的抗拉强度、药皮类型、焊接位置和焊接电流种类划分。具体型号编制方法是：字母 E 表示焊条；E 后两位数字表示焊缝金属抗拉强度的最小值，单位为 MPa；第三位数字表示焊条的焊接位置；第三位和第四位数字组合时，表示焊接药皮类型及电流类型。

以上是新国家标准规定的电焊条牌号表示方法，考虑到国内各行业对我国原来的焊条牌号印象较深，故本书中仍保留了原牌号的名称。原牌号中，每类电焊条的第一个大写特征字母表示该焊条类别，例如 J（或结）代表结构钢焊条，A 代表奥氏体铬镍不锈钢焊条等；特征字母后面有三位数字，其中前两位数字在不同类别焊条中的含义不同；第三位数字所代表的含义都一样，均表示焊条药皮类型和焊接电流要求。例如，焊条牌号 J422（或结422）表示结构钢焊条，其焊缝金属抗拉强度不小于 420 MPa，最后的数字 2 代表焊条的药皮类型为钛钙型、交流直流电源均可用。

结构钢焊条包括碳钢、低合金钢和耐大气、海水腐蚀钢焊条等。

常见牌号的碳钢焊条分类如表 5.2 所示。

其他类型焊条的型号可参阅有关焊接手册。

表 5.2　电焊条分类

牌号	型号（国标）	药皮类型	焊接位置	电流类型	主 要 用 途
J422	E4303	钛钙型	全位置	交流直流	焊接较重要的低碳钢和低合金钢结构
J422GM	E4303	钛钙型	全位置	交流直流	海上平台、船舶、车辆等表面装饰焊缝
J426	E4316	低氢钾型	全位置	交流直流	焊接重要的低碳钢及某些低合金钢结构
J427	E4315	低氢钠型	全位置	直流	
J502	E5003	钛钙型	全位置	交流直流	16Mn 及相同强度等级低合金钢的一般结构
J502Fe	E5014	铁粉钛钙型	全位置	交流直流	合金钢的一般结构
J506	E5016	铁粉钛钙型	全位置	交流直流	中碳钢及重要低合金钢（如 16Mn）结构
J507	E5015	低氢钠型	全位置	直流	中碳钢及 16Mn 等低合金钢重要结构
J507R	E5015 – G	低氢钠型	全位置	直流	焊接压力容器

3. 典型焊条分析

焊条根据熔渣性质分为酸性焊条和碱性两大类。熔渣以酸性氧化物为主的焊条称为酸性焊条；熔渣以碱性氧化物和氟化钙为主的焊条称为碱性焊条。

钛钙型焊条"J422"和碱性低氢型焊条"J507"是国内最常用的两种典型焊条。

J422 焊条药皮是以 TiO_2 为主要组分的酸性渣。在碳钢焊条和低合金钢焊条中，低氢型焊条（包括低氢钠型、低氢钾型和铁粉低氢型）均为碱性焊条。

J507 焊条药皮是以 CaO 为主要组分的强碱渣。碱性焊条与强度等级相同的酸性焊条相比，其熔敷金属的延性和韧性高。扩散氢含量低、抗裂纹性好。但是碱性焊条的焊接工艺差（电弧不稳定、脱渣性差等），容易有气孔，并产生有毒气体。

两种典型焊条的性能分析对比如表 5.3 所示。

表 5.3　两种典型电焊条的性能分析对比

对比项目		酸性钛钙型焊条 J422	碱性低氢型焊条 J507
熔敷金属	总含氧量	夹杂物较多，总含氧量较高。原因是为防止焊缝气孔，而脱氧不充分。	夹杂物极少，总含氧量低。原因是采用多量强脱氧剂脱氧。
	含硫量	含硫量高。因熔渣是酸性的，脱硫能力弱。	含硫量低。因熔渣碱度大，脱硫能力强。
	含氢量	含氢量多。主要原因是药皮中含氢物质多。	含氢量少。主要原因是药皮中含有效降低含氢量的化学元素。
	力学性能	力学性能较好。为酸性焊条中最好。	力学性能更好，主要是因为熔敷金属杂质少。
抗裂纹性能		不好。原因是熔渣无脱硫作用，熔敷金属含氢高。	较好。原因是脱硫作用强，含氢少。
抗气孔性能		对铁锈、水分、油脂不太敏感，不易产生气孔。	对铁锈、水分、油脂敏感，易产生气孔。
工艺性能		焊缝成形、脱渣性和稳弧性都好，飞溅少，受操作者欢迎	工艺性能不理想，不受欢迎

4. 焊条烘干

碱性低氢焊条使用前必须严格按规定烘干，并存放在低温烘箱或焊条保温筒中，做到随用随取，在潮湿天气更应注意。酸性焊条一般不必烘干，但受潮严重时也应按规定烘干。

5.2.5　手工电弧焊工艺

1. 接头形式

在焊接前，应根据焊接部位的形状、尺寸、受力的不同，选择合适的接头类型。常见的手工电弧焊焊接接头形式有四种：对接接头、搭接接头、T 形接头和角接接头。图 5.6 为常见焊接接头形式。

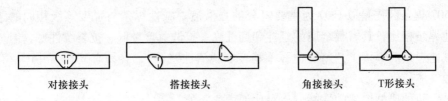

对接接头   搭接接头   角接接头   T形接头

图5.6   常见焊接接头形式

2. 坡口形式

在焊接时为确保焊件能焊透，当焊件厚度小于6 mm时，只需在接头处留一定的间隙，就能保证焊透。但要焊较厚的工件时，就需要在焊接前把焊件接头处加工成适当的坡口，以确保焊透。对接接头是采用最多的一种接头形式，这种接头常见的坡口形式有"I"形坡口、"Y"形坡口、"U"形坡口、"X"形坡口等，如图5.7所示。

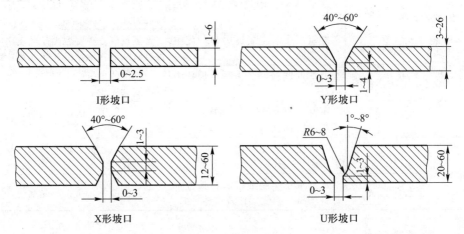

I形坡口   Y形坡口

X形坡口   U形坡口

图5.7   常见坡口形式

3. 焊接位置

在实际生产中，一条焊缝可以在不同的空间位置施焊。图5.8为对接接头和角接接头的各种焊接位置。其中以平焊位置最为合适。平焊时操作方便，劳动条件好，生产率高，焊缝质量容易保证。立焊、横焊位置次之，仰焊位置最差。

4. 引弧和收弧

焊接前，应把工件接头两侧20 mm范围内的表面清理干净（清除铁锈、油污、水分），并使焊条芯的端部金属外露，以便进行短路引弧。引弧方法如图5.9所示，有敲击法和摩擦法两种。其中摩擦法比较容易掌握，适宜于初学者操作。

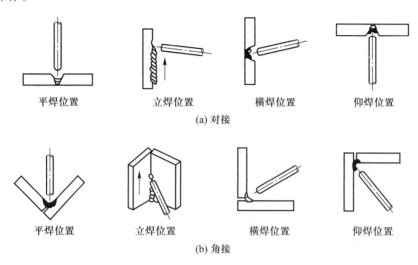

平焊位置　　立焊位置　　横焊位置　　仰焊位置

(a) 对接

平焊位置　　立焊位置　　　横焊位置　　　仰焊位置

(b) 角接

图 5.8　焊接位置

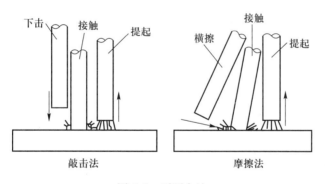

敲击法　　　　　　　摩擦法

图 5.9　引弧方法

引弧时，应先接通电源，把电焊机调至所需的焊接电流，然后把焊条端部与工件接触短路，并立即提起到 2 ~ 4 mm 距离，就能使电弧引燃。如果焊条提起的距离超过 5 mm，电弧就会立即熄灭。如果焊条与工件接触时间太长，焊条就会粘牢在工件上，发生了焊条"粘着"钢板的现象时，一定不能打开面罩，而应当在盖住面罩的情况下，用手摇动焊钳使焊条左右摆动，并使之脱离工件后才能打开面罩，以免弧光灼伤眼睛。然后，再重新进行引弧。

操作时注意引弧应在坡口内（不开坡口的应在接缝上），以免弧伤残留在工件上，对于锅炉、压力容器等重要产品，应严禁残留弧伤。

一条焊道结束时如何收弧，如果操作经验不足，收尾时即拉断电弧，则会形成低于焊件表面的弧坑，过深的弧坑使焊缝收尾处强度减弱，并容易造成应力集中而产生弧坑裂纹。所以，收尾动作不仅是熄弧，还要填满弧坑。一般收尾的动作有画圈收尾法、反复断弧收尾法和回焊收尾法几种，可根据不同情形予以使用。

5. 焊条的运动方式

手工电弧焊是在面罩下观察和进行操作的，视野不清，工作条件较差。因此，要保证焊接质量，关键要掌握好焊接时焊条的角度和运条基本动作，并保持合适的电弧长度和均匀的焊接速度。平焊的焊条角度如图5.10所示，运条基本动作如图5.11所示。

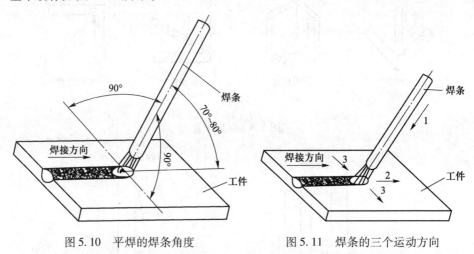

图 5.10 平焊的焊条角度　　　　图 5.11 焊条的三个运动方向

焊接过程中，焊条有三种运动，图5.11分别表示了这三个运动方向。

① 焊条沿着焊缝从左向右运动。焊条的这一运动的速度称为焊接速度。握持焊条应向前倾斜一定的角度，如图5.10所示，以利于气流把熔渣吹向后面，覆盖在已经形成的焊缝表面；同时，使电弧倾向前面待焊接头的表面，能产生一定的预热作用，以利于增加焊接速度。

② 焊条的轴向送进运动。随着焊条端部的熔化，送进运动应使电弧保持适当的长度，以便电弧稳定燃烧。

③ 焊条的横向摆动（亦称运条）。运条的目的是为了加宽焊缝，并使接头达到足够的熔深。焊接薄板时不必运条，只要沿焊缝直线运动即可，这时的焊缝宽度应为焊条直径的0.8～1.5倍。焊接较厚的工件时，都要进行运条，焊缝宽度可达焊条直径的3～5倍。

运条的方法根据焊缝的具体情况而定。常用的运条方法如图5.12所示。

6. 焊接规范参数的选择

手工电弧焊焊接规范参数包括焊条直径、焊接电流、电弧长度和焊接速度

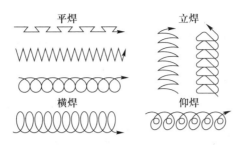

图 5.12　常用运条方法

等，而主要的参数通常是焊条直径和焊接电流。

（1）焊条直径的选择

焊条直径主要取决于焊件厚度、接头形式和焊缝位置、焊接层数等因素。若焊件较厚，则应选用较大直径的焊条。平焊时允许使用较大的电流进行焊接，焊条直径可大些，而立焊、横焊与仰焊应选用小直径焊条。多层焊的打底焊，为防止未焊透缺陷，选用小直径焊条，大直径焊条用于填坡口的盖面焊道。焊条直径的选择如表 5.4 所示。

表 5.4　焊条直径的选用

工件厚度/mm	2～4	4～7	8～12	≥13
焊条直径/mm	1.6～3.2	3.2～4.0	4.0～5.0	5.0～5.8

（2）焊接电流的确定

焊接电流主要根据焊条类型、焊条直径、焊件厚度、接头形式、焊缝位置及焊道层次等因素确定。焊接电流太小，焊接生产效率较低，电弧不稳定，还可能焊不透工件。焊接电流太大，则会引起熔化金属的严重飞溅，甚至烧穿工件。

对于一般钢材工件的焊接，焊条直径在 2～6 mm，使用结构钢焊条进行平焊时，可由下列经验公式求得焊接电流和焊条直径之间的关系：

$$I = Kd$$

式中：

I——焊接电流，A；

d——焊条直径，mm；

K——经验系数，通常取 30～60，A/mm。

上式只提供了一个大概的焊接电流范围，实际工作时，还要根据工件厚度、焊条种类、焊接位置等因素，通过试焊来调整焊接电流的大小。

另外，立焊、横焊和仰焊时，焊接电流应比平焊时小 10%～20%；对合金钢或不锈钢焊条，由于焊芯电阻大，热膨胀系数高，若电流过大，则焊接过程中焊条容易发红而造成药皮脱落，因此焊接电流应适当减少。

（3）电弧长度及焊接速度

电弧长度指焊芯端部（注意不是药皮端部）与熔池之间的距离。电弧过长时，燃烧不稳定，熔深减小，并且容易产生缺陷。因此，操作时须采用短电弧，一般要求电弧长度不超过焊条直径。焊接速度指焊条沿焊接方向移动的速度。手弧焊时，焊接速度的快慢由焊工凭经验来掌握。初学时，要注意避免速度太快。

（4）焊接层数选择

中厚板开坡口后，应采用多层焊。焊接层数应以每层厚度小于 4~5 mm 的原则来确定。当每层厚度为焊条直径的 0.8~1.2 倍时，生产效率较高。

7. 焊接规范对焊缝成形的影响

焊接规范的选择是否合适，直接影响到焊缝的成形。图 5.13 表示焊接电流和焊接速度对焊缝形状的影响。

① 焊接电流和焊接速度合适。焊缝的形状规则，焊缝均匀并呈椭圆形。焊缝各部分的尺寸符合要求，如图 5.13a 所示。

② 焊接电流太小。电弧不易引燃，燃烧也不稳定，弧声变弱，焊波呈圆形，焊缝的宽度和熔深都减小，如图 5.13b 所示。

③ 焊接电流太大。焊接弧声强、金属熔液飞溅增多，焊条往往变得红热，焊波变尖，熔宽和熔深都增加，如图 5.13c 所示。焊薄板工件时，还有烧穿的可能。

④ 焊接速度太慢。焊波变圆而且堆高、熔宽和熔深都增加，如图 5.13d 所示。焊薄板时有烧穿的可能。

⑤ 焊接速度太快。焊波变尖，焊缝形状不规则而且堆高、熔宽和熔深都减小，如图 5.13e 所示。

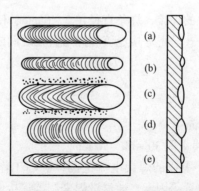

图 5.13　焊接电流和焊接速度对焊缝形状的影响

5.3　气焊与气割

◤ 5.3.1　气焊的气体和设备

气焊是利用气体燃烧所产生的高温火焰来加热并熔化母材进行焊接的一种工艺方法，如图 5.14 所示。火焰一方面把工件接头的表层金属熔化，同时把金属焊丝熔入接头的空隙中，形成金属熔池。当焊炬向前移动，熔池金属随即凝固成为焊缝，使工件的两部分牢固地连接成为一体。

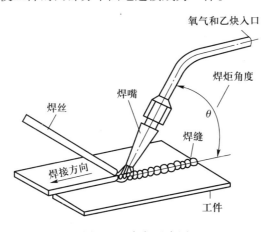

图 5.14　气焊示意图

气焊的温度比较低，热量分散，加热速度慢，生产率低，焊件变形较严重。但气焊火焰易控制，操作简单、灵活，设备不用电源适宜野外施工，并便于某些工件的焊前预热。所以，气焊仍得到较广泛的应用，一般用于厚度在 3 mm 以下的低碳钢薄板、管件的焊接和铜、铝等有色金属的焊接及铸铁的焊接等。

1. 气焊的气体与火焰

气焊使用的气体通常是乙炔和氧气，二者混合燃烧形成的火焰称为氧炔焰。调节氧气和乙炔的不同比例，可以得到三种不同性质的氧炔焰，如图 5.15 所示。

（1）中性焰

氧气与乙炔的体积之比为 1.0 ~ 1.2 时形成中性焰，又称正常焰。中性焰由白亮的焰心以及内焰和外焰组成。焰心端部之外 2 ~ 4 mm 处的温度最高，可达 3 150℃，如图 5.15 所示。焊接时，应使熔池和焊丝末端处于内焰的此高温点处加热。由于内焰是由 H_2 和 CO 组成，能保护熔池金属不受空气的氧化和氮化，因此一般都应用中性焰进行焊接。

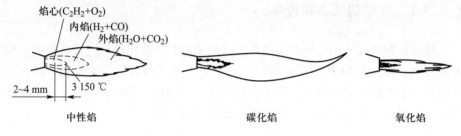

图 5.15　氧炔焰的种类

（2）碳化焰

氧气与乙炔的体积之比略低于 1.0 时形成碳化焰。由于氧气较少，燃烧不完全，碳化焰长而无力，焰心轮廓不清，温度较中性焰稍低，通常为 2 700 ~ 3 000℃。

碳化焰常用于高碳钢、铸铁及硬质合金的焊接，但不能用于低、中碳钢的焊接，原因是火焰中乙炔气燃烧不完全，会使焊缝金属增碳，变得硬而脆。

（3）氧化焰

氧气与乙炔的体积之比略高于 1.2 时形成氧化焰。氧化焰短小有劲，焰心呈锥形，温度较中性焰稍高，可达 3 100 ~ 3 300℃。氧化焰对熔池金属有较强的氧化作用，一般不宜采用，实际应用中只在焊接黄铜、镀锌铁板时才采用轻微氧化焰。

2. 气焊的设备

（1）氧气瓶和减压器

氧气瓶是运送和储存高压氧气的容器。氧气是由制氧厂装进钢制的氧气瓶内供应的。氧气瓶的容积为 40 L，出厂时的氧气压力为 15 MPa。按照规定，氧气瓶外表漆成天蓝色，并用黑漆表明"氧气"字样。

氧气瓶的出口处装有减压器，如图 5.16 所示。减压器的作用是把高压氧气降压，以满足焊接所需的工作压力（0.2 ~ 0.4 MPa）。焊接时，随着氧气的消耗，氧气瓶中的压力逐渐下降；调节焊炬，用氧量也有变化。但经过减压器并调节妥当后，氧气的工作压力就不再受上述影响而保持不变，以保证氧炔焰的稳定燃烧。

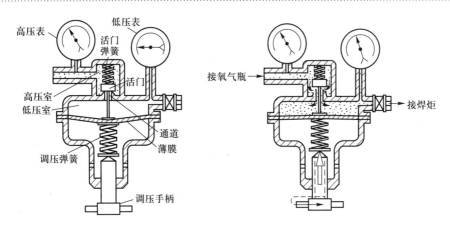

图 5.16 减压器构造及工作示意图

（2）乙炔瓶和回火防止器

乙炔瓶是运送和储存乙炔的容器。乙炔由气体厂装入钢制的乙炔瓶内，乙炔瓶的出口处装有减压器。

通常乙炔瓶体漆成白色，"乙炔"字样漆成红色。

正常气焊时，火焰在焊炬的焊嘴外面燃烧，当发生气体供应不足或管路、焊嘴阻塞等情况时，火焰会沿乙炔管路向里燃烧，这种现象称为回火。如果回火现象蔓延到乙炔瓶，就可能引起爆炸事故。回火防止器的作用就是截住回火气体，保证乙炔瓶的安全。干式回火防止器如图 5.17 所示。

操作时要严格遵守乙炔瓶使用安全规程，严禁接近明火，禁止敲击和碰撞乙炔瓶，夏天要防止暴晒，冬天应防止冻结。

（3）焊炬

常用的氧乙炔焊炬为射吸式焊炬，如图 5.18 所示。焊炬的作用是将乙炔和氧气按一定的比例均匀混合，由焊嘴喷

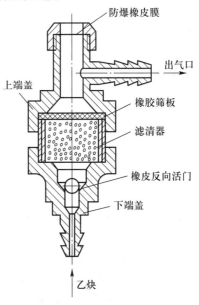

图 5.17 干式回火防止器

出，点火燃烧产生火焰。各种型号的焊炬均备有 3 ~ 5 个大小不同的焊嘴，以便焊接不同厚度的工件时使用。

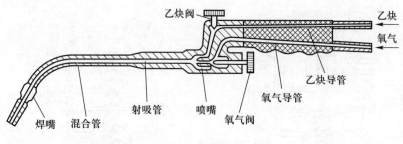

图 5.18   焊炬

5.3.2   气焊工艺

1. 焊丝和焊剂

气焊所用的焊丝是没有药皮的金属丝，成分与工件基本相同，原则上要求其焊缝与工件达到相等的强度。

焊接合金钢、铸铁和有色金属时，熔池中容易产生高熔点的稳定氧化物，如 Cr_2O_3、SiO_2 和 Al_2O_3 等，使焊缝中夹渣。故此，在焊接时使用适当的焊剂，焊剂与这类氧化物结成低熔点的熔渣，以利于浮出熔池。因为金属氧化物多呈碱性，所以一般都用酸性焊剂，如硼砂、硼酸等。焊铸铁时，往往有较多的 SiO_2 出现，因此通常又会采用碱性焊剂，如碳酸钠和碳酸钾等。使用焊剂时，通常用焊丝蘸在端部送入溶池。

焊接低碳钢时，只要接头表面干净，不必使用焊剂。

2. 焊接规范

气焊的接头型式和焊接空间位置等工艺问题的考虑，与手工电弧焊基本相同；气焊的焊接规范则主要是确定焊丝的直径、焊嘴的大小以及焊嘴对工件的倾斜角度。

焊丝的直径根据工件的厚度而定。焊接厚度为 3 mm 以下的工件时，所用的焊丝直径与工件的厚度基本相同。焊接较厚的工件时，焊丝直径应小于工件厚度。焊丝直径一般不超过 6 mm。

焊炬端部的焊嘴是氧炔混合气体的喷口，每把焊炬备用一套口径不同的焊嘴，焊接厚的工件应选用较大的口径的焊嘴。焊嘴的选择如表 5.5 所示。

表 5.5   焊接钢材的焊嘴选择

焊嘴号	1	2	3	4	5
工件厚度/mm	<1.5	1~3	2~4	4~7	7~11

此外，焊接时焊嘴中心线与工件表面之间夹角(θ)的大小，如图 5.14 所示，将影响到火焰热量的集中程度。焊接厚件时，应采用较大的夹角，使火焰的热量集中，以获得较大的熔深。焊接薄件时则相反。夹角的选择如表 5.6 所示。

表5.6 焊嘴与工件的夹角

夹角 θ	30°	40°	50°	60°
工件厚度/mm	1~3	3~5	5~7	7~10

3. 点火、调节火焰和灭火

先把氧气瓶的气阀打开，调节减压器使氧气达到所需的工作压力，再打开乙炔瓶的气阀，调节减压器并检查回火防止器是否正常。点火时，先微开焊炬上的氧气阀，再开乙炔气阀，然后点燃火焰。这时火焰为碳化焰。随即慢慢开大氧气阀，观察火焰的变化，最后调节成所需的中性焰。灭火时，应先关闭乙炔气阀，然后关闭氧气阀。

4. 焊接方向

气焊操作是右手握焊炬，左手拿焊丝，可以向左焊，也可以向右焊，如图 5.19 所示。

向右焊时，焊炬在前，焊丝在后。这种焊法的火焰对熔池保护较严，并有利于把熔渣吹向焊缝表面，还能使焊缝缓慢冷却，以减少气孔、夹渣和裂纹等焊接缺陷，因此焊接质量较好。但是，焊丝挡住视线，操作不便。

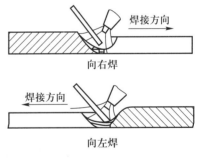

图 5.19 气焊的方向

向左焊时，焊丝在前，焊炬在后。这种焊法的火焰吹向待焊部分的接头表面，能起到预热作用，因此焊接速度较快。又因操作较为方便，所以一般都采用向左焊。

5. 施焊方法

开始焊接时，因为工件的温度还低，所以焊嘴应与工件垂直，使火焰的热量集中，尽快使工件接头表面的金属熔化。焊到接头的末端时，则应将焊嘴与工件的夹角减小，以免烧塌工件的边缘，且有利于金属熔液填满接头的空隙。

焊接过程中，不仅要掌握好焊嘴的倾斜角度，还应注意送进焊丝的方法。焊接时，先用火焰加热工件，焊丝端部则在焰心附近预热。待工件接头表面的金属熔化形成熔池之后，才把焊丝端部浸入熔池。焊丝熔化一定数量之后，应退出熔池，焊炬随即向前移动，又熔化工件接头的待焊部分，形成新的熔池。也就是说，焊丝不能经常处在火焰前面，以免阻碍工件受热；也不能使焊丝在熔池上面熔化后滴入熔池；更不能在接头表面尚未熔化时就送焊丝。

5.3.3 气割

氧气切割简称气割，是根据某些金属在氧气流中能够剧烈氧化（燃烧）的原理，对金属进行分割的一种方法，也是一种切割金属的常用方法。图5.20为气割过程示意图。

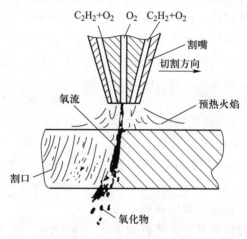

图 5.20 气割过程示意图

气割时，先把工件切割处的金属预热到它的燃烧点，然后以高速纯氧气流猛吹，这时金属就发生剧烈氧化，所产生的热量把金属氧化物熔化成液体。同时，氧气气流又把氧化物的熔液吹走，工件就被切出了整齐的缺口。只要把割炬向前移动，就能把工件连续切开。

但是，金属的性质必须满足下列两个基本条件，才能进行气割：一是金属的燃烧点应低于其熔点；其次，金属氧化物的熔点应低于金属的熔点。

纯铁、低碳钢、中碳钢和普通低合金钢都能满足上述条件，具有良好的气割性能，高碳钢、铸铁、不锈钢以及铜、铝等有色金属都难以进行氧气切割。

气割使用的割炬如图5.21所示。气割所使用的设备与气焊基本相同，唯一区别是用割炬代替了焊炬。

气割的操作同样有点火、调节火焰和灭火过程。通常是右手握割炬，可以向左割，也可以向右割。

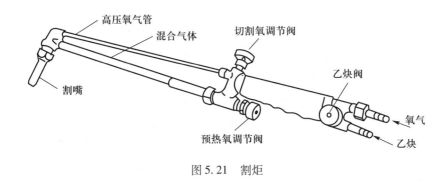

图 5.21　割炬

气割时，先点燃预热火焰，使工件的切割边缘加热到金属的燃烧点，然后开启切割氧气阀门进行切割。

气割必须从工件的边缘开始，如果要在工件中部挖割内腔，则应在开始气割处先钻一个大于 $\phi 5\,mm$ 的孔，以便气割时排出氧化物，并使氧气流能吹到工件的整个厚度上。在批量生产时，气割工作可以在切割机上进行。在切割机上，割炬能沿着一定的导轨自动做直线、圆弧和各种曲线运动，准确切割出所要求的工件形状。

5.4　常见焊接缺陷与检验

▲ 5.4.1　焊接缺陷

在焊接生产过程中，材料（焊件材料、焊条、焊剂等）选择不当，焊前准备工作（坡口加工、清理、装配、焊条烘干、工件预热等）做得不好，焊接规范不合适或操作方法不正确等原因，都会造成各种焊接缺陷。

常见的焊接缺陷有：未焊透、烧穿、咬边、满溢、夹渣、气孔和裂纹等，如图 5.22 所示。未焊透是指焊接时接头根部未完全熔透的现象。烧穿是指薄件焊接时工件被烧化穿透的现象。咬边是焊缝表面与母材交界处附近产生的沟槽或凹陷。满溢是在焊接过程中，熔化金属流淌到焊缝之外未熔化的母材上所形成的金属瘤，所以满溢也称为焊瘤。夹渣是指焊接熔渣残留于焊缝金属中的现象。气孔是指熔池中的气体在焊缝金属凝固时未能逸出而残留下来所形成的空穴。裂纹是指焊接接头中局部地区的金属原子结合力遭到破坏而形成的新界面所产生的缝隙。

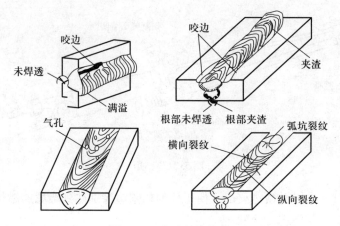

图 5.22   常见焊接缺陷

焊接缺陷必然要影响接头的力学性能和其他使用要求（如密封性、耐蚀性等）。对于重要的接头，上述缺陷一经发现，必须修补。否则将产生严重的后果。缺陷如不能修复，会造成产品的报废。对于不太重要的接头，个别的小缺陷，如不影响使用，可以不必修复。但在任何情况下，裂缝和烧穿都是不允许的焊接缺陷。

5.4.2   焊接缺陷的检验

对焊接接头进行必要的检验是保证焊接质量的重要措施。工件焊完后，应根据产品技术要求进行相应的检验。实际生产中常用的检验方法有：外观检验、着色检验、无损探伤、致密性检验、力学性能和其他性能实验等。

1. 外观检验

用肉眼观察或借助标准样板、量规等，必要时利用低倍放大镜检查焊缝表面缺陷和尺寸偏差。

2. 着色检验

利用流动性和渗透性好的着色剂来显示焊缝中的微小缺陷。

3. 无损探伤

用专门的仪器检验焊缝内部浅表层有无缺陷。常用来检验焊缝内部缺陷的方法有 X 射线探伤、γ 射线探伤和超声波探伤等。对磁性材料（如碳钢、某些合金钢等）的浅表层的缺陷还可采用磁力探伤的方法来进行检验。

4. 致密性检验

对于要求密封和承受压力的容器或管道，应进行焊缝的致密性检验。根据焊接结构负荷的特点和结构强度的不同要求，致密性检验可分为煤油试验、气压试验和水压试验三种。水压试验时，通常检验压力是工作压力的 1.2 ~ 1.5 倍。

此外，还可以根据设计要求将焊接接头制成试件，进行拉伸、弯曲、冲击等力学性能试验和其他性能试验。

5.5　其他焊接方法简介

5.5.1　埋弧自动焊

1. 埋弧自动焊过程

埋弧自动焊（简称埋弧焊）是电弧埋在焊剂层下燃烧、利用机械自动控制焊丝送进和电弧移动的一种焊接方法。

埋弧焊的原理与手弧焊基本一样，热源也是电弧，但以连续送进的焊丝代替了手弧焊时所用的焊条，以颗粒状的焊剂代替了焊条的药皮。焊剂在焊接前铺撒在焊缝上，厚度为 40 ~ 60 mm。

在埋弧自动焊时，电弧在焊剂层下、焊丝末端与工件之间产生以后进行燃烧，电弧的热量使焊丝、工件及电弧周围的焊剂熔化，甚至有少部分被蒸发，焊剂及金属的蒸气将电弧周围已熔化的焊剂（熔渣）排开，形成一个封闭空间，使电弧和熔池与外界空气隔绝，电弧就在这封闭空间内燃烧。焊丝与基本金属不断熔化，形成熔池。随着电弧前移，熔池金属冷却凝固后形成焊缝。如图 5.23 所示。同时，比较轻的熔渣浮在熔池表面，冷却后凝固成为渣壳。

2. 埋弧自动焊的特点及应用

在埋弧自动焊时，引燃电弧、送进焊丝、保持弧长稳定和电弧沿焊接方向移动等全都是由埋弧焊机自动完成的，因此，生产率高、焊接质量稳定和劳动条件好是埋弧焊的突出优点和获得广泛应用的基本原因。

埋弧自动焊的优点有：

① 生产效率高。埋弧自动焊的生产率可比手工焊提高 5 ~ 10 倍。因为埋弧自动焊时焊丝上无药皮，焊丝可很长，并能连续送进而无须更换焊条。可采用大电流焊接（比手工焊大 6 ~ 8 倍），电弧热量大，焊丝熔化快，熔深也大，焊接速度比手工焊快得多，而且焊接变形小。

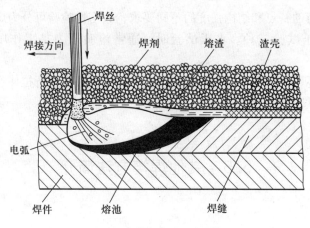

图 5.23   埋弧焊焊缝形成过程

② 焊剂层对焊缝金属的保护好,所以焊缝质量好。

③ 节约钢材和电能。钢板厚度在 30 mm 以下时,可不开坡口,大大节省了钢材,而且由于电弧被焊剂保护着,使电弧产生的热量得到充分的利用,从而节省了电能。

④ 改善了劳动条件。除减少劳动量之外,由于自动焊时看不到弧光,焊接过程中发出的气体量少,这对保护焊工眼睛和身体健康是很有益的。

埋弧自动焊的缺点是适应能力差,只能在水平位置焊接长直焊缝或焊接大直径的环焊缝。

目前,埋弧自动焊广泛用于船舶、桥梁、化工容器、锅炉等需要大量焊接工作的工业领域。

 ### 5.5.2   气体保护焊

焊接时,使用外加气体来保护电弧及焊缝,并作为电弧介质的电弧焊,称为气体保护焊。常用的气体保护焊有氩弧焊和二氧化碳气体保护焊等。

1. 氩弧焊

氩弧焊是以氩气作为保护气体的一种电弧焊方法。按照电极的不同可分为熔化极氩弧焊和非熔化极氩弧焊两种,如图 5.24 所示,后者用钨作电极,又称钨极氩弧焊。

从喷嘴流出的氩气在电弧及熔池的周围形成连续封闭的气流,保护电极和熔池金属不被氧化,避免了空气的有害作用。氩气是一种惰性气体,它既不与金属发生化学反应,又不溶解于金属。因此,氩弧焊是一种高质量的焊接

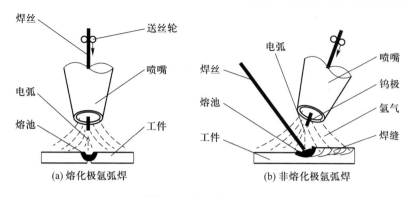

图 5.24　氩弧焊示意图

方法。

氩弧焊是一种明弧焊，便于观察，操作灵活，适且于进行各种空间位置的焊接。但是，氩气价格昂贵，焊接成本高。此外，氩弧焊焊接设备复杂，维修不便。氩弧焊通常用于不锈钢和有色金属（如铝、铜及其合金）等材料的焊接。

2. 二氧化碳气体保护焊

二氧化碳气体保护焊（简称 CO_2 焊）是利用 CO_2 作为保护气体的电弧焊。它用可熔化的焊丝做电极，以自动或半自动方式进行焊接。

CO_2 焊的焊接设备主要由焊接电源、焊枪、送丝机构、供气系统和控制电路等部分组成，如图 5.25 所示。

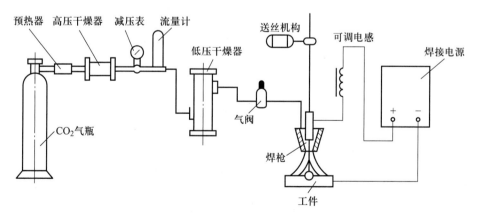

图 5.25　CO_2 焊的焊接设备示意图

CO_2 焊只能采用直流电源。其中以整流式直流电源应用较多。供气系统由 CO_2 气瓶、预热器、高压和低压干燥器、减压器、流量计以及电磁气阀等组成。

CO₂焊的优点是：采用廉价的 CO_2 气体，生产成本低；电流密度大，生产率高；焊接薄板时，比气焊速度快，变形小；操作灵活，适宜于进行各种位置的焊接。其主要缺点是飞溅大，焊缝成形较差。此外，焊接设备及其维修比手弧焊机复杂。

CO₂焊适用于低碳钢和普通低合金钢的焊接。由于 CO_2 是一种氧化性气体，焊接过程中会使部分金属元素氧化烧损，所以它不适用于焊接高合金钢和有色金属。

5.5.3 电阻焊

电阻焊又称接触焊，属于压力焊范畴，是主要的焊接方法之一。在航空、汽车、锅炉、铁路运输、自行车、刃量具、无线电器件等工业领域，都获得了广泛应用。例如美国 F4 – U 飞机上就有一万多个焊点，我国汽车车厢、车轮、汽油箱等总成大都采用了电阻焊工艺，而且还组成了生产自动线。

所谓电阻焊，就是将两待连接的零件置于两电极之间，对其加压并通以大电流，利用电流通过焊件的接触面时所产生的电阻热，将焊件加热到塑性状态或局部熔化状态，然后在断电保持或增加压力下冷却一定时间，将其连接一起，从而组成牢固接头的一种焊接方法。

电阻焊的主要特点是：焊接电压很低（1～12 V），焊接电流很大（几千到几万安），完成一个接头的焊接时间极短（0.01～几秒），所以生产率很高；加热时，对接头施加机械压力，接头在压力的作用下焊合；焊接时不需要填充金属。

电阻焊的种类很多。其中最常用的方法是点焊、缝焊和对焊。如图 5.26 所示。

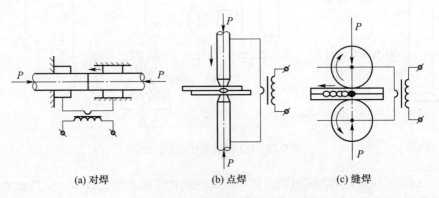

(a) 对焊　　　　(b) 点焊　　　　(c) 缝焊

图 5.26　电阻焊的基本形式

1. 点焊

点焊是焊件在接头处接触面的个别点上被焊接起来。点焊要求金属有较好的塑性。

焊接时，先把焊件表面清理干净，再把被焊的板料搭接装配好，压在两柱状铜电极之间，施加压力压紧。当通过足够大的电流时，在板的接触处产生大量的电阻热，将接触处中心最热区域的金属很快加热至高塑性或熔化状态，形成一个透镜形的液态熔池。继续保持压力，断开电流，金属冷却后就形成了一个焊点。

点焊由于焊点间有一定的间距，所以只用于没有密封性要求的薄板搭接结构和金属网、交叉钢筋结构件等的焊接。

2. 对焊

按照焊接过程和操作方法的不同，对焊分为电阻对焊和闪光对焊两种。

电阻对焊操作的关键在于控制加热温度和顶锻速度。当工件接触面附近加热至黄白色（约 1 300℃）时，即行断电，同时施加顶锻压力。若加热温度不足，顶锻力太小，焊接接头就不牢固；若加热温度太高，就会产生"过烧"，也会影响接头强度；若顶锻力太大，可能产生开裂的现象。

电阻对焊操作简单，焊接接头表面光滑，但内部质量不高。焊前必须将工件的焊接端面仔细地平整和清理，去除锈污，否则就会造成加热不均匀或接头中残留杂质等缺陷。

闪光对焊的操作与电阻对焊不同之处在于闪光加热阶段。闪光现象的发生，是由于两个工件刚刚接触时，接触面上实际只有几个点通过密度很大的电流，使这几个接触点附近的金属和空气剧烈受热，产生喷发现象，将熔化的金属，连同表面的氧化物及其他脏物一起喷除。所以，焊后接头内部质量比电阻对焊高。焊前对于焊接端面的平整和清理要求也不严格，从而简化了准备工作。但焊接接头表面毛糙。目前闪光对焊比电阻对焊应用更为广泛。

3. 缝焊

缝焊的焊接过程和点焊相似，只是用圆盘状电极来代替点焊时所用的圆柱形电极。圆盘状电极压紧焊件并转动，焊件在两圆盘状电极之间连续送进，配合间断通电，这些连续并彼此重叠的焊点，形成焊缝。缝焊用于厚度 3 mm 以下要求密封或接头强度要求较高的薄板搭接结构，如油箱、管道等的焊接。

5.5.4　钎焊

钎焊是用钎料熔入焊件金属间隙来连接焊件的方法。其特点是只有钎料熔化，而焊件金属处于固态。熔化的钎料靠润湿和毛细管作用吸入并保持在焊件间隙内，依靠液态钎料和固态焊件金属间原子的相互溶解、扩散，在冷却、凝固后连接为一体。

按所用钎料的熔点不同，钎焊分为软钎焊和硬钎焊两类。

1. 软钎焊

软钎焊的钎料熔点低于450℃，接头强度一般不超过70 MPa，常用锡铅合金作钎料（俗称锡焊），松香、氯化锌溶液等作钎剂。锡焊工艺性好，广泛应用于受力不大的仪表、导电元件与线路的焊接。

2. 硬钎焊

硬钎焊的钎料熔点高于450℃，接头强度可达500 MPa，常用的钎料有铜基、银基和铝基合金。钎剂是硼砂、硼酸和碱性氟化物等。硬钎焊适用于受力较大、工作温度较高的钢、铜、铝合金机件以及某些工具的焊接。

钎焊的接头形式多采用板料搭接和套管镶接，这样，焊件间有较大的接合面以弥补钎料强度的不足。

钎焊时的加热方法很多。软钎焊可用烙铁、喷灯和炉子加热，也可把焊件直接浸入已熔化的钎料。硬钎焊可采用氧炔焰加热、电阻加热、感应加热、炉内加热和盐浴加热等方法。

钎焊的主要优点是：钎焊温度低，焊件的组织和力学性能变化很小，焊接应力和变形小，容易保证焊件的形状和尺寸精度。钎焊可用于焊接性能悬殊的异种金属，甚至金属与非金属。整体加热时，可用同时焊接多条焊缝，生产率高。在电子工业和仪表制造中，钎焊甚至是唯一可能的连接方法。

钎焊较适宜于连接精度、微型、复杂但有密集钎缝和由异种材料组成的焊件。随着工业的发展，它被广泛地应用于各种工业领域。例如用它钎焊硬质合金切削工具、矿山用钎头、各类换热器、电真空器件、航空发动机叶轮等。

▍5.5.5 等离子弧焊

1. 原理简介

等离子弧焊接是用压缩电弧作热源的金属极气体保护焊。经强迫压缩后的电弧弧柱中气体充分电离，形成高温、高能量的等离子弧。

2. 特点

等离子弧焊的特点：能量密度大，弧柱温度高（1 800～2 400 K以上），穿透能力强；焊接电流小到0.1 A，电弧仍能稳定地保持良好的挺度与方向性；焊缝质量好，热影响区小，焊接变形小。

3. 应用

可焊接碳钢、合金钢、耐热钢、不锈钢、铜、镍、钛合金等。在充氩箱内还可焊钨、钼、钽、铌、锆、铝及其合金。粉末等离子堆焊可用于阀门、模具等耐磨，耐蚀件的堆焊与维修。

 ## 5.5.6 激光焊

1. 原理简介

激光焊是将具有高能量密度的聚焦激光束投射在被焊金属材料上，被材料吸收转变为热能，用于金属材料的熔化焊接。主要有激光脉冲点焊和连续激光焊两种。

2. 特点

激光脉冲点焊的特点是：加热过程极短，焊点小，精度高，热影响区小，焊接变形小。

连续激光焊的特点是：能量密度高、焊速快、焊缝窄、热影响区小，变形小，但穿透能力不大。

3. 应用

激光焊可焊低合金高强度钢、不锈钢及铜、镍、钛合金，还可焊钨、钼、钽、锆等难熔金属和异种金属以及对受热敏感的材料。

 ## 5.5.7 电子束焊

1. 原理简介

电子束焊是在真空中用聚焦的高速电子束轰击焊件表面，使之瞬间熔化并形成焊接接头。

2. 特点

电子束焊的特点是：能量密度大、电子穿透能力强；焊接速度快，热影响区小，焊接变形小；真空保护好，焊缝质量高，特别适合于活泼金属的焊接。

3. 应用

除锌含量较高的材料（如黄铜）、低级铸铁和未脱氧处理的低碳钢外，可焊接绝大多数金属及合金。特别适用于焊接厚件及要求形变很小的焊件、真空中使用的器件、精密微型器件等。

 ## 5.5.8 高频电阻焊

1. 原理简介

高频电阻焊是利用高频电流通过焊接件接合面所产生的电阻热并施加一定

的压力形成焊接接头。

2. 特点

高频电阻焊的特点是：焊接速度快，适用于成形流水线；热影响区小，不易氧化，焊接质量高；被焊金属种类广，产品形状、规格多。

3. 应用

高频电阻焊可焊碳钢、合金钢、不锈钢和铜、镍、钛、锆、铝及其合金。尤其对电阻率低，热导率高的纯铝和紫铜有很好的焊接性。

5.5.9 摩擦焊

1. 原理简介

摩擦焊是利用焊件接触面相对旋转运动产生的摩擦热，将金属摩擦面加热到塑性状态，在压力下形成焊接接头。

2. 特点

摩擦焊的特点是：焊接质量好且稳定，焊件尺寸精度高；效率高、成本低；易实现机械化和自动化。

3. 应用

摩擦焊可用于碳钢、不锈钢、合金钢等，特别适用于异种金属的焊接，很多的金属和非金属均能采用摩擦焊。

复习思考题

1. 什么是焊接？常见的焊接方法分为哪三大类？
2. 手弧焊机有哪几种？请说明你在实习中使用的手弧焊机的型号及型号含义。
3. 电焊条由哪几部分组成？各部分的作用是什么？
4. 说明 J422、J507 两种牌号是什么焊条？牌号中字母与数字的含义是什么？
5. 常用的焊接接头形式有哪些？对接接头常见的坡口形式有哪些？坡口的作用是什么？
6. 手工电弧焊的焊接工艺参数有哪些？焊接电流应如何选择？
7. 用手弧焊方法对厚度为 10 mm 的低碳钢板对接焊，试选用合适的焊条，并确定所用焊条直径和焊接电流。

8. 手工电弧焊在引弧、运条和收尾操作时要注意什么？

9. 简述对接平焊的操作过程。

10. 简述几种常见焊接缺陷。

11. 试简述气焊的特点及其适用范围。

12. 气焊中减压阀和回火防止装置的作用各是什么？

13. 氧炔火焰可调节成哪几种火焰？气焊中最常用的是哪一种？

14. 试述气割的原理，割炬与焊炬在结构上有何不同。

15. 试比较埋弧自动焊与气体保护焊的特点和应用范围。

16. 试比较电阻焊与钎焊的特点和应用范围。

第3篇 机械加工基本方法

本篇主要介绍切削加工基本知识（零件技术要求简介，刀具、机床和常用量具）和零件表面加工方法（车削加工、钻削与镗削加工、铣削加工、磨削加工和钳工）的基础知识。

第6章 切削加工基础知识

· ·

6.1 概　　述

切削加工是利用切削工具从零件毛坯（如铸件、锻件或型材等坯料）或原材料上切除多余材料，以获得合格零件的加工过程。

切削加工通常分为钳工和机械加工。

① 钳工　一般是通过工人手持工具对工件进行的切削加工，常用的方法有划线、錾削、锉削、锯割、攻螺纹、套螺纹、刮削、研磨以及机器的装配和维修等。钳工使用的工具简单、方便灵活，是装配和修理工作中不可缺少的加工方法。

② 机械加工　主要是通过工人操纵机床来完成的切削加工。主要加工方法有车削、钻削、刨削、铣削和磨削等。图6.1所示为几种主要的机械加工方式。

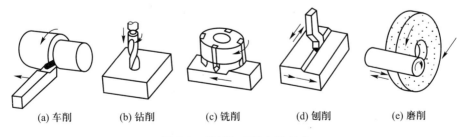

(a) 车削　　　(b) 钻削　　　(c) 铣削　　　(d) 刨削　　　(e) 磨削

图6.1　机械加工的主要方式

在现代机械制造工业中,切削加工方法有着广泛、重要、特殊的作用和地位,特别是近几十年来随着声、光、电加工技术及数控技术在切削加工中的运用,使得切削加工无所不能。这不仅减轻了人工操作的难度和体力,而且可以实现一人操作多机生产。因此大大提高了产品质量和产量,减少了生产人员,节约了生产成本。

6.1.1   机械加工的切削运动

在金属切削加工过程中,要使加工工件表面成形,切削工具与工件之间必须有一定的相对运动,即切削运动。它包括主运动(图6.2中Ⅰ所示)和进给运动(图6.2中Ⅱ所示)。主运动是切下切屑所需的最基本的运动,是切削加工中速度最高、消耗功率最多的运动。主运动一般只有一个。进给运动是使多余材料不断投入切削,从而加工出完整表面所需的运动。进给运动可以有一个或几个。

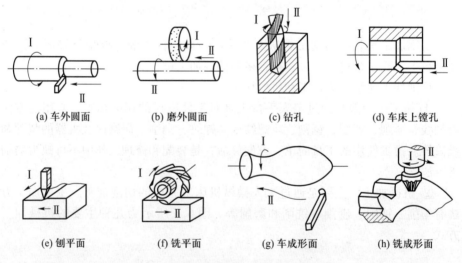

(a) 车外圆面   (b) 磨外圆面   (c) 钻孔   (d) 车床上镗孔

(e) 刨平面   (f) 铣平面   (g) 车成形面   (h) 铣成形面

图6.2   零件不同表面加工时的切削运动

各种切削加工机床都是为了实现某些表面的加工而设计制造的,因此,都有特定的运动。切削运动有旋转,也有平移的;有连续的,也有间歇的。

6.1.2   机械加工的切削用量三要素

切削用量三要素是指切削速度 v_c、进给量 f 和背吃刀量 a_p。这是确定机床基本参数、工件材料和刀具材料的基础上，保证加工质量和加工效率的关键要素。如图 6.3 所示，以车外圆为例来说明切削用量三要素的计算方法及单位。

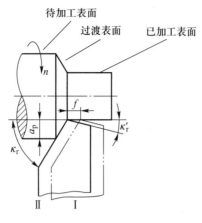

图 6.3　切削用量

1. 切削速度 v

在单位时间内，刀具与工件沿主运动方向的相对位移。

若主运动为旋转运动（如车削、钻削、铣削），则

$$v = \frac{\pi d n}{1000 \times 60} \quad (\text{m/s})$$

式中：d——工件加工表面或刀具切削处的最大直径（mm）；

　　　n——工件或刀具的转速（r/min）。

若主运动为往复直线运动（如刨削），则

$$v = \frac{2 L n_{\text{r}}}{1000 \times 60} \quad (\text{m/s})$$

式中：L——往复直线运动的行程长度（mm）；

　　　n_{r}——主运动每分钟的往复次数（r/min）。

2. 进给量 f

在主运动的一个循环（或单位时间）内，刀具与工件之间沿进给运动方向的相对位移。

车削时，进给量指工件每转一转，刀具所移动的距离（mm/r）；刨削时，进给量指刀具每往复运动一次，工件或刨刀沿进给运动方向移动的距离（mm/str）。

3. 背吃刀量 a_{p}

待加工表面与已加工表面之间的垂直距离（mm）。

6.2   刀具基本知识

金属切削过程中，直接完成切削工作的是刀具，刀具能否胜任切削工作，主要取决于刀具切削部分的材料、合理的几何形状和结构，下面分别作介绍。

 ### 6.2.1   刀具材料

1. 刀具材料应具备的性能

在切削过程中，刀具要承受很大的切削力、压力和摩擦以及在高温下的切削热，同时还要承受冲击的振动，因此刀具切削部分的材料应具备如下性能：

① 高硬度和高耐磨性   硬度是指材料抵抗更硬物体压入其内的能力。耐磨性是指材料抵抗磨损的能力。刀具只有具备高硬度、高耐磨性，才能切入零件，并能承受剧烈的摩擦。刀具材料的常温硬度一般要求在 HRC60 以上，要高于零件一倍至几倍。刀具材料微观组织的晶粒越细、硬度越高，耐磨性也越好。

② 高的热硬性（红硬性、耐热性）是指刀具在高温下仍能保持高硬度、高耐磨性的能力，是刀具材料的一个重要性能，它决定了刀具切削时所允许的切削速度。热硬性好所允许的切削速度就高，热硬性不好所允许的切削速度就低。

③ 足够的强度和韧性   以承受切削力、冲击和振动，而不至于产生崩刃和折断。

④ 良好的工艺性能   即刀具材料本身被加工的难易程度，它包括锻造性、焊接性、切削加工性、磨削加工性和热处理性能等。

2. 常用刀具材料简介

常用的刀具材料有碳素工具钢、合金工具钢、高速钢、硬质合金、陶瓷、人造金刚石和立方碳化硼等，表 6.1 为常用刀具材料的种类、性能和应用范围。

表 6.1　常用刀具材料的主要性能和应用范围

种类	常用牌号(或代号)		硬度 HRC(HRA)	热硬性/℃	抗弯强度 σw/GPa	应用举例	
碳素工具钢	T8A ~ T10A T12A、T13A		60 ~ 65	200	2.5 ~ 2.8	用于手动刀具,如锉刀、刮刀、铲刀、锯条等	
合金工具钢	9CrSi CrWMo		60 ~ 65	250 ~ 300	2.5 ~ 2.8	用于手动工具或机动低速工具,如丝锥、板牙、铰刀等	
高速钢	W18Cr4V W6Mo5Cr4V2		62 ~ 70	540 – 600	2.5 ~ 4.5	用于中速及形状复杂的刀具,如钻头、铰刀、拉刀及各种成形刀具等	
硬质合金	国内牌号	YG	74 ~ 82	800 ~ 1000	0.9 ~ 2.5	多用于形状简单的高速切削刀具,如车刀、铣刀、刨刀等	加工铸铁
		YT					加工钢
		YW					加工各种金属
	IOS 牌号	P					加工钢
		M					加工各种金属
		K					加工铸铁
涂层刀具	TiC、TiN、TiN – TiC		3200HV	1100	1.08 ~ 2.16	同上,但切削速度可提高30%左右。同等速度下寿命提高2 ~ 5 倍多。	
陶瓷	SG4、AT6		(93 ~ 94)	1200	0.4 ~ 0.785	精加工优于硬质合金,可加工淬火钢等	
立方氮化硼(CBN)	FD、LBN – Y		7300 ~ 9000HV	1300 ~ 1500		切削加工优于陶瓷,可加工淬火钢等	
人造金刚石			约 10 000HV	600		用于非铁金属精密加工,不宜切削铁类金属	

6.2.2　刀具角度

　　金属切削刀具的种类很多,形态各异,但其切削部分在切削过程中所起的作用都是相同的,因此在结构上它们都有着许多共同的特征,其中外圆车刀是最基本、最典型的切削刀具,其他各种刀具都可看成车刀的演变和组合,故通常以外圆车刀为代表来说明刀具切削部分的组成,并给出切削部分几何角度的一般性定义。

1. 车刀的组成

车刀由刀头和刀体（通称刀杆）两部分组成（图 6.4）。刀头用于切削，称为车刀的切削部分。刀体用于夹持，将刀具夹持在机床上，保证刀具处在正确的工作位置，传递所需的运动和动力，并且夹固可靠，装卸方便。

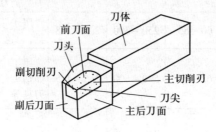

图 6.4　车刀的组成

刀头的切削部分一般由三面二刃一尖组成（见图 6.4）。

前刀面：切屑流经的刀面，也就是车刀的上表面。

主后刀面：是与工件过渡表面相对的刀面。

副后刀面：是与工件已加工面相对的刀面。

主切削刃：是前刀面与主后刀面的交线，它承担主要的切削工作。

副切削刃：是前刀面与副后刀面的交线，它主要起修光的作用。

刀尖：是主切削刃和副切削刃的交点。实际上刀尖是一段圆弧过渡刃。

2. 车刀切削部分的主要角度

（1）确定刀具主要角度的三个辅助平面

为了确定车刀的几何角度，需要首先确立三个辅助平面：基面、切削平面和正交平面（见图 6.5）。

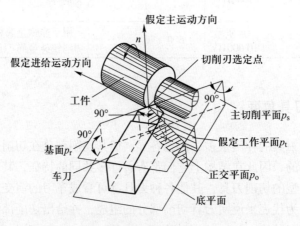

图 6.5　辅助平面

基面 p_r：通过主切削刃上选定点，垂直该点切削速度的平面。

切削平面 p_s：通过主切削刃上选定点，与主切削刃相切并垂直于基面的平面。

正交平面 p_o：通过主切削刃上选定点，并垂直于基面和切削平面的平面。

（2）车刀的主要角度（图6.6）

车刀的主要角度有前角 γ_0、后角 α_0、主偏角 κ_r、副偏角 κ_r' 和刃倾角 λ_s，如图6.6所示。

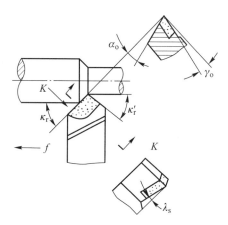

图 6.6　车刀的主要角度

① 前角 γ_0：在正交平面中测量的前刀面与基面之间的夹角。前角主要影响主切削刃的锋利程度和刃口强度。增大前角可使刀刃锋利，便于切削。但前角过大会削弱刀刃强度，使散热条件变差，刀具容易磨损甚至崩坏。刀具前角有一个最佳数值，这个最佳数值主要决定于刀具材料、工件材料和加工性质。当工件材料塑性大、强度和硬度低或刀具材料的强度和韧性好或精加工时，取大的前角；反之取较小的前角。

② 后角 α_0 在正交平面中测量的主后刀面与切削平面间的夹角。后角主要影响刀具主后刀面与工件表面之间的摩擦，并配合前角改变切削刃的锋利与强度。增大后角可以减少刀具主后刀面与工件之间的摩擦，减少刀具的磨损，降低工件的表面粗糙度。但后角过大，切削刃强度减弱，散热体积减小，对刀具寿命反而不利；所以在一定的加工条件下，同前角一样，后角也有一个最佳数值。这个最佳数值主要决定于加工性质和工件材料。粗加工或工件材料较硬时，要求切削刃强固，后角取较小值。反之，对切削刃强度要求不高，主要希望减小摩擦和已加工表面的粗糙度值，后角可取稍大的值。

③ 主偏角 κ_r 是主切削刃与进给方向在基面上投影的夹角。主偏角主要影

响切削刃工作长度和径向分力的大小。减小主偏角可以增大切削刃实际工作长度，提高刀具强度，改善刀尖散热条件，提高刀具寿命。但使径向力增大（图6.7），工件变形增加，当机床—夹具—工件—刀具系统刚性不足时，容易振动。主偏角应根据系统刚性、加工材料和加工表面形状选择。系统刚性差、车阶梯轴时，取较大值，甚至在车细长轴时取大于90°主偏角；加工高强度、高硬度材料而系统刚性好时，取较小值。车刀常用的主偏角有45°、60°、75°、90°等几种。

④ 副偏角 κ'_r 是副切削刃与进给运动的反方向在基面上投影之间的夹角。主要影响已加工表面的粗糙度。由于刀具主偏角和副偏角的存在以及工件材料的弹性恢复，实际上切削层并没有全部切去，而是有一小部分材料留在工件表面上（图6.8中△部分），这就是切削层的残留面积。减小副偏角可减小残留面积高度（图6.8），降低工件表面粗糙度，但使径向力（背吃刀力）F_p 增大，当机床—夹具—工件—刀具系统刚性不好时，也容易引起振动。副偏角应根据系统刚性和工件的表面粗糙度要求选择。一般为5°~15°。

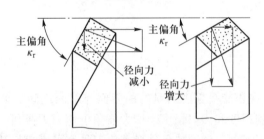

图 6.7   主偏角改变时，径向力的变化

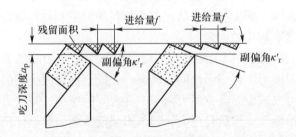

图 6.8   不同副偏角对残留面积的影响

⑤ 刃倾角 λ_s 是主切削刃与基面在主切削平面上投影之间的夹角。刃倾角主要影响切屑流向及刀尖强度。负刃倾角可增加刀头强度，但切屑流向已加工表面，可能划伤或拉毛工件的已加工表面，适于粗加工。精加工时，刃倾角常

取正值或零值。一般可取 λ_s 为 $-5° \sim +5°$。

3. 车刀的结构

车刀常用的结构形式有以下四种（图 6.9）。

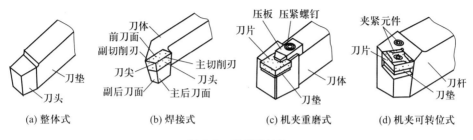

图 6.9　车刀的结构

（1）整体式（图 6.9a）

刀头和刀体为一整体，刃口可磨得较锋利，但对于贵重的刀具材料消耗较大，成本高，目前一般只用于小尺寸高速钢车刀。

（2）焊接式（图 6.9b）

将硬质合金刀片焊在刀体上，结构简单、紧凑、刚性好，而且灵活性较大，可以根据具体的加工条件和要求，刃磨出所需的角度，但焊接时，易在硬质合金刀片内产生应力或裂纹，使刀片硬度下降，切削性能和耐用度降低。适于各类车刀特别是小刀具的高速切削。

（3）机夹重磨式（图 6.9c）

用机械的方法将刀片夹固在刀杆上，刀片磨损后，可卸下重磨，然后再安装使用。与焊接式车刀相比，机夹重磨式车刀可避免高温焊接所带来的缺陷，提高刀具的切削性能并使刀杆能多次重复使用；但其结构较复杂，刀片重磨时仍有可能产生应力或裂纹。

（4）机夹可转位式（图 6.9d）

将预先加工好的具有一定几何角度的多边形硬质合金刀片，用机械的方法装夹在特制的刀杆上。使用时，当一个刀刃磨钝后，只要松开刀片夹紧元件，将刀片转位，改用另一条新刀刃，重新夹紧后即可继续切削。待全部刀刃都磨钝后，再装上新刀片又可继续使用。机夹可转位式车刀的基本结构如图 6.9d 所示，它由刀片、刀垫、刀杆和夹紧元件组成。刀片可以压制成各种形状和尺寸，图 6.10 所示是常用的几种刀片。这种刀具优点较多：使用方便可靠，大大缩短了装换刀时间，省去了磨刀时间，同时因不焊不磨保持了刀片良好的切削性能，断屑稳定；可使用涂层刀片。这种刀具应用很普遍。

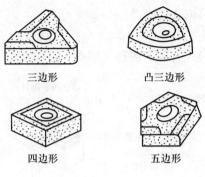

图 6.10   常用刀片

6.3   机械加工零件的技术要求

机械加工的目的在于加工出符合设计要求的机械零件。设计零件时，为了保证机械设备的工作性能和使用寿命，应根据零件的不同作用提出合理的要求，这些要求通称为零件技术要求。零件的技术要求包括：表面质量、加工精度、零件的材料和热处理等（这部分内容见前第 1 章），下面简单介绍表面质量和精度。

◢ 6.3.1   表面表面质量

零件的表面质量主要包括表面粗糙度、表面应力与表面微观裂纹。

1. 表面粗糙度

零件的表面有的光滑，有的粗糙。即使看起来很光滑的表面，经过放大以后，也会发现它们是高低不平的，零件表面的这种微观不平度称为表面粗糙度。表面粗糙度对零件的使用性能有很大的影响，因此是零件的技术要求中的重要指标之一。

国家标准 GB/T 3505－2009、GB/T 1031－2009、GB/T 131－2006 中详细规定了表面粗糙度的各种参数及其数值、所用代号及其标注等。其中最为常用的是轮廓算术平均偏差 Ra 值，分为 14 个等级。其允许标注数值分别为 50、25、12.5、6.3、3.2、1.6、0.8、0.4、0.2、0.1、0.05、0.025、0.012、0.008 等。Ra 值愈大，则零件表面愈粗糙；反之，则零件表面愈平整光洁。

2. 表面应力与表面微观裂纹

无论是切削加工、磨削加工、电火花加工，还是热处理中的淬火等工艺过程，都可能使零件表而产生应力，甚至微观裂纹。应力有拉应力和压应力。普通切削加工容易产生拉应力，而采用滚压的加工方法则会产生压应力。拉应力可以抵消一部分外界的拉应力，而拉应力和微观裂纹则有损于零件的强度和寿命。特别是微观裂纹的扩展有可能导致脆性断裂。总之，应力的存在意味着零件在使用过程中会产生微观变形。因此，对于各种零件，尤其是重要的和精密的零件，要通过各种工艺方法，尽可能防止和消除零件中存在的应力和微观裂纹。

6.3.2 加工精度

零件的加工精度是指零件在加工以后的实际几何参数（尺寸、形状 和位置）与理想零件的几何参数相符合的程度。它们之间的偏差称为加工误差。加工误差的大小反映了加工精度的高低。加工误差大，零件的加工精度低；加工误差小，零件的加工精度高。

加工精度包括尺寸精度、形状精度和位置精度三个方面，具体内容如下。

1. 尺寸精度

尺寸精度是指零件的实际尺寸与设计的理想尺寸接近的程度，它包括表面本身的尺寸精度（如圆柱面的直径）和表面间的尺寸精度（如孔间距离等）。尺寸精度的高低用尺寸公差的大小来表示。尺寸公差是切削加工中零件尺寸允许的变动量。在公称尺寸相同的情况下，尺寸公差愈小，则尺寸精度愈高。如图 6.11 所示，尺寸公差等于上极限尺寸与下极限尺寸之差，或等于上极限偏差与下极限偏差之差。

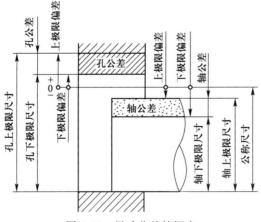

图 6.11 尺寸公差的概念

国家标准 GB/T1800.1—2009 规定，标准公差分为 20 级，即 IT01，IT0 和 IT1 ~ IT18，IT 表示标准公差，数字越大，精度越低。

2. 形状精度

为了使机器零件能正确装配，有时单靠尺寸精度来控制零件的几何形状是不够的，还要对零件的表面形状和相互位置提出要求。以图 6.12 所示的轴为例，虽然同样保持在尺寸公差范围内，却可能加工成八种不同形状，用这八种不同形状的轴装配在精密机器上，效果显然会有差别。

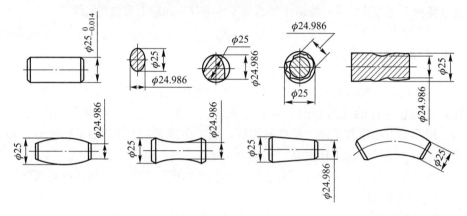

图 6.12   轴的形状示例

形状精度是指零件上的线、面等几何要素的实际形状相对于理想形状的准确程度。形状精度用形状公差来控制。国家标准 GB/T 1182—2008 和 GB/T 1184—1996 规定了表 6.2 所列的六项形状公差。

表 6.2   几何特征符号

项目	直线度	平面度	圆度	圆柱度	线轮廓度	面轮廓度
符号	—	⟋	○	⌖	⌒	⌓

3. 位置精度

位置精度是指零件上的点、线、面要素的实际位置相对于理想位置的准确程度。位置精度用方向公差、位置公差及跳动公差来控制。国家标准 GB/T 1182—2008 和 GB/T 1184—1996 规定了表 6.3 所列的八项位置公差。

表 6.3   方向公差、位置公差及跳动公差的名称及其符号

项目	平行度	垂直度	倾斜度	位置度	同轴度	对称度	圆跳动	全跳动
符号	//	⊥	∠	⊕	◎	⩵	↗	↗↗

零件技术要求的部分标注示例见图 6.13。

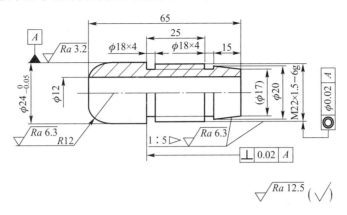

图 6.13 零件技术要求的部分标注

6.4 常用量具及其使用方法

加工出的零件是否符合图纸要求（包括尺寸精度、形状精度、位置精度和表面粗糙度），就采用测量工具进行测量。这些测量工具简称量具。由于零件有各种形状，它们的精度也不一样，因此我们就要用不同的量具去测量。量具的种类很多，本节仅介绍几种常用的量具。

6.4.1 游标卡尺

游标卡尺是一种比较精密的量具，可以直接测量零件的内径、外径、宽度、深度等，如图 6.14 所示。按照读数的准确程度，游标卡尺分为 1/10、1/20、1/50 三种。它们的读数准确度分别是 0.1 mm、0.05 mm、0.02 mm。游标卡尺的测量范围有 0～125 mm、0～150 mm、0～200 mm、0～300 mm 等数种规格。下面以1/50 的游标卡尺为例，说明它的刻线原理和读数方法（图 6.14）。

1. 刻线原理

如图 6.15a 所示，当主尺和副尺（游标）的卡脚贴合时，在主、副尺上刻一上下对准的零线，主尺每小格 1 mm 刻线，副尺与主尺相对应的 49 mm 长度上等分刻 50 小格，则副尺每小格的长度为 49/50 mm，即 0.98 mm。故主、副尺每小格之差为 0.02 mm。

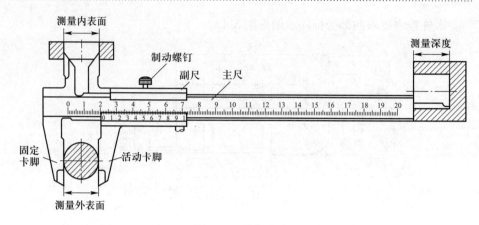

图 6.14   游标卡尺

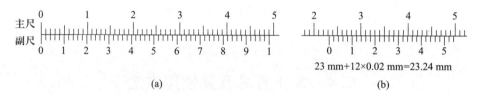

23 mm+12×0.02 mm=23.24 mm

(a)   (b)

图 6.15   1/50 游标卡尺的刻度原理和读数方法

2. 读数方法

如图 6.15b 所示，游标卡尺的读数方法如下：首先根据副尺零线以左的主尺上的最近刻度读出整数；然后根据副尺零线以右与主尺某一刻线对准的刻度线乘以 0.02 读出小数；再将以上的整数和小数两部分尺寸相加即为总尺寸。如图 6.15b 中的读数为：$23 \text{ mm} + 12 \times 0.02 \text{ mm} = 23.24 \text{ mm}$。

3. 使用方法

游标卡尺的使用方法如图 6.16 所示。图 6.16a 为测量零件外径的方法，图 6.16b 为测量零件内径的方法，图 6.16c 为测量零件宽度的方法，图 6.16d 为测量零件深度的方法。用游标卡尺测量零件时，应使卡脚逐渐与零件表面靠近，最后达到轻微接触。还要注意游标卡尺必须放正，切忌歪斜，以免测量不准。

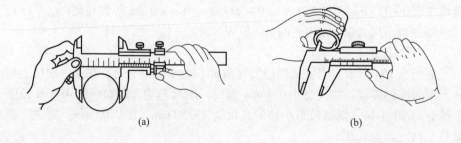

(a)   (b)

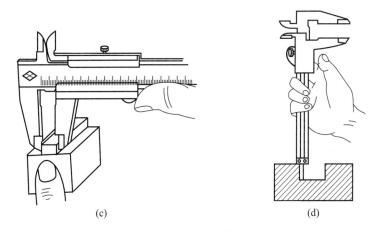

(c)   (d)

图 6.16　游标卡尺的使用方法

　　图 6.17 是专用于测量深度和高度的游标卡尺，它们称为深度游标尺（图 6.17a）和高度游标尺（图 6.17b）。高度游标尺除用于测量零件高度外，还可用于钳工精密划线。

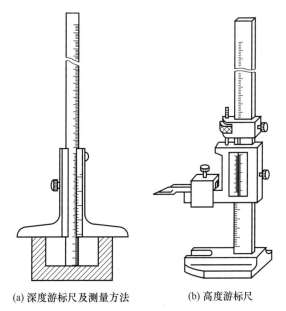

(a) 深度游标尺及测量方法   (b) 高度游标尺

图 6.17　深度、高度游标尺

4. 注意事项

使用游标卡尺时应注意如下事项。

① 使用前，先擦净卡脚，然后合拢两脚使之贴合，检查主、副尺的零线

是否对齐。若未对齐，应在测后根据原始误差修正读数。

② 使用时，卡脚不得用力紧压零件，以免卡脚变形或磨损降低测量准确度。

③ 游标卡尺仅用于测量加工过的光滑表面。表面粗糙的工件或正在运动的工件都不用它测量，以免卡脚过快磨损或发生事故。

6.4.2 百分尺

百分尺是比游标卡尺更精确的测量工具，测量准确度为 0.01 mm。有外径百分尺、内径百分尺和深度百分尺几种。外径百分尺的尺寸测量范围有 0 ~ 25 mm，25 ~ 50 mm，50 ~ 75 mm，75 ~ 100 mm，100 ~ 125 mm 等多种规格。

图 6.18 是测量范围为 0 ~ 25 mm 的外径百分尺，其螺杆与活动套筒连在一起，当转动活动套筒时，螺杆与活动套筒一起向左或向右移动。百分尺的刻线原理和读数方法如图 6.19 所示。

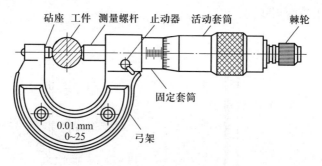

图 6.18 外径百分尺

1. 刻线原理

百分尺上的固定套筒和活动套筒相当于游标卡尺的主、副尺。固定套筒在轴线方向上刻有一条中线，中线的上下方各刻一排刻线，刻线每小格为 1 mm，上、下两排刻线相互错开 0.5 mm；在活动套筒左端圆周上有 50 等分的刻度线。因此测量螺杆的螺距为 0.5 mm，即螺杆每转一周，轴向左移动 0.5 mm，故活动套筒上每一小格的读数值为 0.5 mm/50 = 0.01 mm。当百分尺的螺杆左端面与砧座表面接触时，活动套筒左端的边线与轴向刻度线的零线重合，同时圆周上的零线也应该与中线对准。

2. 读数方法

首先读出距边线最近的轴向刻度数（应为 0.5 mm 的整数倍），然后读出与轴向刻度中线重合的圆周刻度数，最后将以上两部分读数加起来即为总尺寸。

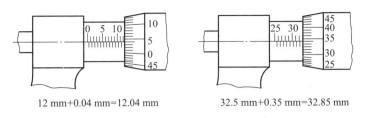

12 mm+0.04 mm=12.04 mm　　　　32.5 mm+0.35 mm=32.85 mm

图 6.19　百分尺的刻线原理和读数方法

3. 使用方法

百分尺的使用方法如图 6.20 所示。其中图 6.19a 是测量小零件外径的方法，图 6.19b 是在机床上测量零件的方法。

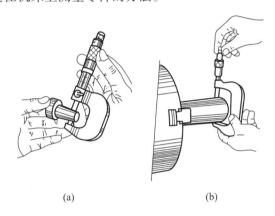

(a)　　　　　　　　　(b)

图 6.20　百分尺的使用方法

4. 注意事项

① 使用前应先校对零点。将砧座端面与螺杆端面接触（表面先擦干净）看圆周刻度零线是否与中线零点对齐。若有误差，应记住此数值，在测后根据原始误差修正读数。

② 当测量螺杆快要接近零件时，必须旋拧端部棘轮套圈（此时严禁使用活动套筒，以防用力过度而使得测量不准），当棘轮发出"嘎嘎"声时，表示压力合适，应停止拧动。

③ 被测零件表面应擦拭干净，并准确放在百分尺两测量面之间，不得偏斜。

④ 测量时不能预先调好尺寸，锁紧螺杆，再用力卡过零件。否则将导致螺杆弯曲或被测面损伤，从而降低测量准确度。

⑤ 读数时要注意，提防少读或多读 0.5 mm。

6.4.3　塞规与环规

塞规与卡规是成批和大量生产中应用的一种专用量具。

1. 塞规

塞规是用来测量孔径或槽宽的专用工具，如图 6.21 所示。它的一端较长，直径等于零件的下限尺寸叫作"过规"；另一端短些，直径等于零件的上限尺寸，叫作"止规"。用塞规测量时，若零件的尺寸只有"过规"能进去，而"止规"进不去，则说明零件的实际尺寸在公差范围之内，是合格品。否则就是不合格品。

2. 卡规

卡规又称卡板，是用来测量轴径或厚度的（图 6.22）。它与塞规类似，也有"过规"端和"止规"端，使用方法亦与塞规相同。

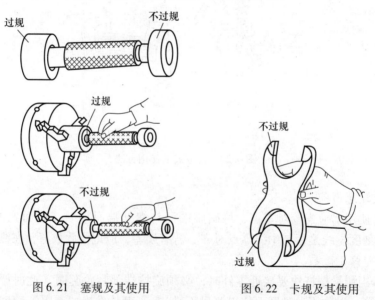

图 6.21　塞规及其使用　　　　图 6.22　卡规及其使用

6.4.4　百分表

百分表是一种精度较高的比较性量具，测量精度为 0.01 mm。它只能测出相对数值，不能测出绝对数值。主要用于测量工件的形状误差（圆度、平面度等）和位置误差（平行度、垂直度和圆跳动等），也常用于安装工件、夹具或刀具时的精密找正。

百分表结构如图 6.23 所示，当测量杆向上或向下移动 1 mm 时，通过齿轮传动系统带动大指针转一圈，小指针转一格。刻度盘在圆周上刻有 100 个等分格，每格的读数值为 0.01 mm，小指针的每格读数为 1 mm。测量时，大、小指针所示读数之和即为尺寸变化量。小指针处的刻度范围即为百分表的测量范围。百分表的刻度盘可以转动，以便测量时大指针对零。

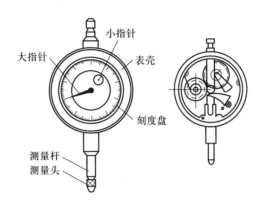

图 6.23 百分表

百分表使用时常安装在专用的百分表架上（图 6.24）。

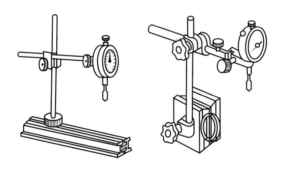

图 6.24 百分表架

百分表应用举例如图 6.25 所示。图 6.25a 检查外圆对孔的圆跳动及端面对孔的圆跳动，图 6.25b 检查工件两面的平行度，图 6.25c 在内圆磨床上用四爪卡盘安装工件时找正外圆，图 6.25d 在车床上用四爪卡盘安装工件时用杠杆百分表找正内孔。

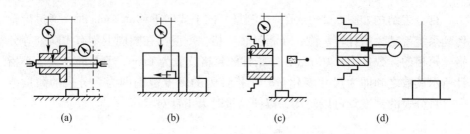

图 6.25 百分表、杠杆百分表应用举例

6.4.5 内径百分表

内径百分表是用于测量孔径及其形状精度的一种精密的比较量具。图 6.26 是内径百分表的结构。它附有成套的可换插头，其读数准确度为 0.01 mm，用于调节所测孔径尺寸。测量范围有 6 ~ 10 mm、10 ~ 18 mm、18 ~ 35 mm、35 ~ 50 mm、50 ~ 100 mm、100 ~ 160 mm、160 ~ 250 mm 等多种规格。

内径百分表是测量尺寸公差等级 IT7 以上精度孔的常用量具，使用方法如图 6.27 所示。

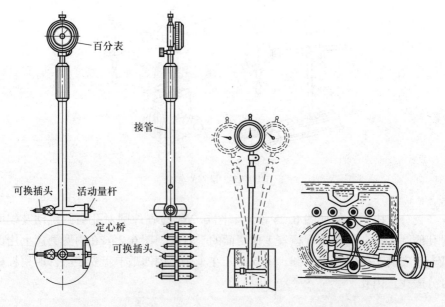

图 6.26 内径量表   图 6.27 内径量表的使用方法

6.4.6　刀形样板平尺

刀形样板平尺又称刀口尺，如图 6.28 所示。它采用光隙法和痕迹法检验平面的形状误差（即直线度和平面度），间隙大的可用厚薄尺（图 6.29）测量出间隙值。此尺亦可用比较法作高准确度的长度测量。

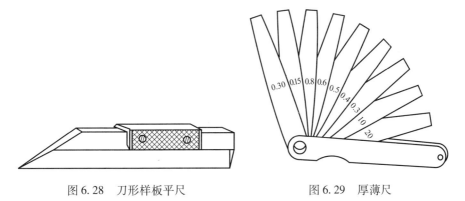

图 6.28　刀形样板平尺　　　　　图 6.29　厚薄尺

6.4.7　厚薄尺

厚薄尺又称塞尺（图 6.29）。它由一组薄钢片组成，其厚度为 0.03 ~ 0.3 mm。测量时用厚薄尺直接塞间隙，当一片或数片能塞进两贴合面之间，则一片或数片的厚度（可由每片上的标记读出），即为两贴合面之间的间隙值。使用厚薄尺必须先擦净尺和工件，测量时不能用力硬塞，以免尺片弯曲和折断。

6.4.8　直角尺

直角尺（图 6.30）两边成准确的 90°，用来检查零件的垂直度。当直角尺的一边与工件的一面贴紧时，若工件的另一面与直角尺的另一边之间露出间隙，则说明零件的这两个面不垂直，用厚薄尺即可量出垂直度的误差值。

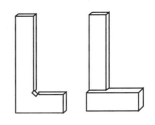

图 6.30　直角尺

6.4.9　万能角度尺

　　万能角尺是用来测量零件或样板的内、外角度的量具，其结构如图 6.31 所示。它的读数机构的原理与游标卡尺相近，主尺的刻线每格为 1°。游标尺的刻线是取主尺的 29°等分为 30 格。因此，游标刻线每格的角度为 29°/30 = 58′，即主尺 1 格与游标尺 1 格的差值为 1° − 58′ = 2′。这也就是万能角尺的读数精度。它的读数方法与游标卡尺完全相同。

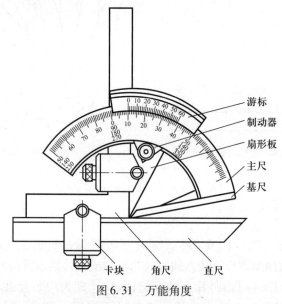

图 6.31　万能角度

　　测量时应先校对零位。万能角度尺的零位是将角尺、直尺与主尺组装在一起，且角尺的底边及基尺均与直尺无间隙接触，此时主尺与游标的 "0" 线对准。调整好零位后，通过改变基尺、角尺或直尺的相互位置，可测量 0 ~ 320°范围内的任意角度。万能角度尺测量零件时，应根据所测角度范围组合量尺，如图 6.32 所示。

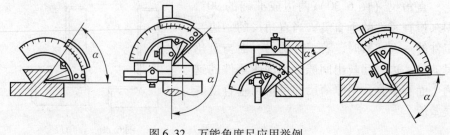

图 6.32　万能角度尺应用举例

6.4.10　量具的保养

前面介绍的九种量具均为较精密的量具，必须精心保养。量具保养得好坏，直接影响它的使用寿命和零件的测量精度。因此，使用量具时必须做到以下几点。

① 量具在使用前、后必须擦拭干净。要妥善保管，不能乱扔、乱放。

② 不能用精密量具去测量毛坯或运动着的零件。

③ 测量时不能用力过猛、过大，也不能测量温度过高的零件。

复习思考题

1. 试分析车削、钻削、刨削、铣削和磨削几种常用加工方法的主运动和进给运动；并指出它们的运动件（刀具或零件）及运动形式（转动或移动）。

2. 对刀具材料的性能有哪些要求？

3. 试用工艺简图表示铣平面、钻孔的切削用量三要素。

4. 画图表示下列刀具的前角、后角、主偏角、副偏角和刃倾角。

外圆车刀，　　端面车刀，　　切断刀。

5. 常用的量具有哪几种？试选择测量下列已加工零件外圆尺寸的量具。

$\Phi30$，　　$\Phi25 \pm 0.1$，　　$\Phi35 \pm 0.01$。

6. 形状精度主要包含哪些项目？试分别说明各自的检验方法。

7. 零件加工质量包含哪些方面的内容？

8. 游标卡尺和百分尺测量准确度是多少？怎样正确使用？能否测量毛坯？

9. 在使用量具前为什么要检查它的零点、零位或基准？应如何用查对的结果来修正测得的读数？

10. 怎样正确使用量具和保养量具？

第 7 章 车削加工

7.1 概 述

  车削加工是在车床上用车刀加工工件的工艺过程。车削时，工件作旋转的主运动，刀具作平移的进给运动。因此，车削加工特别适合于加工回转体零件上的各种表面，图 7.1 所示为车削的运动和加工范围。车削加工尺寸精度一般可达 IT8 ~ IT7，表面粗糙度 Ra 值为 1.6 ~ 3.2 μm。

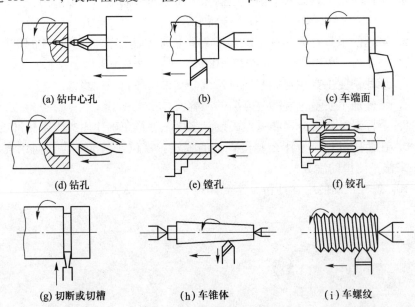

(a) 钻中心孔   (b)   (c) 车端面

(d) 钻孔   (e) 镗孔   (f) 铰孔

(g) 切断或切槽   (h) 车锥体   (i) 车螺纹

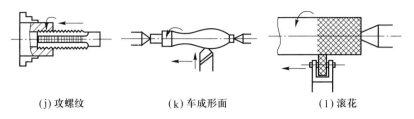

(j) 攻螺纹　　　　　　(k) 车成形面　　　　　　(1) 滚花

图 7.1 车削的运动和加工范围

7.2 车　　床

车床的种类很多,有普通车床、立式车床、转塔车床、自动和半自动车床以及数控车床等。其中普通车床是各类车床的基础。下面以 C6132 普通车床为例介绍普通车床的组成、功用及传动系统。

7.2.1 普通车床的组成及功用

图 7.2 为 C6132 普通车床的外形,它由以下几个主要部件组成。

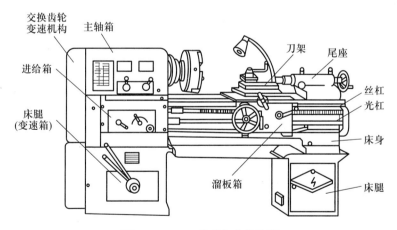

图 7.2 C6132 普通车床的外形

1. 主轴箱

主轴箱固定在床身的左端。主轴箱的功用是支承主轴,使它旋转、停止、变速,变向。主轴箱内装有变速机构和主轴。主轴是空心的,中间可以穿过棒料。主轴的前端装有卡盘，用以夹持工件。车床的电动机经 V 带传动，通过主轴箱内的变速机构，把动力传给主轴，以实现车削的主运动。

2. 刀架

刀架装在床身的床鞍导轨上。刀架的功用是安装车刀，一般可装四把车刀，它由以下几个部分组成（图7.3）。

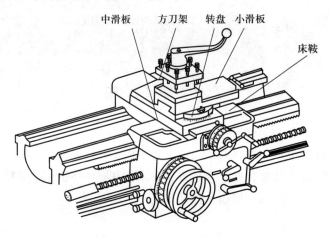

图7.3　刀架

① 床鞍　与溜板箱连接，可沿床身导轨作纵向移动，其上面有横向导轨。

② 中滑板　可沿床鞍上的导轨作横向移动。

③ 转盘　与中滑板用螺钉紧固，松开螺钉便可在水平面内扳转任意角度。

④ 小滑板　可沿转盘上面的导轨作短距离移动。当将转盘偏转若干角度后，可使小滑板作斜向进给，以便车削锥面。

⑤ 方刀架　固定在小滑板上，可同时装夹四把车刀；松开锁紧手柄，即可转动方刀架，把所需要的车刀更换到工作位置上。

3. 尾座

尾座安装在床身的尾座导轨上，可沿床身导轨纵向运动以调整其位置。尾座的功用是用于安装后顶尖以支持较长的工件，或安装钻头、铰刀等刀具进行孔加工。尾座的结构如图7.4所示，它主要由套筒、尾座体、底座等几部分组成。转动手轮，可调整套筒伸缩一定距离，并且尾座还可沿床身导轨推移至所需位置，以适应不同工件的加工要求。此外，尾座还可在其底板上作少量的横向移动，以车削锥体。

4. 床身

床身固定在左、右床腿上。床身用来支承和安装车床的主轴箱、进给箱、溜板箱、刀架、尾座等，使它们在工作时保证准确的相对位置和运动轨迹。床身上面有两组导轨——床鞍导轨和尾座导轨。床身前方床鞍导轨下装有长齿条，与溜板箱中的小齿相啮合，以带动溜板箱纵向移动。

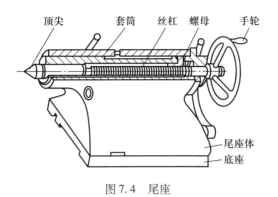

图 7.4　尾座

5．溜板箱

溜板箱固定在床鞍底部，是车床进给运动的操纵箱。它的功用是可将光杠传来的旋转运动变为车刀需要的纵向或横向的直线运动，也可操纵对开螺母使刀架由丝杠直接带动车削螺纹。

6．进给箱

进给箱固定在床身的左前侧。箱内装有进给运动变速机构。进给箱的功用是让丝杠旋转或光杠旋转、改变机动进给的进给量和被加工螺纹的导程。

7．丝杠

丝杠左端装在进给箱上，右端装在床身右前侧的挂脚上，中间穿过溜板箱。丝杠专门用来车螺纹。若溜板箱中的开合螺母合上，丝杠就带动床鞍移动车制螺纹。

8．光杠

光杠左端也装在进给箱上，右端也装在床身右前侧的挂脚上，中间也穿过溜板箱。光杠专门用于实现车床的自动纵、横向进给。

9．交换齿轮变速机构

交换齿轮变速机构装在主轴箱和进给箱的左侧，其内部的挂轮连接主轴箱和进给箱。交换齿轮变速机构的用途是车削特殊的螺纹（英制螺纹、径节螺纹、精密螺纹和非标准螺纹等）时调换齿轮用。

10．床腿

支承床身，并与地基连接。

7.2.2 普通车床的传动系统

为了便于了解和分析机床运动的传递、联系情况，可以先看一下机床传动框图，图 7.5 为普通车床的传动框图。

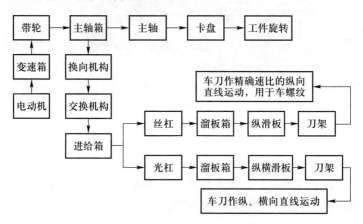

图 7.5   普通车床的传动框图

从图 7.5 中可见，普通车床的传动是由两条传动链组成。一条是由电动机经变速箱、皮带轮、主轴箱到主轴，称为主运动传动链。其任务是将电动机的运动传给主轴，并使其获得各种不同的转速，以满足不同加工情况的需要。另一条是由主轴经挂轮架、进给箱、溜板箱到刀具，称为进给运动传动链。其任务是使刀架带着刀具实现机动的纵向进给、横向进给或车削螺纹，以满足不同车削加工的需要。

图 7.6 为 C6132 型普通车床的传动系统图，它用规定的简图符号表示出整个机床的传动链。图中各传动件按照运动传递的先后顺序，以展开图的形式画出来。传动系统图只能表示传动关系，而不能代表各传动件的实际尺寸和空间位置。罗马数字表示传动轴的编号，阿拉伯数字表示齿轮齿数或皮带轮直径，字母 M 表示离合器等。了解机床时，一般应先从分析机床传动系统图入手。为便于看懂图 7.6 所示的机床传动系统图，应注意下列各点。

1. 弄清传动件与轴的连接关系

图 7.7a 为固定连接，表明齿轮与轴之间通过键或销连接，齿轮可以带动轴旋转，并传递一定的扭矩，反之亦然。图 7.7b 为空套连接，表明齿轮与轴之间为间隙配合，齿轮和轴可以各自自由旋转，不能相互传递扭矩。图 7.7c 为滑动连接，表明齿轮通过花键或导键与轴连接，齿轮可以带动轴旋转，并传

递一定的扭矩，同时齿轮可以沿轴向滑移，以得到不同的齿轮啮合位置，实现变速或变向。

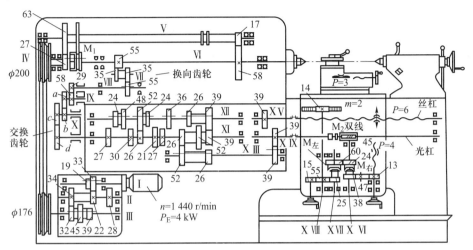

图 7.6 C6132 型普通车床的传动系统图

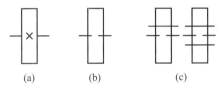

(a)　　　(b)　　　(c)

图 7.7 传动件与轴的连接

2. 了解各离合器的类型和功用

传动系统图中离合器数目较多，类型有多片摩擦离合器、内齿离合器、牙嵌式离合器、滚柱式超越离合器和安全离合器等，了解这些离合器的工作原理和功用，有利于理解传动路线的走向和运动的传递关系，如图 7.6 溜板箱中 XⅦ、X 轴上的圆锥式摩擦离合器（图 7.8）$M_左$ 和 $M_右$。

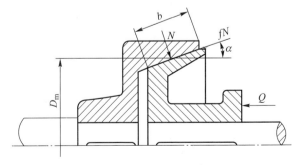

图 7.8 圆锥式摩擦离合器

3. 掌握分析传动链的方法

根据机床上的运动, 逐条看懂各传动链。然后找到传动所联系的两个末端件, 从一个末端件向另一个末端件查明传动路线, 确定两末端件的 "计算位移", 列出传动链的运动平衡式, 最后对传动链中的传动机构作具体分析和运动计算。

（1）主运动传动链

电动机轴通过联轴器与变速箱中的轴 Ⅰ 相连。移动轴 Ⅰ 上的双联齿轮和轴 Ⅲ 上的三联齿轮, 可使变速箱输出轴 Ⅲ 得到 6 种转速。轴 Ⅲ 通过传动比为 $\phi170/\phi200$ 的皮带传动, 将它的 6 种转速传给主轴箱带轮轴套 Ⅳ。轴套 Ⅳ 的运动又分两路传到主轴 Ⅵ 上。其中一路是通过内齿轮联轴器 M_1 直接传到主轴, 使主轴得到 6 种较高的转速。另一路是经过齿轮 27/63 和 17/58 将运动经过轴 Ⅴ 传给主轴, 又使主轴获得较低的 6 种转速。这样主轴 Ⅵ 可得到 12 种转速。上述的传动路线可用以下的传动链表示:

$$\text{电动机（Ⅰ）}\atop(1\,440\,r/min)\ -\ \left\{{19\over34}\atop{33\over22}\right\}\ -\ \text{Ⅱ}\ -\ \left\{{34\over32}\atop{28\over39}\atop{22\over45}\right\}\ -\ \text{Ⅲ}\ -\ {\varPhi176\over\varPhi200}\ -\ \text{Ⅳ}\ -\ \left\{{M_1\atop{27\over63}\ -\ \text{Ⅴ}\ -\ {17\over58}}\right\}\ -\ \text{主轴Ⅵ}$$

根据传动链传动比的计算方法, 可以计算出主轴的每一种转速。假设电动机的转速为 n（r/mm）、变速箱总传动比为 $i_变$、皮带传动比为 $i_带$ 主轴箱输入轴到主轴的传动比为 $i_主$, 则主轴转速的计算式为:

$$n_Ⅵ = n_Ⅰ\,i_{Ⅰ-Ⅵ}$$
$$n_主 = n_电 \cdot i_变 \cdot i_带 \cdot i_主$$

按图示啮合位置, 主轴的转速为

$$n_主 = 1440 \times {33\over22} \times {34\over32} \times {176\over200} \times 0.88 \times {27\over63} \times {17\over58}\ \ r/min \approx 223\ r/mm$$

主轴的反转是靠电动机反转实现的。

（2）进给运动传动链

车床进给运动的传动路线, 是主轴的旋转运动通过滑动齿轮变向机构（改变进给方向的机构, 即经齿轮 ${55\over35} \times {35\over55}$ 或 ${55\over55}$）传给轴 Ⅷ。轴 Ⅷ 经过齿轮 ${29\over58}$ 和交换 ${a\over b} \times {c\over d}$ 将运动传给进给箱中的轴Ⅺ; 轴Ⅺ的运动又分别通过齿轮 ${27\over24}, {30\over48}, {26\over52}, {21\over24}, {27\over36}$ 传给轴Ⅻ。轴Ⅻ再通过增倍机构（用以扩大螺距范围的

机构），将运动传给轴 XⅢ。轴 XⅢ 的运动经齿轮 $\frac{39}{39}$ 传给轴 XⅨ。轴 XⅨ 通

过安全联轴器与光杠连接，使光杠转动。光杠的运动，通过传动比为 $\frac{2}{45}$ 的蜗杆

蜗轮副传进溜板箱。轴 XⅥ 的运动分两路传到刀架。一路是当接通溜板箱左边

的摩擦离合 $M_{左}$ 时，运动经 $\frac{24}{60} \times \frac{25}{55}$ 传给轴 XⅧ，带动该轴上齿数 $z=14$ 的小齿

轮旋转，由于与小齿轮啮合的齿条是固定在床身上的，所以小齿轮转动，即带

动溜板箱、纵滑板及刀架作纵向进给运动。

另一路是当接通溜板箱右边的摩擦离合器 $M_{右}$ 时，运动经齿轮 $\frac{38}{47} \times \frac{47}{13}$ 传给

横滑板上螺距 $P=4$ mm 的丝杠。通过固定在横溜板上的螺母，使刀架作横向

进给运动。

综上所述，进给运动的传动链如下：

$$
主轴 Ⅵ
\begin{Bmatrix}
\dfrac{55}{55} \\[2mm]
\dfrac{55}{35} \times \dfrac{35}{55}
\end{Bmatrix}
- Ⅷ -
\begin{Bmatrix}
\dfrac{29}{58}
\end{Bmatrix}
-
\begin{Bmatrix}
\dfrac{a}{b} \times \dfrac{c}{d}
\end{Bmatrix}
- Ⅺ
\begin{Bmatrix}
\dfrac{27}{24} \\[1mm]
\dfrac{21}{24} \\[1mm]
\dfrac{27}{36} \\[1mm]
\dfrac{30}{48} \\[1mm]
\dfrac{26}{52}
\end{Bmatrix}
- Ⅻ -
$$

$$
\begin{Bmatrix}
\dfrac{39}{39} \times \dfrac{52}{26} \\[2mm]
\dfrac{26}{52} \times \dfrac{52}{26} \\[2mm]
\dfrac{39}{39} \times \dfrac{26}{52} \\[2mm]
\dfrac{26}{52} \times \dfrac{26}{52}
\end{Bmatrix}
- XⅢ - \frac{39}{39} - XⅣ - 光杆 - \frac{2}{45} - XⅥ
$$

$$
\begin{cases}
\dfrac{24}{60} - XⅦ - M_{左} - \dfrac{25}{55} - XⅧ - 齿轮、齿条（z=14, m=2）- 纵向进给 \\[3mm]
M_{右} - \left\{ \dfrac{38}{47} \times \dfrac{47}{13} \right\} - 横向进给丝杠（P=4）- 横向进给
\end{cases}
$$

同样，根据传动链传动比的计算方法，可以计算出刀架的移动距离即为进

给量。假设换向机构传动比为 $i_换$、交换齿轮变速机构的传动比为 $i_交$、进给箱总传动比为 $i_进$、溜板箱总传动比为 $i_溜$、小齿轮的齿数及模数分别为 $Z=14$、$m=2$、车床横向丝杠螺距为 $P_横$，则纵、横向进给量的计算式为：

$$f_纵 = 1 \cdot i_换 \cdot i_交 \cdot i_进 \cdot i_溜 \cdot \pi \cdot z \cdot m \quad (\text{mm/r})$$

$$f_横 = 1 \cdot i_换 \cdot i_交 \cdot i_进 \cdot i_溜 \cdot P_横 \quad (\text{mm/r})$$

按图示啮合位置，如果四个交换齿轮的齿数为 60、65、65、45，则当离合器 $M_左$ 及 $M_右$ 分别啮合时，其纵、横向进给量分别为

$$f_纵 = 1 \times \frac{55}{35} \times \frac{35}{55} \times \frac{29}{58} \times \frac{60}{65} \times \frac{65}{45} \times \frac{26}{52} \times \frac{39}{39} \times \frac{26}{52} \times \frac{39}{39} \times \frac{2}{45} \times \frac{24}{60} \times \frac{25}{55} \times \pi \times 2 \times 14 \text{ mm/r}$$

$$= 0.118 \text{ mm/r}$$

$$f_横 = 1 \times \frac{55}{35} \times \frac{35}{55} \times \frac{29}{58} \times \frac{60}{65} \times \frac{65}{45} \times \frac{26}{52} \times \frac{39}{39} \times \frac{26}{52} \times \frac{39}{39} \times \frac{2}{45} \times \frac{38}{47} \times \frac{47}{13} \times$$

$$4 \text{ mm/r} = 0.087 \text{ mm/r}$$

车螺纹运动的传动路线，在轴 XⅢ 以前和进给运动的路线一样。如果把轴 XⅢ 上 $z=38$ 的齿轮与轴 XⅨ 上 $z=38$ 齿轮脱开，而与轴 XⅤ 上 $z=38$ 齿轮啮合，那么轴 XⅢ 的运动便传给轴 XⅤ，再经安全联轴器传给丝杠。

丝杠与固定在溜板箱上的开合螺母配合，所以，当合上开合螺母后，丝杠的旋转运动就变成溜板箱的移动。通过进给箱中的滑动齿轮和增倍机构，以及 7 组不同传动比的交换齿轮，可以车出各种不同螺距的螺纹。

在 C6132 型车床上，可以车公制、英制和模数螺纹。如果车床丝杠螺距为 $P_丝 = 6$，则工件螺距 $P_工$ 的计算式为

$$P_工 = 1 \cdot i_换 \cdot i_交 \cdot i_进 \cdot P_丝 (\text{mm})$$

按图示啮合位置，如果四个交换齿轮的齿数分别为 60、65、65、45，则

$$P_工 = 1 \times \frac{55}{35} \times \frac{35}{55} \times \frac{29}{58} \times \frac{60}{65} \times \frac{65}{45} \times \frac{26}{52} \times \frac{39}{39} \times \frac{26}{52} \times \frac{39}{39} \times 6 \text{ mm} = 1 \text{ mm}$$

通过床头箱中变向机构，可使丝杠获得不同的转向，所以可车出右螺纹或左螺纹。

C6132 型车床备有一套齿数为 30、45，55、60、65、70、75、87、80、85、127 的交换齿轮。用来调节进给量的大小。各齿轮如何选配，可在车床铭牌的"车螺纹及进给量总表"中查出。

了解车床的传动系统之后，对其他机床，如钻床、刨床、铣床等的齿轮传动系统，也易于理解。

7.3 车   刀

7.3.1 车刀的分类

车刀按用途可分为外圆车刀、端面车刀、切断刀、镗孔刀、成形车刀和螺纹车刀等（图7.9）。

90°车刀   45°车刀   切断刀   镗孔刀

成形车刀   螺纹车刀   硬质合金不重磨车刀

图 7.9 车刀的分类

7.3.2 车刀的安装

车刀安装在方刀架上如图 7.10 所示。安装时必须注意以下几点：

① 刀尖应与车床主轴中心线等高。车刀装得太高，后刀面与工件摩擦加剧；装得太低，切削时工件会被抬起。刀尖的高低，可根据尾架顶尖高低来调整。

② 刀柄应与工件轴线垂直。以保证正确的主偏角。

③ 刀头不宜伸出太长，否则切削时容易产生振动，影响工件加工精度和表面粗糙度。一般刀头伸出长度不超过刀杆厚度的两倍。

此外，刀柄下的垫片片数不宜过多（不应超过 2~3 片），要利用方刀架上的两个压刀螺钉前后交替拧紧，最后再验证一下刀尖高度。

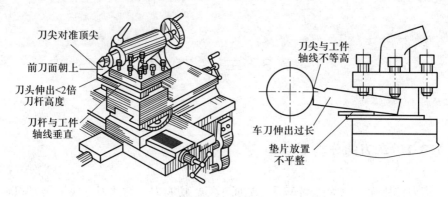

图 7.10　车刀的安装

7.4　工件的安装

7.4.1　用三爪自定心卡盘安装工件

三爪自定心卡盘的构造如图 7.11 所示。当转动小锥齿轮时，与之啮合的大锥齿轮也随之转动，大锥齿轮背面的平面螺纹就使三个卡爪同时缩向中心或胀开，以夹紧不同直径的工件。由于三个卡爪能同时移动并对中（对中精度约为 0.05~0.15 mm），故三爪卡盘适于快速夹持截面为圆形、正三边形、正六边形的工件。三爪卡盘本身还带有三个"反爪"，反方向装到卡盘体上即可用于夹持直径较大的工件（图 7.12c）。

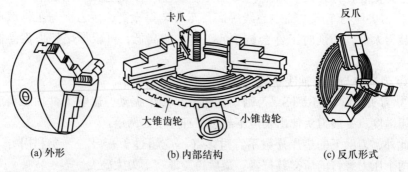

(a) 外形　　　　　(b) 内部结构　　　　　(c) 反爪形式

图 7.11　三爪自定心卡盘的构造

7.4.2　用四爪单动卡盘安装工件

四爪单动卡盘构造如图 7.12a 所示。其四个卡爪的径向位置是通过四个调整螺杆分别调节的。

因此，不仅可安装圆形截面工件，还可安装方形、长方形、椭圆或其他不规则形状截面的工件。在圆盘上车偏心孔也常用四爪卡盘安装。此外，四爪卡盘较三爪卡盘的夹紧力大，所以，也用于安装较重的圆形截面工件。如果把四个卡爪各自调头安装到卡盘体上，起到"反爪"作用，即可安装较大的工件。由于四爪卡盘的四个卡爪是独立移动的，在安装工件时需仔细地找正。一般用划针盘按工件外圆面或内圆面找正，也常按工件上预先划的线找正，如图 7.12b 所示。精度要求高时，则需用百分表找正（安装精度可达 0.01 mm），如图 7.12 c 所示。

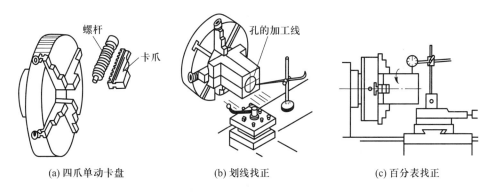

(a) 四爪单动卡盘　　　　(b) 划线找正　　　　(c) 百分表找正

图 7.12　四爪单动卡盘及其找正

7.4.3　用顶尖安装工件

车削长径比为 4～15 或工序较多的轴类工件时，常使用顶尖来安装工件，如图 7.13 所示。此时，需要预先在工件的两端面上钻出中心孔，再把轴安装在前后两个顶尖上，前顶尖装在主轴的锥孔内，并和主轴一起旋转，后顶尖装在尾架套筒内，工件利用其中心孔被顶在前后顶尖之间，以确定工件的位置，通过拔盘和鸡心夹带动工件旋转。

当加工长径比大于 15 的细长轴时，为了防止轴受切削力的作用而产生弯曲变形，往往需要增加中心架或跟刀架支承，以增加其刚性。

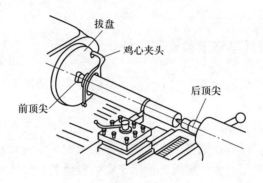

图 7.13   用顶尖安装工件

中心架固定于床身导轨上，不随刀架移动，主要用于加工阶梯轴、轴端面内孔和中心孔。支承工件前，先在工件上车一小段光滑表面，然后调整中心架的三个支承爪与其接触，再分段进行车削。图 7.14a 所示是利用中心架车外圆，工件的右端加工完后，调头再加工另一端。加工长轴的端面和轴端的孔时，可用卡盘夹持轴的一端，用中心架支承轴的另一端，如图 7.14b 所示是利用中心架车轴端面的情况。

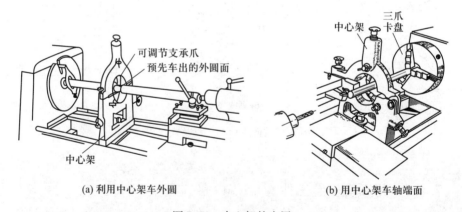

(a) 利用中心架车外圆   (b) 用中心架车轴端面

图 7.14   中心架的应用

与中心架不同的是跟刀架固定在大刀架的左侧，可随大刀架一起移动，只有两个支承爪。使用跟刀架需先在工件上靠后顶尖的一端车出一小段外圆，根据它来调节跟刀架的支承爪，然后再车出工件的全长。跟刀架多用于加工细长的光轴和长丝杠等工件，如图 7.15 所示是跟刀架的应用情况。

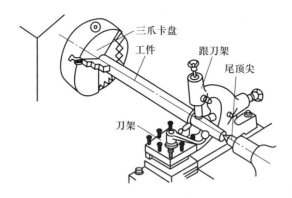

图 7.15　跟刀架的应用

7.4.4　用心轴安装工件

心轴主要用于安装带孔的盘、套类零件。这类零件在卡盘上加工时，其外圆、孔和两端面无法在一次安装中全部加工完。如果把零件调头安装后再加工，往往无法保证零件外圆与孔的径向跳动和端面与孔的端面跳动的要求。因此，需要利用已精加工过的孔把零件装在心轴上，再把心轴安装在前后顶尖之间来加工外圆或端面。

心轴种类很多，常用的有锥度心轴、圆柱心轴和可胀心轴。

图 7.16a 所示为锥度心轴，锥度一般为 1∶2000～1∶5000。工件压入心轴后靠摩擦力与心轴固紧，传递运动。这种心轴装卸方便，对中准确，但不能承受较大的切削力，多用于精加工盘、套类零件。

图 7.16b 所示为圆柱心轴，其对中准确度较前者差。工件装入心轴后加上垫圈，用螺母锁紧，其夹紧力较大，多用于加工盘类零件。用这种心轴安装，工件的两个端面都需要与孔垂直，以免当螺母拧紧时，心轴弯曲变形。

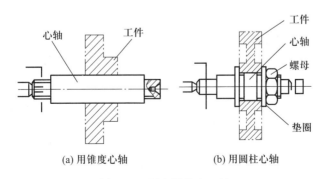

(a) 用锥度心轴　　　　(b) 用圆柱心轴

图 7.16　用心轴装夹工件

盘、套类零件用于安装心轴的孔，应有较高的尺寸精度，一般为 IT8 ~ IT7，否则零件在心轴上无法准确定位。

图 7.17 所示为可胀心轴，工件安装在可胀锥套上，转动螺母 3，可使可胀轴套沿轴向移动，心轴锥部使套筒胀开，撑紧工件。在胀紧前，工件孔与套筒外圆之间有较大的间隙。采用这种安装方式时拆卸工件方便，但其定心精度与套筒的制造质量有很大的关系。

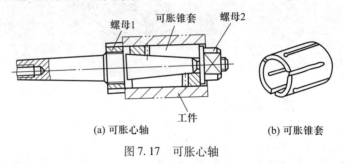

(a) 可胀心轴   (b) 可胀锥套

图 7.17   可胀心轴

7.4.5   用花盘安装工件

在车床上加工大而扁且形状不规则的零件，或要求零件的一个面与安装面平行，或要求孔、外圆的轴线与安装面垂直时，可以把工件直接压在花盘上加工。花盘是安装在车床主轴上的一个大圆盘，盘面上的许多长槽用以穿压紧螺栓，装夹工件，如图 7.18 所示。花盘的端面必须平整，并与主轴中心线垂直。

有些复杂的零件，要求孔的轴线与安装面平行，或要求两孔的轴线垂直相交，则将弯板压紧在花盘上，再把零件紧固于弯板之上。如图 7.19 所示。弯板上贴靠花盘和安放工件的两个面，应有较高的垂直度要求。弯板要有一定的刚度和强度，装在花盘上要经过仔细地找正。

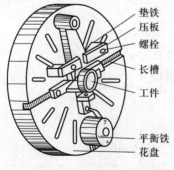

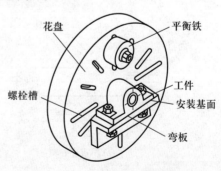

图 7.18   在花盘上安装工件   图 7.19   在花盘上用弯板安装工件

用花盘、弯板安装工件，由于重心常偏向一边，要在另一边上加平衡铁予以平衡，以减少转动时的振动。

7.5　车削的基本工作

7.5.1　车外圆

车外圆是车削工作中最常见、最基本和最有代表性的加工。车外圆用的车刀有直头、弯头和偏刀三种，如图 7.20 所示。直头车刀主要用于车削没有台阶的光轴，常用高速钢制成。弯头车刀既可车外圆，又可车端面，并可方便地倒角，常用硬质合金制成。偏刀适于车削有垂直台阶的外圆和细长轴。

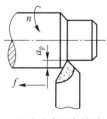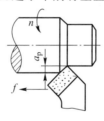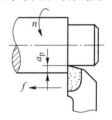

(a) 直头车刀车外圆　　　　(b) 弯头车刀车外圆　　　　(c) 偏刀车外圆

图 7.20　车外圆

7.5.2　车端面

常用的端面车刀和车端面的方法如图 7.21 所示。粗车或加工大直径工件时，车刀自外向中心切削，多用弯头车刀；精车或加工小直径工件时，多用右偏刀车削。车削时，注意刀尖要对准中心，否则端面中心处会留有凸台。

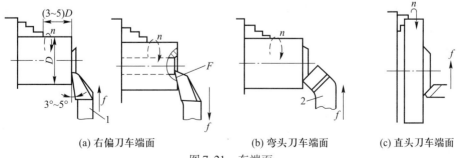

(a) 右偏刀车端面　　　　(b) 弯头刀车端面　　　　(c) 直头刀车端面

图 7.21　车端面

7.5.3　切槽与切断

切槽与车端面的加工方法相似，切槽刀如同左右偏刀的组合，可同时加工左右两边的端面。切窄槽时，刀刃与槽宽相同；切宽槽时，可用同样的切槽刀，依次横向进刀，切至接近槽深为止，留下的一点余量在纵向走刀时切去，使槽达到要求的深度和宽度，如图 7.22 所示。

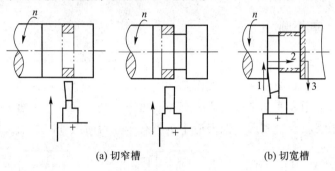

(a) 切窄槽　　　　　　　　(b) 切宽槽

图 7.22　切槽

车床上可切外槽、内槽和端面槽，如图 7.23 所示。

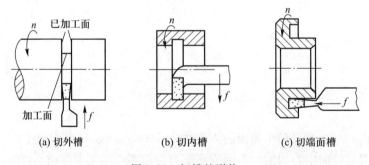

(a) 切外槽　　　　　　(b) 切内槽　　　　　　(c) 切端面槽

图 7.23　切槽的形状

切断与切窄槽类似，其刀具形状也大致相似，但刀刃是斜刀刃，而且刀头更窄长些。切断过程中，刀具要切入工件内部，排屑及散热条件都差，且刀头易折断。切槽与切断所用的切削速度和进给量都不宜大。

7.5.4　孔加工

在车床上可用钻头、扩孔钻、铰刀进行钻孔、扩孔、铰孔，也可用镗刀进行镗孔。在车床上一般是加工回转体工件上的孔。

1. 钻孔、扩孔、铰孔

钻孔（或扩孔、铰孔）时，工件作旋转的主运动，刀具装在尾座上，摇动尾座手轮作手动进给，如图 7.24 所示。

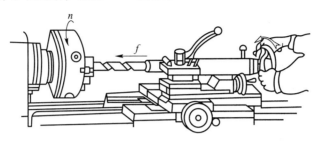

图 7.24　车床上钻孔

钻孔是用钻头在实体材料上加工孔的方法（图 7.25a）。钻孔前应将端回车平，为了定心可先用中心钻钻出定位孔。钻孔过程中要加注切削液。孔较深时应经常退出钻头，以便排屑。钻孔精度较低（IT10 以下），表面较粗糙（Ra 值大于 12.5 μm），一般作为孔的粗加工。当孔的尺寸精度和表面粗糙度要求比较高时，在钻削之后，常常需要采用扩孔和铰孔。

扩孔是用扩孔钻对工件上已有孔进行扩大加工（图 7.25b）。扩孔的加工质量比钻孔高，一般尺寸精度可达 IT10 ~ IT9，表面粗糙度 Ra 值为 3.2 ~ 6.3 μm，属于半精加工，常作为铰孔前的预加工，对于质量要求不太高的孔，扩孔也可作为孔的最终加工。

铰孔是用铰刀对已有孔进行精加工（图 7.25c），一般尺寸公差等级可达 IT9 ~ IT7，表面粗糙度 Ra 值为 0.4 ~ 1.6 μm。

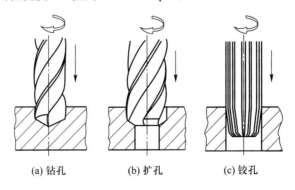

(a) 钻孔　　　　　(b) 扩孔　　　　　(c) 铰孔

图 7.25　钻孔、扩孔、铰孔

钻—扩—铰是中小直径孔的典型工艺方案，在生产中被广为应用。但对直径较大或内有台阶、环槽等的孔，则要采用镗孔。

2. 镗孔

镗孔是用镗刀对已有孔进行再加工（图 7.26）。可分为粗镗、半精镗和精镗。精镗的加工精度为 IT8 ~ IT7，表面粗糙度为 Ra 1.6 ~ 0.8 μm。

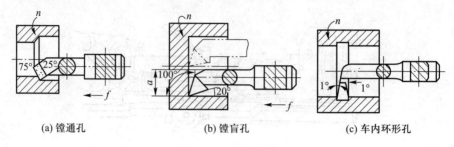

| (a) 镗通孔 | (b) 镗盲孔 | (c) 车内环形孔 |

图 7.26   在车床上镗孔

为增加刚度，镗刀截面应尽可能大些，伸出长度应尽可能短些。为避免扎刀现象，镗刀刀尖应略高于工件轴线。

7.5.5   车锥面

在车床上加工锥面常用以下方法。

1. 扳转小滑板车锥面

将小滑板扳转一个锥面的斜角，然后固定，再均匀摇动手柄使车刀沿锥面母线进给，如图 7.27 所示，即可加工出所需锥面。

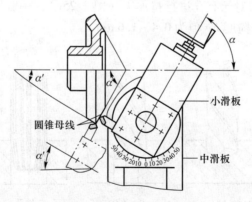

图 7.27   扳转小滑板车锥面

这种方法调整方便，操作简单，可加工任意锥角的内外锥面。但工件锥面长度受到小滑板行程限制不能太长，而且不能自动走刀，因此，只适于加工长度较小、要求不高的内外圆锥面。

2. 偏移尾座法车锥面

将尾座顶尖横向偏移一个距离 S，使工件轴线与车床主轴轴线成锥面的斜角，然后车刀纵向机动进给，即可车出所需的锥面，如图 7.28 所示。此法可加工较长的锥面，且锥面的粗糙度值较小，但受尾座偏移量的限制，一般只能加工小锥度的外圆锥面。偏移量 S 可按下列关系式计算：

$$S = \frac{L(D-d)}{2l}$$

式中　D——锥体大端直径；

　　　d——锥体小端直径；

　　　L——两顶尖之间的距离；

　　　l——锥体轴向长度。

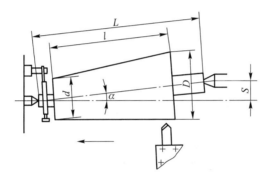

图 7.28　偏移尾座法车锥面

3. 用靠模车锥面

图 7.29 为常见的靠模装置。它的底座固定在车床床身后面。底座上装有锥度靠模板，它可以绕销钉转动。当靠模板转动工件锥体的斜角后，用螺钉紧固在底座上。滑块可自由地在锥度靠模的槽中移动。中滑板与它下面的丝杠已脱开，它通过连接板与滑块连接在一起。车削时，床鞍作纵向自动走刀。中滑板被床鞍带动，同时受靠模的约束，获得纵向和横向的合成运动，使车刀刀尖的轨迹平行于靠模的槽，从而车出所需的外圆锥。这时，小滑板需转动 90°，以便横向吃刀。

采用靠模加工锥体，生产率高，加工精度高，表面质量好。但需要在车床上安装一套靠模。它适用于成批生产车削长度大，锥度小的外锥体。

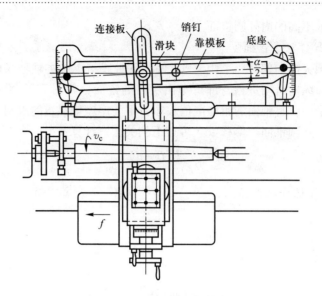

图 7.29 用靠模车锥面

4. 宽刀法

安装车刀时，使平直的切削刃与工件轴线相夹锥面的一个斜角。切削时，车刀作横向或纵向进给即可加工出所需的锥面，如图 7.30 所示。用宽刀法加工锥面时，要求工艺系统刚性好，锥面较短，否则易引起振动，产生波纹。宽刀法适于大批大量生产中车比较短的内外锥面。

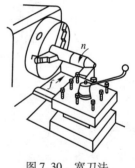

图 7.30 宽刀法

7.5.6 车成形面

具有曲线轮廓的回转面就是成形面，例如圆球、手柄等。在车床上加工成形的方法有以下几种：

1. 双手控制法

用双手同时操纵横向和纵向进给手柄，使刀刃的运动轨迹与所需成形面的曲线相符，以加工出所需的成形面（图 7.31）。

这种方法的优点是简单易行，缺点是生产率低，要求工人有较高的操作技能。适于单件小批生产和要求不高的成形面。

2. 成形刀法

用刀刃形状与工件轮廓相吻合的成形刀来车削成形面。加工时，车刀只作横向进给（图 7.32）。这种方法的特点与应用宽刀法加工锥面相似，只是刀具刃磨、制造比较复杂，成本比较高。

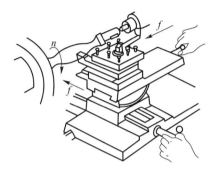 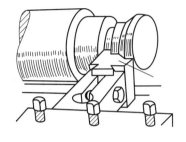

图 7.31　双手控制法车成形面　　　　图 7.32　成形刀法车成形面

3. 靠模法

靠模法加工成形面的原理，和靠模法加工锥面相同。只是把滑块换成滚柱，把带有直线槽的靠模尺换成带有与成形面相符的曲线模板即可（图 7.33）。这种方法可自动走刀，生产率也较高，常用于成批生产。

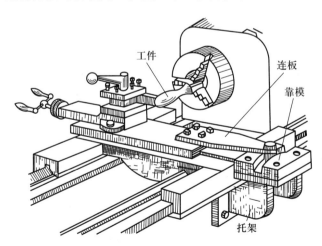

图 7.33　靠模法加工成形面

大批量生产时，还可以采用仿形车床或数控车床加工，自动化程度高，可获得更好的经济效益。

7.5.7 车螺纹

1. 螺纹的种类和基本要素

螺纹的应用很广，按牙型分类有三角螺纹、矩形螺纹和梯形螺纹等。一般三角螺纹作连接和紧固用，矩形螺纹和梯形螺纹作传动用。各种螺纹又有右旋、左旋及单线、多线之分。其中以单线、右旋的普通螺纹（即公制三角螺纹）应用最广。

如图 7.34 所示，相配的内外螺纹，除旋向与头数需一致外，螺纹的配合质量主要取决于牙型角 α、中径 $D_2(d_2)$ 和螺距 P 三个基本要素的精度。

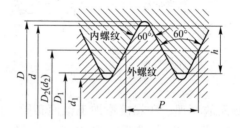

图 7.34 普通螺纹的基本要素

D、d—螺纹大径；D_1、d_1—螺纹小径；D_2、d_2—螺纹中径

① 牙型角是螺纹轴向剖面上相邻两牙侧之间的夹角。普通螺纹的牙型角 $\alpha = 60°$。

② 中径 $D_2(d_2)$ 是一个假想圆柱的直径，该圆柱的母线是通过螺纹牙厚与槽宽相等的地方。

③ 螺距 P 是相邻两牙在中径线上对应两点之间的轴向距离。

螺纹加工必须保证上述 3 个基本要素的精度，才能车出合格的螺纹。

2. 螺纹的车削

在车床上，可以车削三角螺纹、矩形螺纹和梯形螺纹等。

（1）螺纹车刀的刃磨与安装

螺纹车刀主要是由高速钢或硬质合金两种材料制成，根据需要车削的螺纹类型来刃磨螺纹车刀，其刀尖角 ε_r 应等于螺纹牙型角 α，使车刀切削部分形状与螺纹截面形状相吻合。

螺纹车刀安装时，车刀刀尖必须与工件中心等高，否则螺纹的截面形状将发生变化。车刀刀尖角 ε_r 的角平分线必须与工件的轴线相垂直，为了达到这一要求，往往需要用对刀样板进行对刀，如图 7.35 所示。

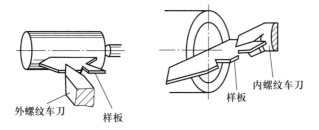

图 7.35　用样板对螺纹车刀

（2）车螺纹时车床的调整

为了在车床上车出符合技术要求的螺纹，车削时必须严格地保证工件（主轴）转一转，车刀纵向进给螺纹的一个螺距（多头螺纹为导程）。这个要求是通过车床主轴到丝杠之间的传动链来保证的，如图 7.6 所示。

在普通车床上这个要求可以根据进给箱上的标牌指示，调整进给手柄直接选取。但对一些特殊螺距的螺纹或没有进给箱的车床，可以用交换齿轮的调整来达到所要求的传动比。如图 7.36 所示为车螺纹时工件与车刀的运动关系图。丝杠的转动是由主轴上的齿轮通过三星齿轮 a、b 和交换齿轮 z_1、z_2、z_3、z_4 传递。这一传动系统中，应保证做到工件转一转，车刀纵向进给量等于欲车螺纹的螺距，这是通过改变交换齿轮齿数来达到的。

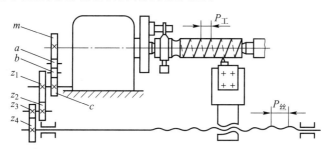

图 7.36　车螺纹时的传动关系

车螺纹时的纵向移动是由丝杠和开合螺母作用传动的。当主轴带动工件转一转时，车刀纵向移动的距离应为 $P_\text{工}$，其运动关系如下：

$$1_{(主轴)} \cdot \frac{a}{b} \cdot \frac{z_1}{z_2} \cdot \frac{z_3}{z_4} = P_\text{工}$$

$$\because \frac{a}{b} = A \text{ 是定值（通常 } A = I \text{ 或 } 1/2）$$

$$\therefore \frac{z_1}{z_2} \cdot \frac{z_3}{z_4} = P_\text{工} / (A \cdot P_\text{丝})$$

式中：z_1、z_2、z_3、z_4 为交换齿轮的齿数；$P_{工}$——工件螺距（mm）；$P_{丝}$——丝杠螺距（mm）由上式可知，只要知道需要车削的螺纹螺距和所用车床的 $P_{丝}$ 及 A 的数值，就可分别确定交换齿轮 z_1、z_2、z_3、z_4 的齿数。但所选取的齿轮齿数要符合该车床所备有的交换齿轮齿数。同时，为了能够顺利装上挂轮架，还必须符合下列条件：

$$z_1 + z_2 > z_3 + (15 \sim 20), \quad z_3 + z_4 > z_2 + (15 \sim 20)$$

例：欲车螺纹螺距为 2 mm，车床丝杠螺距为 6 mm，$A = 1$，请选取交换齿轮（该车床备有交换齿轮的齿数为 20，25，30，……，80，85，100，127 计 18 个）。

依上述公式：$\dfrac{z_1}{z_2} \cdot \dfrac{z_3}{z_4} = P_{工}/(A \cdot P_{丝}) = 2/(1 \times 6) = \dfrac{1}{3} = \dfrac{30}{45} \times \dfrac{40}{80}$

选取交换齿轮的齿数为：$z_1 = 30$，$z_2 = 45$，$z_3 = 40$，$z_4 = 80$

校核：$30 + 45 \geqslant 40 + (15 \sim 20)$，$40 + 80 \geqslant 45 + (15 \sim 20)$

校核结果说明所选的交换齿轮可用。

车削各种螺距的螺纹，进给箱手柄所需放置的位置及所需交换齿轮的齿数均标注在车床的标牌上，按此查阅和调整即可。

（3）进刀方法

在车螺纹时，不可能一次进刀就能切到全牙深，一般都要分几次吃刀才能完成，根据进刀方向不同，一般有两种进刀方法（图 7.37）。

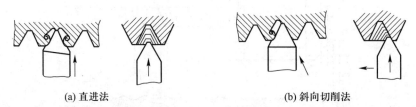

(a) 直进法   (b) 斜向切削法

图 7.37   车螺纹进刀方法

① 直进法——用横向滑板进刀，两刀刃和刀尖同时切削，如图 7.37a 所示。此法操作方便，所车出的牙形清晰，牙形误差小，但车刀受力大，散热差，排屑难，刀尖易磨损。一般适用于加工螺距小于 2 mm 的螺纹，以及高精度螺纹的精车。

② 斜向切削法——将小刀架转一角度，使车刀沿平行于所车螺纹右侧方向进刀，这样使得两刀刃中基本上只有一个刀刃切削，如图 7.37b 所示。此法车刀受力小，散热和排屑条件较好，切削用量可大些，生产效率较高，但不易车出清晰的牙形，牙形误差也较大，一般适用于较大螺距螺纹的粗车。

（4）避免"乱扣"

车螺纹时，车刀的移动是靠开合螺母与丝杠的啮合来带动的，一条螺纹槽要经过多次进刀才完成。在多次重复的切削过程中，必须保证车刀总是落在已切出的螺纹槽内，否则，刀尖即偏左或偏右，车坏螺纹，工件即行报废。这种现象叫作"乱扣"。

车螺纹时是否会发生"乱扣"，主要取决于车床丝杠螺距 $P_丝$ 与工件螺距 $P_工$ 的比值是否成整数倍，如为整数，就不会发生"乱扣"。若不是整数，说明车床丝杠转过一转时，工件不是转过整数转，故车刀不再切入工件原来的槽中，这就会发生"乱扣"。为了避免"乱扣"现象，在切削一次以后，不打开开合螺母，只退出车刀，开倒车使工件反转，使车刀回到起始位置。然后调节车刀的背吃刀量，再继续开顺车，主轴正转，进行下一次切削。

7.6　典型零件的车削加工

机械零件都是多个表面组成的，根据其结构的复杂程度和技术要求的高低，往往需要经过若干个工种的多道工序方能完成。轴类、盘套类零件加工的主要工种是车工。继车削加工后，有的还需要经过铣、钳、磨等工种。有时还需要穿插热处理工艺，以改善材料的性能。

下面以轴类、盘套类零件为例简要介绍零件的加工过程。

7.6.1　轴类零件的加工

轴类零件主要由外圆、轴肩、螺纹等组成。各表面的尺寸精度、形位精度和表面质量要求均较高，长度和直径的比值较大，不可能在一次安装中完成所有表面的加工，有些还要进行热处理和磨削加工。为保证零件的装夹精度，并使装夹方便可靠，一般应采用双顶尖装夹。因此，轴类零件的车削，一般是先车端面，钻中心孔，其他表面的车削和磨削均在双顶尖装夹中完成。

精度要求较高的表面应分为粗、精加工两个步骤。当表面粗糙度 Ra 值为 $0.8\sim0.2\ \mu m$ 时，一般在半精车后进行磨削，这样容易保证质量并提高生产率。

在安排加工顺序时，先车大直径外圆，后车小直径外圆。切槽、车螺纹等工序，因切削力较大，放在精加工之前。

图 7.38 为某传动轴的零件图，其加工过程见表 7.1 所示。

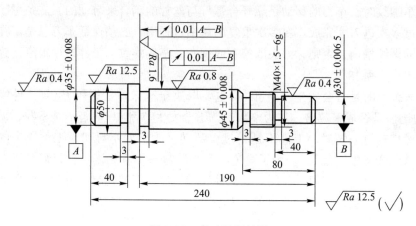

图 7.38　传动轴零件图

表 7.1　传动轴加工工艺

工序	工种	设备	装夹方法	加 工 简 图	加 工 说 明
1	下料	锯床			下料 $\phi55 \times 250$
2	车	车床	三爪自定心卡盘		夹持 $\phi55$ 圆钢外圆； 车端面见平； 钻 $\phi2.5$ 中心孔。 调头： 车端面，保证总长 240； 钻中心孔。
3	车	车床	双顶尖		用卡箍卡 A 端； 粗车外圆 $\phi52 \times 202$； 粗车 $\phi45$、$\phi40$、$\phi30$ 各外圆、直径留量 2 mm，长度留量 1 mm。

续表

工序	工种	设备	装夹方法	加 工 简 图	加 工 说 明
4	车	车床	双顶尖	（40、B）	用卡箍卡 B 端； 粗车 $\phi35$ 外圆、直径留量 2 mm，长度留量 1 mm。 精车 $\phi50$ 外圆至尺寸； 半精车 $\phi35$ 外圆至 $\phi35.5$； 车槽，保证长度 40； 倒角。
5	车	车床	双顶尖	（190、80、40）	用卡箍卡 A 端； 半精车 $\phi45$ 外圆至 $\phi45.5$； 精车 M40 大径为 $\phi40_{-0.2}^{-0.1}$ 半精车 $\phi30$ 外圆至 $\phi30.5$； 车槽三个，分别保证长度 190、80 和 40； 倒角三个； 车螺纹 M40×1.5。
6	磨	外圆磨床	双顶尖	（f）	用卡箍卡 A 端； 磨 $\phi30 \pm 0.0065$ 至尺寸要求； 磨 $\phi45 \pm 0.008$ 至尺寸要求； 靠磨 $\phi50$ 的台肩面。 调头（垫铜皮）； 磨 $\phi35 \pm 0.008$ 至尺寸要求。
7	检				检验

7.6.2   盘套类零件的加工

盘套类零件主要由外圆、内孔与端面所组成。除尺寸精度、表面粗糙度有要求外，其外圆对孔一般有径向圆跳动的要求，端面对孔有端面圆跳动的要求。保证径向圆跳动和端面圆跳动是车削的关键。在工艺上，一般要分粗车和精车。精车时，尽可能把有位置精度要求的外圆、孔和端面在一次安装中全部加工完（生产上，习惯称之为"一刀活"）。若有位置精度要求的表面不可能在一次安装中完成时，通常先把孔做出，然后以孔定位上心轴加工外圆或端面。有时也可在平面磨床上磨出。图 7.39 为齿轮坯的零件图，其加工过程见表 7.2 所示。

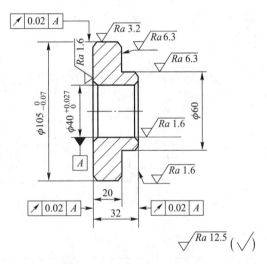

图 7.39   齿轮坯的零件图

表 7.2   齿轮坯加工工艺

工序	工种	设备	装卡方法	加 工 简 图	加 工 内 容
1	下料	锯床			圆钢下料 $\phi110 \times 36$
2	车	车床	三爪自定心卡盘		夹持 $\phi110$ 外圆，长 20；车小端面见平；粗车 $\phi60$ 外圆至 $\phi62$；粗车大台阶面，保证长度 12。

续表

工序	工种	设备	装卡方法	加 工 简 图	加 工 内 容
3	车	车床	三爪自定心卡盘	21	夹持 $\phi62 \times 12$ 外圆； 粗车端面，使厚度为 22； 粗车外圆至 $\phi107$； 钻孔 $\phi36$； 粗、精车孔 $\phi40^{+0.027}_{0}$ 至尺寸要求； 精车外圆 $\phi105^{0}_{0.07}$ 至尺寸要求； 精车端面，保证厚度 21； 内外倒角。
4	车	车床	三爪自定心卡盘	12.3 $\phi60$	夹持 $\phi105$ 外圆，垫铜皮，端面找正； 精车小外圆至 $\phi60$； 精车大台阶面；保证厚度 20； 精车小端面，保证长度 12.3； 内外倒角。
5	磨	平面磨床	电磁吸盘		以大端面定位，用电磁吸盘安装； 磨小端面，保证总长 32。
6	检				检验

复习思考题

1. 车削时工件和刀具须作哪些运动？

2. 主轴的转速是否就是切削速度？当主轴转速提高时，刀架移动速度就加快，这是否就意味着进给量加大？

3. 根据 C6132 车床的传动系统图，试计算车床主轴的最高转速和最低转速。

4. 卧式车床有哪些主要部分组成？各有何功用？

5. 卧式车床能加工哪些表面？各用什么刀具？所能达到的精度和表面粗糙度 Ra 值一般是多少？

6. 车床上工件的安装方法有哪几种？各用于什么场合？

7. 刀架由哪几部分组成？各起什么作用？

8. 车刀的结构形式主要有哪几种？试说明车刀切削部分的组成。

9. 车削锥面和成形面主要有哪几种方法，各有何特点？适合什么情况？

10. 螺纹的三个基本要素是什么？车削如何保证？

11. 请写出图 7.40 所示零件的车削工艺过程，并说明所用材料、毛坯尺寸、工件安装方法和所用刀具（加工数量：5 件）。

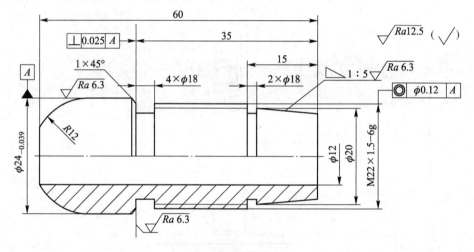

图 7.40　轴类零件

12. 结合创新设计与制造活动，自己设计、制造一件符合车床加工的产品。要求产品具有一定的创意、具有一定的使用价值或具有一定的欣赏价值。

第8章 铣削加工

· ·

8.1 概 述

用铣刀在铣床上加工工件的过程称为铣削加工。铣削是平面的主要加工方法之一。铣削时，铣刀旋转为主运动，工件的移动或旋转为进给运动。铣削主要用于加工平面、沟槽、各种成形面（如花键、齿轮和螺纹）和模具的特殊形面等，图8.1所示为铣削的运动和加工范围。铣削加工尺寸精度一般可达IT8 ~ IT7，表面粗糙度 Ra 值为 1.6 ~ 3.2 μm。

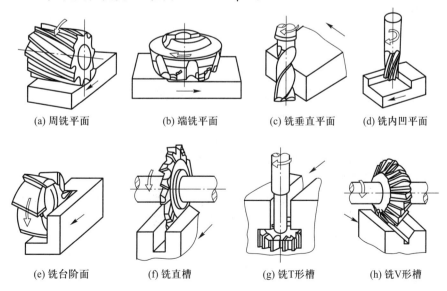

(a) 周铣平面	(b) 端铣平面	(c) 铣垂直平面	(d) 铣内凹平面
(e) 铣台阶面	(f) 铣直槽	(g) 铣T形槽	(h) 铣V形槽

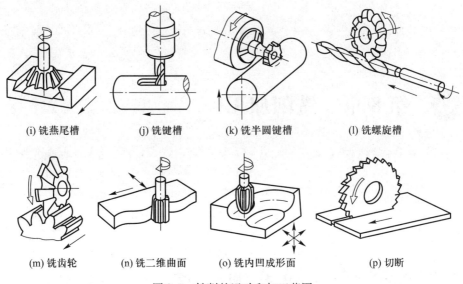

(i) 铣燕尾槽 　　(j) 铣键槽 　　(k) 铣半圆键槽 　　(l) 铣螺旋槽

(m) 铣齿轮 　　(n) 铣二维曲面 　　(o) 铣内凹成形面 　　(p) 切断

图 8.1　铣削的运动和加工范围

8.2　铣床简介

　　根据结构形式和用途，铣床可分为卧式铣床、立式铣床、龙门铣床和万能工具铣床等类型。

　　1. 卧式铣床

　　卧式铣床的主要特点是主轴卧式布置，工作台可沿纵、横、垂直三个方向移动。根据是否有转台，卧式铣床又分为普通卧式铣床与万能卧式铣床。不带转台的卧式铣床称为普通卧式铣床，带转台的称为万能卧式铣床。万能卧式铣床可使工作台在水平面内转动一定的角度，以适应铣削时不同的工作需要。

　　图 8.2 为万能卧式升降台铣床的外观图，它是铣床中应用最广泛的一种。主要由以下部分组成：

　　床身　用于固定和支承铣床上所有部件及机构。主运动电动机及主运动变速装置都安装在它的内部。在床身前面有垂直燕尾导轨，供升降台上下移动；床身顶部有水平燕尾导轨，供横梁水平移动。床身后面装有主运动电动机。床身内装有主轴和主运动变速机构。

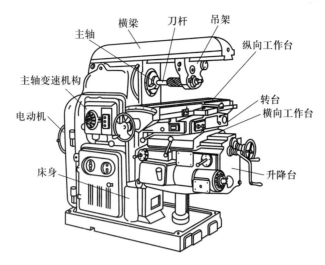

图 8.2　万能卧式铣床

　　主轴　是一根空心轴，前端有锥孔用来安装铣刀刀杆；前端外部还有一段准确的外圆柱面，在安装大直径的面铣刀时用它来定心。由两块端面键来传递转矩。

　　横梁　可沿床身顶部导轨水平移动，调节位置。在横梁上可安装支架以支承铣刀刀杆悬伸端，增加刀杆的刚度。支架在横梁上的位置可以调节，适应不同长度的铣刀刀杆。

　　工作台　包括三个部分，即纵向工作台、转台和横向工作台，它们依次重叠在一起。纵向工作台可在转台的导轨上作纵向移动，以实现台面上工件的纵向进给。横向工作台可连同其他两部分一起沿升降台的水平导轨作横向移动，实现台面上工件的横向进给。转台能使纵向工作台在水平面内旋转一角度（最大范围为 ±45°），以便加工螺旋槽。

　　升降台　装在床身下部，它可以使整个工作台沿床身上的垂直导轨上下移动，实现工件的垂直进给，并调整工件与铣刀之间的距离。升降台内装进给电动机以及进给运动变速机构等。

　　万能卧式铣床主要用于铣削中小型零件上的平面、沟槽，尤其是螺旋槽和需要分度的零件。

　　2. 立式铣床

　　图 8.3 为立式升降台铣床的外观图。与卧式铣床的主要区别是主轴立式布置，立铣头可以根据加工需要在垂直平面内扳转一定角度（≤ ±45°）以便铣削斜面。

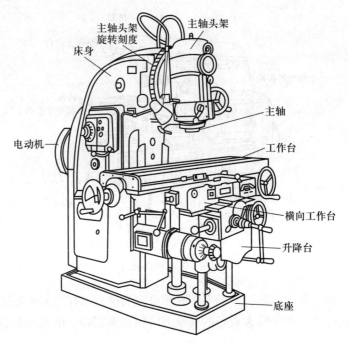

图8.3   立式升降台铣床

立式铣床主要用于使用面铣刀加工平面,另外也可以加工键槽、T 形槽、燕尾槽等。

3. 龙门铣床

图 8.4 为龙门铣床的外观图,它有一个龙门式框架。铣刀主轴箱（铣削

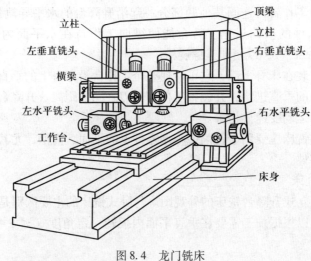

图 8.4   龙门铣床

头）安装在横梁和立柱上，通用的龙门铣床一般有 4 个铣削头。铣削头是一个独立的主运动传动部件，其中包括单独的驱动电动机、变速机构、传动机构、操纵机构及主轴等部分。两个垂直铣削头，可沿横梁左右移动，两个水平铣削头能沿立柱导轨上下移动，每个铣削头都能沿轴向进行调整，并可根据加工需要旋转一定的角度。横梁还可沿立柱导轨作上下移动（调整运动）。加工时，工作台带动工件沿床身的导轨作纵向进给运动。龙门铣床允许采用较大切削用量，并可用多把铣刀从不同方向同时加工几个表面，故生产率高。

它适于在成批和大量生产中加工中型或大型零件上的平面和沟槽。

8.3 铣刀及其安装

8.3.1 铣刀

铣刀是多刃的旋转刀具，它有许多类型。常用的有圆柱铣刀、面铣刀、三面刃盘铣刀、锯片铣刀、立铣刀、键槽铣刀、角铣刀和成形铣刀等。

1. 圆柱铣刀

圆柱铣刀（图 8.5）用在卧铣上加工宽度不大的平面。它的切削刃分布在圆柱面上，无副切削刃。圆柱铣刀有粗齿和细齿两种。粗齿齿数少，螺旋角大，适用于粗加工。细齿齿数多，切削平稳，适用于精加工。圆柱铣刀一般用高速钢制造。用圆柱铣刀铣平面，由于切削时刀具与工件的接触面大，工件表面质量不太好，生产率也不高。

(a) 粗齿　　　　　　　　　　(b) 细齿

图 8.5　圆柱铣刀

2. 面铣刀

面铣刀（图 8.6）主要用在立铣上加工大平面，也可在卧铣上使用。它的主切削刃分布在圆柱面或圆锥面上，副切削刃在端面上，有两种常用的结构：

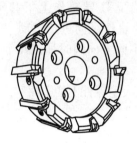
(a) 机夹、焊接式

(b) 可转位刀片式

图 8.6   面铣刀

① 焊有硬质合金刀片的小刀机夹在铣刀盘上（图 8.6a）；

② 涂层硬质合金可转位刀片机夹在铣刀盘上（图 8.6b）。

目前后者使用更广泛。用面铣刀加工平面，生产效率高，加工表面质量好，可加工带硬皮或淬硬的工件，所以它是铣削平面最常用的刀具。

3. 三面刃盘铣刀和锯片铣刀

三面刃盘铣刀（图 8.7）主要用于加工直槽（图 8.1f），也可加工台阶面（图 8.1e）。三面刃盘铣刀主切削刃在圆柱面上，两个侧面上都有副切削刃。三面刃盘铣刀有直齿（图 8.7a）和错齿（图 8.7b）两种结构。后者圆柱面上主切削刃呈左、右旋交叉分布。切削刃逐渐切入工件，切削平稳，两个端面上副切削刃数只有刀齿数的一半，副切削刃有前角，切削条件较好，故生产率高，加工质量也较好。图 8.7c 所示为镶有硬质合金刀片的三面刃盘铣刀，用它生产率较高。

(a) 直齿三面刃盘铣刀

(b) 错齿二面刃盘铣刀

(c) 硬质合金三面刃盘铣刀

图 8.7   三面刃盘铣刀

图 8.8 所示为锯片铣刀，用于铣削要求不高的窄槽和切断。

图 8.8　锯片铣刀

4. 立铣刀

立铣刀主要有高速钢立铣刀（图 8.9a）和硬质合金可转位刀片立铣刀（图 8.9b）。立铣刀主要用在立铣上加工沟槽、内凹平面（图 8.1d），也可用于铣垂直平面（图 8.1c）和二维曲面（图 8.1n）。它的主切削刃分布在圆柱面上，副切削刃分布在端面上。近年来，硬质合金可转位刀片立铣刀用得愈来愈多。

(a) 高速钢立铣刀　　　　　　　　　　(b) 硬质合金可转位刀片立铣刀

图 8.9　立铣刀

5. 键槽铣刀

图 8.10 所示为铣平键（图 8.1j）的铣刀。它与立铣刀形似，但只有两个刃瓣，端面切削刃直达中心。它的直径就是平键的宽度。键槽铣刀兼有钻头和立铣刀的功能，铣平键时，先沿铣刀轴线对工件钻平底孔，然后沿工件轴线铣出键槽的全长。

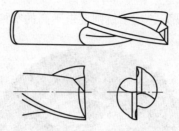

图 8.10   平键铣刀

半圆键铣刀（图 8.1k）相当于一把盘铣刀，它的宽度就是半圆键的宽度。

6. 角铣刀

角铣刀（图 8.11）用于铣 V 形槽（图 8.1h）。

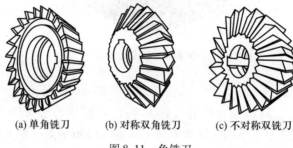

(a) 单角铣刀   (b) 对称双角铣刀   (c) 不对称双铣刀

图 8.11   角铣刀

7. 铲齿成形铣刀

铲齿成形铣刀（图 8.12）的后刀面由成形车刀在铲齿车床上铲削而成。铣刀磨损后刃磨前刀面，可保持切削刃形状不变。铲齿成形铣刀是铣削成形表面的专用铣刀。

图 8.12   铲齿成形铣刀

8.3.2   铣刀的安装

铣刀的结构不同，安装方法也不一样，主要有如下几种。

1. 带孔铣刀的安装

带孔铣刀常以孔定位，多安装在卧式铣床的刀杆上（图 8.13），常用的带孔铣刀如图 8.5、图 8.7、图 8.11、图 8.12 所示。安装时，刀杆锥体一端插入机床主轴前端的锥孔中，并用拉杆螺丝穿过机床主轴将刀杆拉紧，以保证其外锥面与主轴锥孔紧密配合。主轴的动力通过锥面与前端的键，带动刀杆旋转。

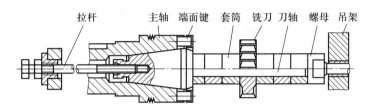

图 8.13　带孔铣刀的安装

2. 带柄铣刀的安装

带柄铣刀多用在立式铣床上。常用的带柄铣刀如图 8.9、图 8.10 和图 8.1g、i 所示。根据柄部结构分为直柄铣刀和锥柄铣刀。带柄铣刀的安装，视直柄或锥柄而异。

直柄铣刀的安装如图 8.14a 所示。直柄铣刀的直径一般不大于 20 mm，多用弹性夹头进行安装。由于弹性夹头上沿轴向有三个开口，故用螺母压紧弹性夹头的端面，使其外锥面受压而孔径缩小。从而夹紧铣刀。弹性夹头有多种孔径，以安装不同直径的直柄铣刀。

锥柄铣刀的安装如图 8.14b 所示。根据铣刀锥柄尺寸，选择合适的过渡锥套，用拉杆将铣刀及过渡锥套一起拉紧在主轴端部的锥孔内。

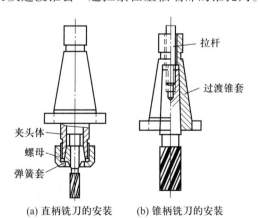

(a) 直柄铣刀的安装　　(b) 锥柄铣刀的安装

图 8.14　带柄铣刀的安装

3. 面铣刀的安装

面铣刀一般中间带有圆孔，通常将安装铣刀装在刀轴上，再将刀轴装在铣床主轴上，并用拉杆螺钉拉紧如图8.15所示。

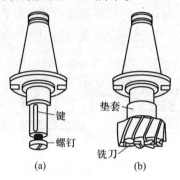

图 8.15   面铣刀的安装

8.4   铣床附件及工件安装

铣床的主要附件有平口钳、圆形工作台、分度头和万能铣头等。前三种用于安装工件，万能铣头用于安装刀具。

8.4.1   铣床附件

1. 平口钳

图8.16所示为带转台的平口钳，主要由底座、钳身、固定钳口、活动钳口、钳口铁以及螺杆所组成。底座下镶有定位键，安装时将定位键放在工作台的T形槽内，即可在铣床上获得正确位置。钳身上带有转动的刻度，松开钳身上的压紧螺母，钳身就可以扳转到所需的位置。

工作时，先把平口钳钳口找正并固定在工作台上，然后装夹工件。常用的按划线的装夹方法如图8.17所示。此法用于安装小型较规则的工件。

2. 圆形工作台

如图8.18a所示为圆形工作台。它的内部有一副蜗轮蜗杆，手轮与蜗杆同轴连接。转台与蜗轮连接。转动手轮，通过蜗杆蜗轮传动，使转台转动。转台周围有0°~360°的刻度，可用来观察和确定转台位置。转台中央的孔可以装夹心轴，用以找正和方便确定工件的回转中心。

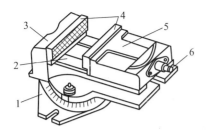

图 8.16　平口钳
1—底座；2—钳身；3—固定钳口；
4—钳口铁；5—活动钳口；6—螺杆

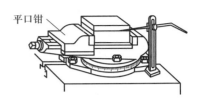

图 8.17　用平口钳安装

　　回转工作台一般用于较大零件的分度工作和非整圆弧面的加工。图 8.18b 为在回转工作台上铣圆弧槽的情况，工件装夹在转台上，铣刀旋转，缓慢地摇动手轮，使转台带动工件进行圆周进给，即可铣出圆弧槽。

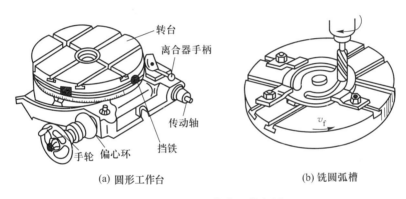

(a) 圆形工作台　　　　　　　　　　(b) 铣圆弧槽

图 8.18　圆形工作台及其应用

3. 分度头

　　当铣削四方、六方、齿离合器，齿轮和多齿刀具的容屑槽时，每铣过一个表面后，需要将工件转动一定角度，再铣另一表面，这种工作称为分度。铣削各种需要分度的工件时，可用分度头安装，如图 8.19 所示。分度头是铣床的重要附件之一，其中最常用的是万能分度头。下面介绍万能分度头的结构和分度方法。

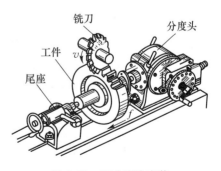

图 8.19　用分度头安装

（1）能分度头的结构

图8.20为万能分度头的外观图。分度头的底座12用T形槽螺栓固定在铣床工作台上。在回转体6内装有主轴3和传动机构。回转体能绕底座的环形导轨扳转一定角度：向下≤6°，向上≤80°，以便将主轴扳转到所需的加工位置。主轴的前端有锥孔，可安装前顶尖1。前端的外面还有短锥面，可以安装三爪卡盘。主轴的后端也有锥孔，用来安装差动分度所需的挂轮轴7。挂轮轴在差动分度和铣螺旋槽时用来安装交换齿轮。分度盘11上有多圈同心圆的孔眼，以便分度时与定位销8配合作定度用。工件装在分度头上可用双顶尖支承，也可用三爪卡盘和尾架顶尖支承。

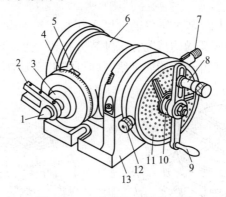

图8.20　万能分度头的外观图

1—顶尖；2—拨盘；3—主轴；4—刻度盘；5—游标；6—回转体；7—挂轮轴；
8—定位销；9—手柄；10—分度叉；11—分度盘；12—锁紧螺钉；13—底座

（2）分度方法

使用分度头的分度方法很多，有直接分度法、简单分度法、角度分度法和差动分度法等。这里仅介绍最常用的简单分度法和差动分度法。

① 简单分度

万能分度头的传动系统如图8.21所示。在作简单分度时，用锁紧螺钉7将分度盘4的位置固定，拔出定位销5，然后转动手柄6，通过分度头中的传动机构，使主轴和工件一起转动。手柄转一圈，分度头主轴转1/40周，相当于工件作40等分。若要将工件作 z 等分，则手柄（定位销）的转数 n 为

$$n = \frac{40}{z}$$

例如，需将工件作35等分，则由上式求得 $n = \frac{40}{35} = 1\frac{1}{7}$，即分度时手柄需转 $1\frac{1}{7}$ 圈。

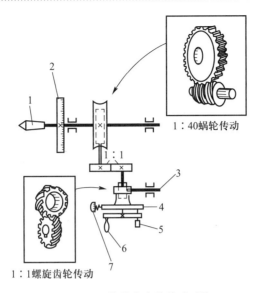

图 8.21　万能分度头的传动系统

1—主轴；2—刻度盘；3—挂轮轴；4—分度盘；5—定位销；6—手柄；7—锁紧螺钉

　　转几分之几圈要利用分度盘。FW125 型万能分度头备有三块分度盘，每块分度盘有 8 圈孔，孔数分别为：

　　第一块：16、24、30、36、41、47、57、58；

　　第二块：23、25、28、33、38、43、51、61；

　　第三块：22、27、28、31、37、48、53、63。

　　如上例，$1\frac{1}{7}$ 圈要选一个是 7 的倍数的孔圈。选 28 孔的孔圈。转 $1\frac{1}{7}$ 圈是在转 1 圈后，再在 28 孔的孔圈上转过 4 个孔距。转 4 个孔距可用分度叉（图 8.22）来限定。调节两块分度叉的夹角，使它俩之间包含 28 孔孔圈的 4 个孔距。分度时，拔出定位销，用手转动手柄，使定位销转过 1 圈又 4 个孔距后插入分度盘即可。作过一次分度后，必须顺着手柄转动方向拨动分度叉，以备下次分度时使用。

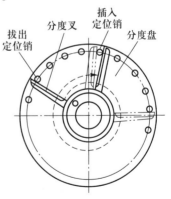

图 8.22　分度盘和分度叉

　　② 差动分度

　　由于分度盘上的孔圈数目是有限的，当分度数大于 66，而个位数又是 1、3、7、8 时，由于找不到适合的孔圈，因此无法使用简单分度法，此时就需要使用差动分度法。

在差动分度时，应松开分度盘的锁紧螺钉，并在挂轮轴和分度头主轴之间安装交换齿轮（图8.23）。当要求的实际等分数 z 无法使用简单分度时，就另取一个与 z 相近的假定等分数 z_0，并按 z_0 作简单分度。此时手柄相对于分度盘将是转过 $40/z_0$ 圈，多转或者少转了 $40/z - 40/z_0$ 圈。这个差数需由分度盘的微量转动补偿（图8.24）。即要求主轴在每次分度中转过 $1/z$ 圈时，通过交换齿轮使分度盘恰好转过 $40/z - 40/z_0$ 圈。所以：

$$\frac{1}{z}\frac{AC}{BD} = \frac{40}{z} - \frac{40}{z_0}$$

$$\frac{AC}{BD} = \frac{40(z_0 - z)}{z_0}$$

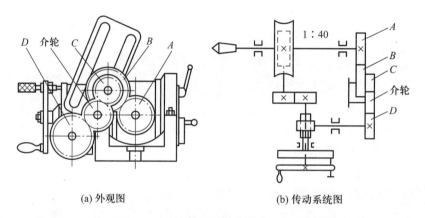

(a) 外观图　　　　　　　　　　(b) 传动系统图

图8.23　差动分度交换齿轮及传动系统

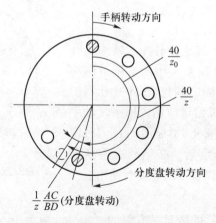

图8.24　差动分度补偿原理（$z_0 > z$）

式中：A、C——分度头主轴到挂轮轴的主动齿轮齿数；

　　　B、D——分度头主轴到挂轮轴的从动齿轮齿数。

当所选择的假定等分数 z_0 大于实际等分数时，式右端为正值，表示分度盘与定位销的转动方向相同。当 z_0 小于 z 时，式右端为负值，表示分度盘与定位销的转动方向相反。可利用安装介轮来控制分度盘的转动方向：当需要分度盘与定位销同方向转动时，加一个介轮；当需要分度盘与定位销反方向转动时，不加介轮，或加两个介轮。

例如：等分数 $z = 78$，选择假定等分数 $z_0 = 80$，按上式求得 $n_0 = 40/80 = 1/2 = 18/36$。即在 36 孔的孔圈上转过 18 个孔距。再按公式计算得交换齿轮的齿数为

$$\frac{AC}{BD} = \frac{40(z_0 - z)}{z_0} = \frac{40(80 - 79)}{80} = \frac{1}{2} = \frac{24}{48}$$

在这里，交换齿轮用两个就可以了，即 $A = 24$、$D = 48$。由于 $z_0 > z$，分度盘与定位销的转动方向相同，故在交换齿轮 A、D 间需装一个介轮。这样，虽然每次在分度盘上按 1/2 转转动手柄，实际上使主轴准确地得到 1/78 的分度结果。

4. 万能铣头

在卧式铣床上装上万能铣头，不仅能完成各种立铣的工作，而且还可以根据铣削的需要，把铣头主轴扳成任意角度，可扩大卧式铣床加工范围。

图 8.25a 为万能铣头（将铣刀扳成垂直位置）的外形，其底座用螺栓固定在铣床的垂直导轨上。铣床主轴的运动通过铣头内的两对锥齿轮传到铣头主轴上。铣头的壳体可绕铣床主轴轴线偏转任意角度（图 8.25b），铣头主轴的壳体 2 还能在体壳 1 上偏转任意角度（图 8.25c）。因此，铣头主轴就能在空间旋转成所需要的任意角度。

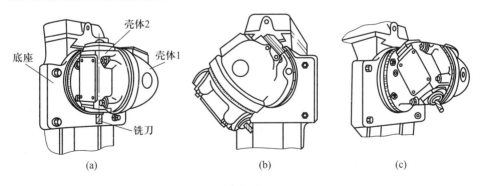

(a)　　　　　　　　　(b)　　　　　　　　　(c)

图 8.25

8.4.2   工件安装

　　铣床上工件的安装,除了可以用平口钳、圆形工作台和分度头之外,还可以用压板、和夹具安装。图 8.26 所示为用压板安装工件的情况,对于较大或形状特殊的工件,可用压板、螺栓直接安装在铣床的工作台上。图 8.27 所示为用夹具安装工件的情况,利用各种简易和专用夹具,可提高生产效率和加工精度。

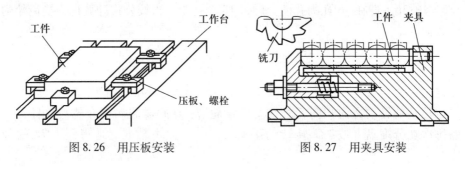

图 8.26　用压板安装　　　　　　　　　图 8.27　用夹具安装

8.5　铣削基本工作

 8.5.1   铣平面

　　铣平面是铣削加工中最主要的工作之一。在卧式铣床或立式铣床上采用圆柱铣刀、三面刃铣刀、端铣刀及立铣刀都可以很方便地进行水平面、垂直面及台阶面的加工。图 8.1a、b、c、d、e 是几种水平面、垂直面及台阶面的铣削方法。

　　用端铣刀加工平面(图 8.1b),因其刀杆刚性好,同时参加切削刀齿较多,切削较平稳,加上端面刀齿副切削刃有修光作用,所以切削效率高,刀具耐用,工件表面粗糙度较低。端铣平面是平面加工的最主要方法。而用圆柱铣刀加工平面,则因其在卧式铣床上使用方便,在单件小批量的小平面加工中仍广泛使用。

8.5.2 铣斜面

铣斜面可用下列方法进行。

1. 把工件倾斜所需角度

此方法是将工件转动适当的角度,使斜面转到水平位置,然后采用铣平面的各种方法来铣斜面。安装工件的方法有以下四种:

① 根据划线安装,如图 8.28a 所示。

② 在万能虎钳安装,如图 8.28b 所示。

③ 使用倾斜垫铁安装,如图 8.28c 所示。

④ 利用分度头安装,如图 8.28d 所示。

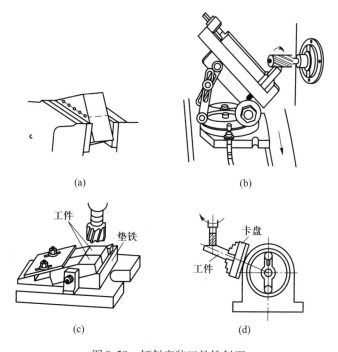

(a)   (b)

(c)   (d)

图 8.28 倾斜安装工件铣斜面

2. 把铣刀倾斜所需角度

此方法是在立式铣床或装有万能立铣头的卧式铣床上进行。使用端铣刀或立铣刀,刀轴转过相应角度。加工时,工作台须带动工件作横向进给,如图 8.29 所示。

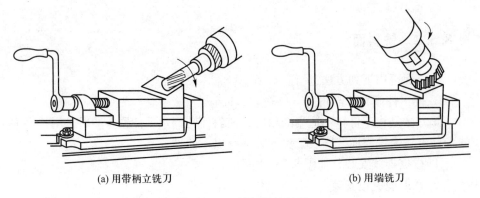

(a) 用带柄立铣刀　　　　　　　　　(b) 用端铣刀

图 8.29　刀具倾斜铣斜面

3. 用角度铣刀铣斜面

可在卧式铣床上用与工件角度相符的角度铣刀直接铣斜面，如图 8.30 所示。

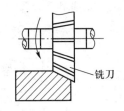

铣刀

图 8.30　用角度铣刀铣斜面

8.5.3　铣沟槽

在铣床上利用不同的铣刀可加工键槽、直角槽、角度槽、V 形槽、T 形槽、燕尾槽和螺旋槽等各种沟槽。这里着重介绍键槽、T 形槽和螺旋槽的加工。

1. 铣键槽

轴上键槽有封闭式和敞开式两种。对于封闭式键槽，单件生产一般在立式铣床上用立铣刀加工，工件可安装在平口钳上（图 8.31a）。因立铣刀中央无切削刃，不能向下进刀，应预先在槽的一端钻一落刀孔，才能用立铣刀铣键槽。批量较大时，应在键槽铣床上用专用键槽铣刀加工，工件可安装在抱钳上（图 8.31b）。

对于敞开式键槽，可在卧式铣床上用三面刃铣刀加工（图 8.31），工件可用平口钳（图 8.32a）或分度头（图 8.32b）进行安装。

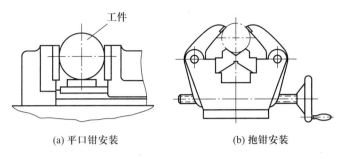

(a) 平口钳安装　　　　　　　(b) 抱钳安装

图 8.31　铣轴上封闭式键槽工件的安装方法

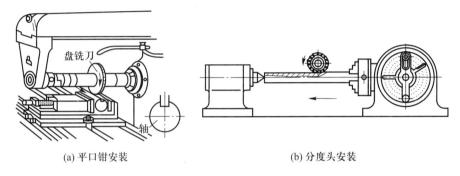

(a) 平口钳安装　　　　　　　　　(b) 分度头安装

图 8.32　铣轴上敞开式键槽工件的安装方法

2. 铣 T 形槽

T 形槽加用较广。加铣床、刨床、钻床的工作台上都有 T 形槽,用来安装紧固螺栓,以便转夹具或工件紧固在工作台上。铣 T 形槽应分两步进行,先用立铣刀或三面刃铣刀铣出直槽,然后在立式铣床上用 T 形槽铣刀铣 T 形槽。当 T 形槽的槽口有倒角要求时,用倒角铣刀进行倒角。如图 8.33 所示。

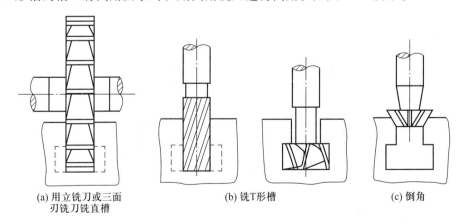

(a) 用立铣刀或三面　　　　　(b) 铣 T 形槽　　　　　(c) 倒角
刃铣刀铣直槽

图 8.33　铣 T 形槽

3. 铣螺旋槽

在铣削加工中，经常会遇到铣削有螺旋槽的工件，如斜齿圆柱齿轮的齿槽，麻花钻、立铣刀、螺旋圆柱铣刀的沟槽等。铣削常在万能铣床上进行。铣床上铣螺旋槽与车螺纹的原理基本相同。要获得正确的槽形，一方面要使用截面形状与槽形相应的圆盘成形铣刀，另一方面圆盘成形铣刀的旋转平面必须与工件螺旋槽切线方向一致。所以须将工作台转过一个工件的螺旋角（图 8.34）。

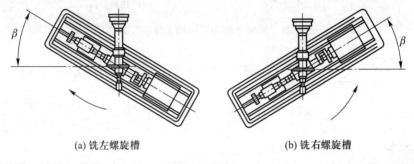

(a) 铣左螺旋槽　　　　　　　　　　　　(b) 铣右螺旋槽

图 8.34　铣螺旋

螺旋角 β 按下式计算：$\tan\beta = \pi d/L$

式中：d——工件外径，mm；

　　　L——工件螺旋槽导程，mm。

要铣削出一定导程的螺旋槽，铣削时，铣刀做旋转运动，工件随工作台做纵向直线移动，同时又被分度头带动做旋转运动（图 8.35）。两种运动必须严格保持如下关系：即工件转动一转，工作台纵向移动的距离等于工件螺旋槽的

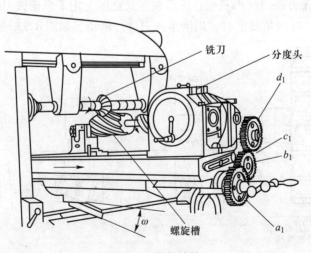

图 8.35　铣螺旋槽

一个导程 L。这种运动关系是通过丝杠与分度头之间的交换齿轮 Z_1、Z_2、Z_3、Z_4 来实现的。传动系统如图 8.36 所示，交换齿轮的选择应满足如下关系：

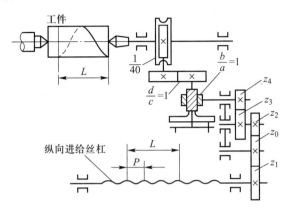

图 8.36　工作台和分度头的传动系统

$$\frac{L}{P} \times \frac{Z_1 \times Z_3}{Z_2 \times Z_4} \times \frac{b}{a} \times \frac{d}{c} \times \frac{1}{40} = 1$$

因式中 $a = b = c = d = 1$，所以上式经整理得：

$$\frac{Z_1 \times Z_3}{Z_2 \times Z_4} = \frac{40P}{L}$$

式中：Z_1、Z_3——主动齿轮的齿数；

　　　　Z_2、Z_4——从动齿轮的齿数；

　　　　P——铣床工作台丝杆螺距；

　　　　L——工件螺旋槽导程。

　　国产分度头均备有 12 个一套交换齿轮，齿数分别是：25、25、30、35、40、50、55、60、70、80、90、100。

　　例 8.1　现要加工一右旋螺旋槽，工件直径 $d = 70\,\text{mm}$，导程 $L = 600\,\text{mm}$。铣床纵向工作台进给丝杆螺距为 $P = 6\,\text{mm}$。求工作台转动角度 β 及交换齿轮齿数。

　　解：（1）计算螺旋角因为

$$\tan\beta = \frac{\pi d}{L} = \frac{3.14 \times 70}{600} = 0.366\,5$$

所以 $\beta = 20°10'$。由于螺旋槽是右旋，工作台应逆时针转动。

　　（2）计算交换齿轮

$$\frac{Z_1 \times Z_3}{Z_2 \times Z_4} = \frac{40P}{L} = \frac{40 \times 6}{600} = \frac{2}{5} = \frac{1}{2} \times \frac{4}{5} = \frac{30}{60} \times \frac{40}{50}$$

故选择挂轮为：$Z_1 = 30$，$Z_2 = 60$，$Z_3 = 40$，$Z_4 = 50$。

8.6   齿形加工

　　齿轮齿形的加工，按形成原理的不同，可分为两大类：一类是成形法，即用与齿轮齿槽形状相符的成形刀具切出齿形，如铣齿、拉齿和成形磨齿等；另一类是展成法，也称包络法，利用齿轮刀具与工件按齿轮副的啮合关系做对滚运动，工件的齿形由刀具切削刃包络而成，如滚齿、插齿剃齿等，一般说来，展成法的加工精度较成形法高。下面介绍比较常用的铣齿、插齿和滚齿。

8.6.1   铣齿轮

　　铣齿轮是利用成形齿轮铣刀在铣床上加工齿轮齿形的方法（图 8.37）。铣削时，铣刀做旋转运动（主运动），齿坯安装在心轴上，心轴装在分度头顶尖与尾架顶尖间（图 8.38）。工件随工作台做纵向进给运动。每铣完一个齿槽，工件退回，按齿数进行分度，再铣下一个齿槽。

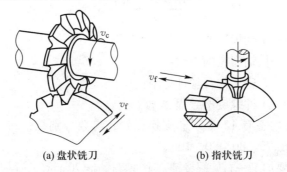

(a) 盘状铣刀　　　　　　　　(b) 指状铣刀

图 8.37　铣齿

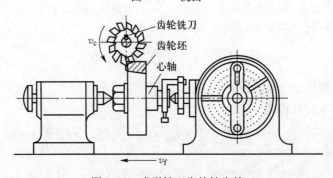

图 8.38　成形铣刀齿轮铣齿轮

铣齿所用的铣刀有盘状铣刀和指状铣刀。盘状铣刀用于铣模数 $m < 8$ 的齿轮，在卧式铣床上铣削（图 8.36a）；指状铣刀用于铣削模数 $m > 8$ 的齿轮，在立式铣床上铣削（图 8.36b）。

铣齿具有如下特点。

1. 成本低

铣齿可在普通铣床上进行，刀具简单。

2. 生产率较低

铣刀每切一个齿槽，都要重复消耗切入、切出、退刀以及分度等辅助时间。

3. 精度较低

原因主要有两个：一是模数相同而齿数不同的齿轮，其齿形渐开线的形状是不同的，齿数愈多，渐开线的曲率半径愈大。铣切齿形的精度主要取决于铣刀的齿形精度。从理论上讲，要获得理想的渐开线齿廓，同一模数每种齿数的齿轮，都应该用专门的铣刀加工。这样就需要很多规格的铣刀，使生产成本大为增加。为了降低加工成本，实际生产中，把同一模数的齿轮按齿数划分成若干组，通常分为 8 组或 15 组，每组采用同一个刀号的铣刀加工。表 8.1 列出了分成 8 组时各号铣刀加工的齿数范围。各号铣刀的齿形是按该组内最小齿数齿轮的齿形设计和制造的，加工其他齿数的齿轮时，只能获得近似齿形，产生齿形误差（图 8.39）。另外，铣床所用的分度头是通用附件，分度精度不高，所以，铣齿的加工精度较低。

表 8.1　盘状齿轮铣刀刀号与铣齿范围

刀号	1	2	3	4	5	6	7	8
加工齿数范围	12 ~ 13	14 ~ 16	17 ~ 20	21 ~ 25	26 ~ 34	35 ~ 54	55 ~ 124	124 以上及齿条
齿形	⊓	⊓	⊓	⊓	⊓	⊓	⊓	⊓

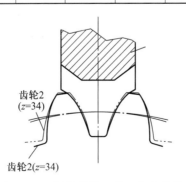

图 8.39　5 号齿轮铣刀的刀齿和轮廓

铣齿一般用于加工直齿、斜齿、人字圆柱齿轮及齿条等，仅适用于单件或小批量生产，或是维修中加工低精度的低速齿轮。

8.6.2 范成法加工齿轮

范成法加工齿轮主要有：① 滚齿加工齿轮；② 插齿加工齿轮；③ 剃齿加工齿轮；④ 剐齿加工齿轮。

复习思考题

1. 铣床的主运动是什么？进给运动是什么？
2. 铣床能加工哪些表面？各用什么刀具？一般能达到几级精度和表面粗糙度？
3. 万能卧式铣床主要由哪几部分组成？各部分的主要作用是什么？
4. 铣床的主要附件有哪些？其主要作用是什么？
5. 铣床上工件的主要安装方法有几种？
6. 带柄铣刀和带孔铣刀各如何安装？直柄铣刀与锥柄铣刀安装有何不同？
7. 铣 102 齿、23 齿的齿轮时如何分度？铣削时应选用几号模数铣刀？
8. 在轴上铣键槽可选用什么机床和刀具？
9. 在铣床上为什么要开车对刀？为什么必须停车变速？

第9章　磨削加工

9.1　概　　述

　　磨削加工是利用高速旋转的砂轮等磨具加工工件表面的切削加工方法。它的应用范围很广，可以磨削难以切削的各种高硬、超硬材料；可以加工平面、外圆、内圆、锥面、齿形和花键等各种表面；可用于刃磨刀具和荒磨加工（磨削钢坯、磨割浇冒口等），粗加工和精加工。目前，磨削主要用于精加工和超精加工，尺寸精度可达 IT6~IT5，表面粗糙度一般为 $Ra0.8~0.008\ \mu m$。本节主要讨论用砂轮在磨床上的磨削加工，磨削时，砂轮的高速旋转是主运动，工作台、砂轮架的移动和头架的旋转为进给运动，图 9.1 所示为磨削的运动和加工范围。

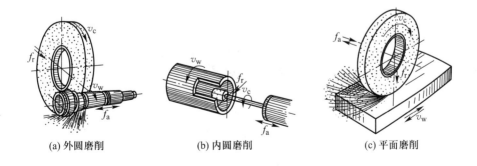

(a) 外圆磨削　　　　　　　(b) 内圆磨削　　　　　　　(c) 平面磨削

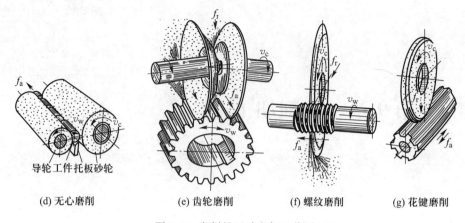

(d) 无心磨削　　　　(e) 齿轮磨削　　　　(f) 螺纹磨削　　　　(g) 花键磨削

图 9.1 磨削的运动和加工范围

9.2 砂 轮

9.2.1 砂轮的特性

砂轮是磨削的主要工具，它是由磨料和结合剂经压坯、干燥和焙烧而成的多孔物体（图9.2）。随着磨料、结合剂和砂轮制造工艺等的不同，砂轮特性可能差别很大。对磨削加工的精度、表面粗糙度和生产率影响很大。因此，在磨削时应根据磨削的具体条件，选用合适的砂轮。要选择合适的砂轮必须对砂轮的特性有一定的了解。

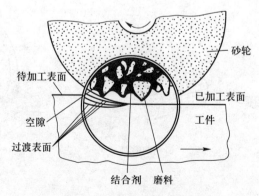

图 9.2 砂轮及磨削示意图

砂轮特性包括磨料、粒度、硬度、结合剂、组织、形状及尺寸等,现分别介绍如下。

1. 磨料及其选择

磨料是砂轮的主要原料,它担负着切削工作,因此,磨料必须锋利,并具备高的硬度、耐热性和一定的韧性。磨料分刚玉类、碳化硅类和超硬类等。常用磨料特性及用途见表 9.1。

表 9.1　常 用 磨 料

类别	名称	代号	特　　性	适 用 范 围
刚玉类	棕刚玉	A (GZ)	含 81% ~ 86% 氧化铝。棕色,硬度高,韧性好,价格便宜	磨削碳钢、合金钢、可锻铸铁、硬青铜等
	白刚玉	WA (GB)	含 87% ~ 88% 氧化铝。白色,比棕刚玉硬度高,韧性低,自锐性好,磨削时发热少,易碎裂	精磨淬火钢、高碳钢、高速钢及薄壁零件
	铬刚玉	PA	玫瑰红色,韧性比 WA 好	磨削高速钢、不锈钢、成形磨削、高表面质量磨削
碳化物类	黑碳化硅	C	含 85% 以上的碳化硅。呈黑色或深蓝色,有光泽。硬度比刚玉类高,但韧性差。导热性、导电性良好	磨削铸铁、黄铜、耐火材料及其他非金属材料
	绿碳化硅	GC (TL)	含 87% 以上的碳化硅。呈绿色,硬度和脆性比 C 更高,导热性、导电性好	磨硬质合金、光学玻璃、宝石、玉石、陶瓷及珩磨发动机缸套等
超硬类	人造金刚石	D (JR)	无色透明或淡黄色、黄绿色、黑色。硬度高。比天然金刚石性脆,价格比其他磨料贵好多倍	磨削硬质合金、宝石等高硬度材料
	立方碳化硼	CBN (JLD)	硬度仅次于金刚石,韧性较金刚石好	磨削、研磨、珩磨各种既硬又韧的淬火钢和高钼钢、高矾钢、不锈钢

2. 粒度及其选择

粒度指磨料颗粒的大小。粒度分磨粒与微粉两组。磨粒用筛选法分类,它的粒度号以筛网上一英寸长度内的孔眼数来表示。例如 60# 的磨粒,说明能通过每英寸长有 60 个孔眼的筛网,而不能通过每英寸 70 个孔眼的筛网。粒度号越大,磨粒尺寸越小;微粉用显微测量法分类,它的粒度号以代号 W 及磨料的实际尺寸来表示。如 W40(其中 W 表示微粉,40 表示磨粒的实际尺寸为

40 μm左右)。数值越大,微粉也越大。

　　磨粒粒度的选择主要与加工表面粗糙度要求和生产率有关。粗磨时,磨削余量大,要求的表面粗糙度值较大,应选用较粗的磨粒。因为磨粒粗,空隙大,磨削深度可较大,砂轮不易堵塞和发热。精磨时,余量较小,要求表面粗糙度值较小,可选取较细磨粒,一般来说,磨粒愈细,磨削表面粗糙度值愈小。

　　不同粒度砂轮的应用见表9.2。

表 9.2　不同粒度砂轮的使用范围

砂轮粒度	一般使用范围	砂轮粒度	一般使用范围
$14^\#$ ~ $24^\#$	磨钢锭、切断钢坯、打磨铸件毛刺等	$120^\#$ ~ W20	精磨、珩磨和螺纹磨
$36^\#$ ~ $60^\#$	一般磨平面、外磨、内圆以及无心磨等	W20 以下	镜面磨、精细珩磨
$60^\#$ ~ $100^\#$	精磨和工具刃磨等		

　　3. 结合剂及其选择

　　砂轮中用以黏结磨料的物质称结合剂。砂轮的强度、抗冲击性、耐热性及抗腐蚀能力,主要决定于结合剂的性能。常用的结合剂种类、性能及用途见表9.3。

表 9.3　常用结合剂

名　　称	代号	性　　能	用　　途
陶瓷结合剂	V(A)	耐水、耐油、耐酸碱,能保持正确的几何形状,气孔率大,磨削率高,强度较大,韧性、弹性、抗震性差,不能承受侧向力。	$v_{砂} < 35$ m/s 的磨削,这种结合剂应用最广,能制成各种磨具,适用于成形磨削和磨螺纹、齿轮、曲轴等。
树脂结合剂	B(S)	强度大,弹性好,耐冲击,能高速工作,有抛光作用,坚固性和耐热性比陶瓷结合剂差,不耐酸碱,气孔率小,易堵塞。	$v_{砂} > 50$ m/s 高速磨削,能制成薄片砂轮磨槽,刃磨刀具前刀面。高精度磨削湿磨时,切削液中含碱量应 <1.5%
橡胶结合剂	R(X)	强度和弹性比树脂结合剂更大,气孔率小,磨粒容易脱落,耐热性差,不耐油、不耐酸,而且还有臭味。	制造磨削轴承沟道的砂轮和无心磨削砂轮,导轮以及各种开槽和切割用薄片砂轮,制成柔软抛光砂轮等。
金属结合剂(青铜、电镀镍)	M	韧性、成形性好,强度大,自锐性能差。	制造各种金刚石磨具,使用寿命长。

　　4. 硬度及其选择

　　砂轮的硬度是指砂轮表面上的磨粒在磨削力作用下脱落的难易程度。容易脱落时，硬度低，反之为高。砂轮硬度与磨料硬度是两个不同的概念。硬度相同的磨料可以制成硬度不同的砂轮，它主要取决于结合剂的性质、数量及砂轮的制造工艺，例如结合剂越多，砂轮硬度越高。

砂轮的硬度对磨削质量和生产率有很大的影响。若砂轮硬度选得过高，磨粒纯化后不能及时脱落，磨屑易堵塞砂轮空隙，使摩擦力、磨削力和磨削热增加，引起加工表面粗糙度值增大，工件产生变形其至烧伤、退火和裂纹，生产率下降；若硬度选得过低，磨粒尚未钝化就过早脱落，使砂轮损耗大，并很快失去正确形状，影响磨削质量。只有硬度选择合适时，磨钝的磨粒才能及时脱落，使砂轮工作面经常保持锋利的磨粒而继续正常磨削。

一般磨削硬的材料选择软砂轮，磨削软的材料选择硬砂轮。磨削特别软的韧性材料时（如有色金属），为防止磨屑堵塞砂轮，可选软砂轮；工件热导性差，为防止烧伤、裂纹（例如磨削硬质合金），应选软砂轮；精密和成形磨削，为保持砂轮形状精度，应选较硬砂轮；机械加工中常用的砂轮硬度等级是 H ~ N。表 9.4 所示为砂轮硬度分级代号及选择。

表 9.4　砂轮硬度分级及代号

硬度等级	大级	超软	软			中软		中		中硬			硬		超硬
	小级	超软	软1	软2	软3	中软1	中软2	中1	中2	中硬1	中硬2	中硬3	硬1	硬2	超硬
代号		D、E、F	G	H	J	K		L	M	N	P	Q	R	S	T	Y
选择		磨未淬硬钢选用 L ~ N，磨淬火合金钢选用 H ~ K，高表面质量磨削时选用 K ~ L，刃磨硬质合金刀具选用 H ~ J													

5. 组织及其选择

组织是表示砂轮内部结构松紧程度的参数。砂轮的松紧程度与磨粒、结合剂和气孔三者的体积比例有关。砂轮组织号是以磨粒占砂轮体积的体积分数来划分的。组织级别分紧密、中等和疏松三大类 15 个等级。其中号数越小，磨粒占砂轮体积的体积分数越大，组织越紧密，磨粒之间的空隙越小，详见表 9.5。

表 9.5　砂轮组织分类及其应用

组织级别	紧密				中等				疏松						
组织号	0	1	2	3	4	5	6	7	8	8	10	11	12	12	14
磨粒的体积分数/%	62	60	58	56	54	52	50	48	46	44	42	40	38	36	34
用途	成形磨削、精密磨削				磨削淬火钢、刀具刃磨				磨削韧性大而硬度不高的材料					磨削热敏性大的材料	

6. 形状、尺寸及其选择

根据机床结构与磨削加工的需要，砂轮可制成各种形状与尺寸。表9.6是常用的几种砂轮形状、尺寸、代号及用途。

表 9.6　常用砂轮的形状、尺寸、代号及用途

砂轮名称	代号	简　图	尺寸表示方法	主 要 用 途
平行砂轮	P	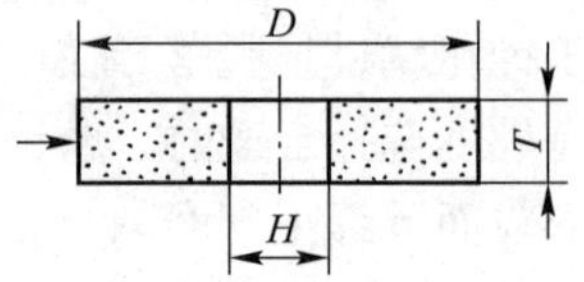	$D \times T \times H$	磨削外圆、内孔、无心磨、周磨平面及刃磨刀具
双斜边形砂轮	PSX	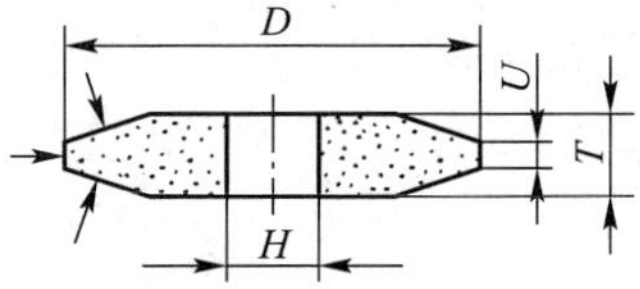	$D \times T/U \times H$	磨削齿轮及螺纹
薄片砂轮	PB	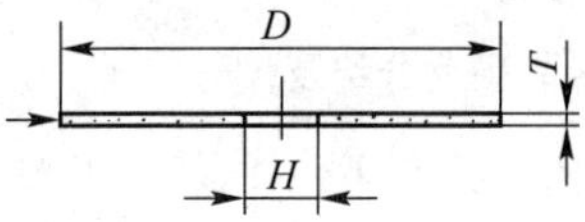	$D \times T \times H$	切断及磨槽
筒形砂轮	N	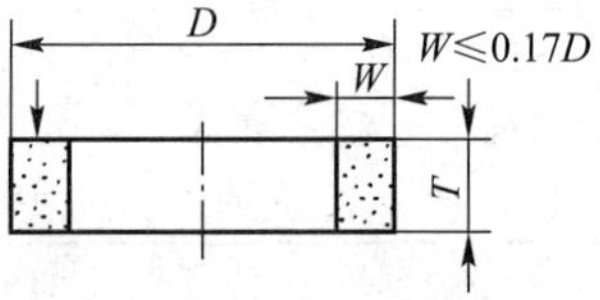	$D \times T - W$	端磨平面
杯形砂轮	B	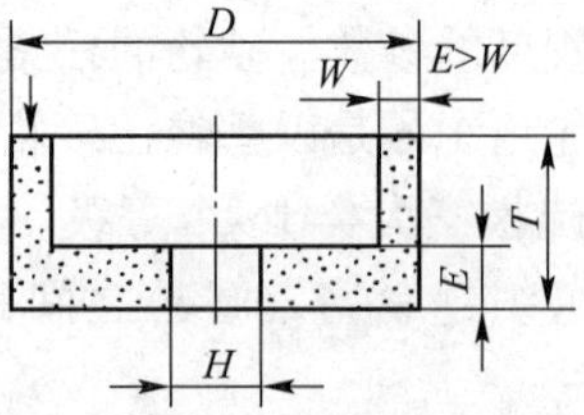	$D \times T \times H - W, E$	端磨平面刃磨刀具
碗形砂轮	BW	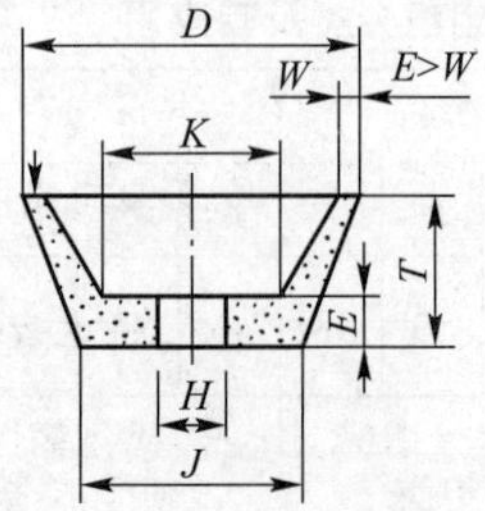	$D/J \times T \times H - W, E, K$	磨机床导轨及刃磨刀具后

续表

砂轮名称	代号	简　图	尺寸表示方法	主 要 用 途
碟形一号砂轮	D	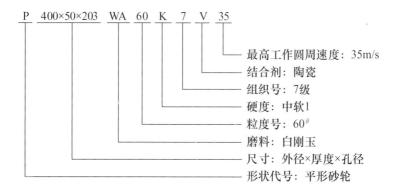	$D/J \times T/U \times H - W, E, K$	磨铣刀、铰刀、拉刀等，大尺寸的用于磨齿轮端面

　　砂轮的外径应尽可能选得大些，以提高砂轮的圆周速度，这样对提高磨削加工生产率与降低表面粗糙度值有利。此外，在机床刚度及功率许可的条件下，可选用宽度较大的砂轮，同样能收到提高生产率和降低表面粗糙度值的效果，但是在磨削热敏性高的材料时，为避免工件表面的烧伤和产生裂纹，砂轮宽度应适当减小。

　　砂轮特性一般用"组代号和数字标注在砂轮上。例如：

　　　　P　400×50×203　WA　60　K　7　V　35

　　　　　　　　　　　　最高工作圆周速度：35m/s
　　　　　　　　　　　　结合剂：陶瓷
　　　　　　　　　　　　组织号：7级
　　　　　　　　　　　　硬度：中软1
　　　　　　　　　　　　粒度号：$60^{\#}$
　　　　　　　　　　　　磨料：白刚玉
　　　　　　　　　　　　尺寸：外径×厚度×孔径
　　　　　　　　　　　　形状代号：平形砂轮

　　由于更换一次砂轮很麻烦，因此，除了重要的工件和生产批量较大时，需要按照以上所述的原则选用砂轮外，一般只要机床上现有的砂轮大致符合磨削要求，就不必重新选择，而是通过适当地修整砂轮，选用合适的磨削用量来满足加工要求。

9.2.2　砂轮的检查、安装、平衡与修整

　　砂轮因在高速下工作，因此安装前必须经过外观检查，不应有裂纹。

　　安装砂轮时，要求将砂轮不松不紧地套在轴上。在砂轮和法兰盘之间垫上

1~2 mm 厚的弹性垫板（皮革或橡皮），如图9.3所示。

为使砂轮平稳地工作，一般砂轮直径大于 125 mm 时都要进行静平衡（图9.4）。平衡时先将砂轮装在心轴上，再放到静平衡试验机的轨道上。如果不平衡，较重的部分总是转到下面，这时可移动法兰盘端面环槽内的平衡铁再进行平衡。这样反复进行，直到砂轮在轨道的任意位置上都能静止时为止。

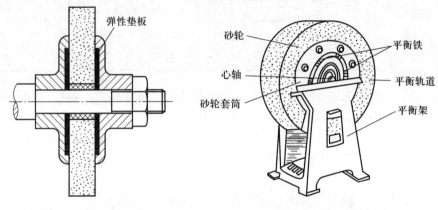

图9.3　砂轮的安装   图9.4　砂轮的静平衡

砂轮工作一定时间后，磨粒逐渐变钝，工作表面的空隙被堵塞或外形失真，这时须对砂轮进行修整，使已磨钝的磨粒脱落，以恢复砂轮的切削能力和外形。生产中常用金刚石工具在磨床上进行修整。修整时，要用大量冷却液，以避免金刚石因温度剧升而破裂。

9.3　磨　　床

磨床的种类很多，常用的有外圆磨床、内圆磨床和平面磨床等几种。

9.3.1　外圆磨床

1. 外圆磨床的组成

外圆磨床是用砂轮磨削各种轴类、环套类零件外圆和锥面的磨床。外圆磨床一般包括普通外圆磨床、万能外圆磨床、卡盘外圆磨床、无心外圆磨床、专门化外圆磨床（曲轴、凸轮、轧辊磨床）等。外圆磨床的主参数是最大磨削直径。它主要用于单件小批生产，以及工具车间和修理车间使用。最常用的是万能外圆磨床，如图 9.5 所示为 M1432A 型万能外圆磨床的外形图。

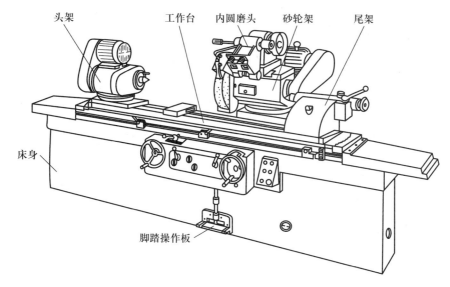

图 9.5 万能外圆磨床

它主要由以下部件组成。

① 床身 床身为 T 字形，在前部有纵向导轨，供工作台纵向进给用；在后部有横向导轨，供砂轮架横向进给用。床身内部装有液压传动系统。床身前侧安装着液压操纵箱。

② 头架 头架安装在工作台顶面的左端。头架主轴的前端具有莫氏锥孔，可以安装前顶尖支承工件，也可以安装卡盘夹持工件。在水平面内，头架可以逆时针方向扳转一个角度（≤80°），以适应卡盘夹持工件磨削锥体和端面的需要。

③ 尾架 尾架安装在工作台顶面的右端，用后顶尖和头架的前顶尖一起支承工件。为适应不同长度工件的需要，尾架在工作台上的位置可以左右移动进行调节。

④ 工作台 工作台由上下两层组成，上工作台可相对下工作台在水平面内扳转一定的角度（≤ ±10°），以便磨削锥度不大的长外圆锥面。下工作台下面固定着液压传动的液压缸和齿条，通过液压传动，使下工作台带动上工作台一起作机动纵向进给。

⑤ 砂轮架 砂轮架上安装磨削外圆用的砂轮，由单独的电动机带动作高速旋转。砂轮架可作自动间歇的横向进给或手动横向进给，以及作快速趋近和离开工件的横向移动。在水平面内，砂轮架可以扳转一定角度（±30°），以

便磨短的外圆锥面。

⑥ 内圆磨头   内圆磨头以铰链方式安装在砂轮架的前上方，需要磨孔时翻下来（图9.6），不用时翻向上方。内圆磨头由小型电动机驱动，转速为每分钟几千转到几万转。

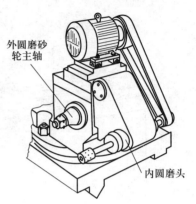

外圆磨砂轮主轴

内圆磨头

图9.6   内圆磨头

万能外圆磨床主要用于磨削尺寸精度为 IT6 ~ IT7 的圆柱形或圆锥形的外圆和内孔，表面粗糙度在 $Ra1.25 ~ 0.08\ \mu m$ 之间。此外还可以磨削阶梯轴的轴肩、端平面、圆角等。适用于单件小批生产车间、工具车间和机修车间。

2. 外圆磨床的液压传动

磨床传动中，主要采用液压传动。液压传动是以具有一定压力的油液作为工作介质，来实现机床运动机构的传动和自动控制。液压传动优点是可在较大范围内实现无级变速，传动平稳，操作简便。图9.7是经过简化以后的外圆磨床工作台直线往复运动的液压传动系统示意图。液压传动系统主要由四个部分组成：动力部分（油泵），执行部分（油缸或油马达），控制部分（各种阀类，如换向阀、安全阀、节流阀等）和辅助部分（油箱、油管、滤油器、压力表等）。

工作时，电动机带动油泵13从油箱20吸油，并将有压力的油送入管路。从油泵打出来的压力油就是推动工作台动作的能量来源。压力油首先经过换向阀6，然后进入油缸19。当换向阀处于图9.7所示的位置时，压力油经过阀芯右边的环槽，再经管路进入油缸19的右腔。油缸19是固定在床身上不动的，因此在压力油的推动下，活塞带动工作台2向左运动（工作台和活塞杆是固定在一起的）。在这同时，油缸左腔的油被排出，经油管、换向阀左边的环槽、再经过节流阀流回油箱。

磨床在磨削工件时，根据加工要求的不同，工作台运动的速度必须可以调整，同时为了连续进行磨削，工作台要作往复运动，也就是移动到一定位置后，需要换向。上面提到的节流阀11和换向阀6就是为了满足这些需要而设置的。节流阀的作用和自来水龙头相似，改变节流阀开口的大小，就能调节通过节流阀的油液流量，因而控制了工作台的运动速度。换向阀6是控制工作台运动方向用的。工作台的往复换向动作，是由挡块5使换向阀6的活塞自动转换实现的。图9.7所示换向阀的位置，工作台是向左移动。挡块5固定在工作台2侧面槽内，按照要求的工作台行程长度，调整两挡块之间的距离。当工作

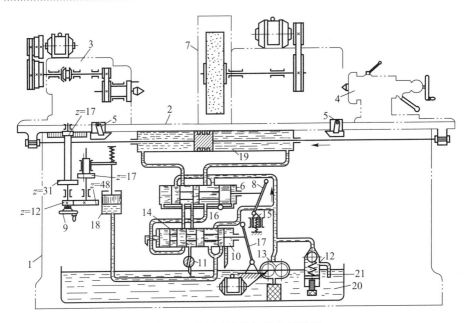

图 9.7　外圆磨床液压传动示意图

1—床身；2—工作台；3—头架；4—尾架；5—挡块；6—换向阀；7—砂轮架；8—杠杆；
9—手轮；10—滑阀；11—节流阀；12—安全阀；13—油泵；14—油腔；15—弹簧帽；
16—油阀；17—杠杆；18—油筒；19—油缸；20—油箱；21—回油管

台向左行程终了时，挡块 5 先推动杠杆 8 到垂直位置；然后借助作用在杠杆 8
滚柱上的弹簧帽 15 使杠杆 8 及活塞继续向左移动，从而完成换向动作。此时，
换向阀 6 的活塞位置如图 9.8 所示，压力油就通过阀芯左边的环槽经油管进入

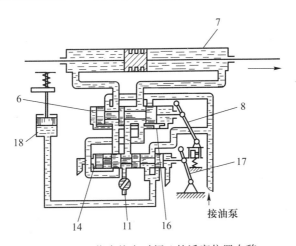

接油泵

图 9.8　工作台换向时阀 6 的活塞位置右移

油缸的左腔，使工作台向右移动。从油缸右腔排出的油液经换向阀 6、节流阀 11 流回油箱。换向阀 6 的活塞转换快慢，由油阀 16 调节，它将决定工作台换向的快慢及平稳性。

用手向右搬动操纵杠杆 17，滑阀的油腔 14 使油缸 19 的右导管和左导管接通，便停止作台的移动。此时，油筒 18 中的活塞在弹簧压力作用下向下移动，使油缸 18 中的油液经油管流回油箱。$z = 17$ 的齿轮与 $z = 31$ 的齿轮啮合，便可利用手轮 9 移动工作台。

▎9.3.2   内圆磨床

图 9.9 所示为内圆磨床外形图。它主要由床身、工作台、磨具和砂轮架等部件组成。头架内装有主轴，主轴右端装有卡盘，卡盘上夹持工件，主轴旋转是圆周进给运动。砂轮架中的砂轮轴高速旋转是主运动。砂轮架的横向移动是砂轮的切入运动。至于纵向进给运动，有两种布局形式。图 9.9a 所示的内圆磨床，头架安装在工作台上，随工作台一起往复移动是纵向进给运动。图 9.9b 所示的内圆磨床，则是砂轮架安装在工作台上，砂轮架往复运动是纵向进给运动。这两种内圆磨床的头架都可绕垂直轴线扳转一定角度，以便磨削锥孔。内圆磨床主要用于磨削圆柱孔和圆锥孔，有些内圆磨床还附有专门磨头，可在一次装夹中同时磨出工件端面。内圆磨床的主参数是最大磨削孔径。

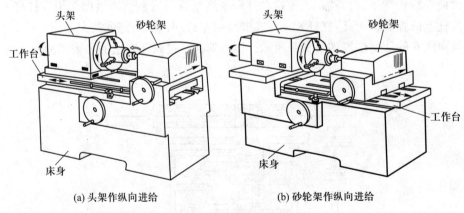

(a) 头架作纵向进给   (b) 砂轮架作纵向进给

图 9.9   内圆磨床

▎9.3.3   平面磨床

平面磨床主要用于磨削各种工件的平面。图 9.10 所示为平面磨床外形图。

它主要由床身、工作台、立柱、滑鞍、砂轮架和砂轮修整器等部件组成。砂轮
架内装有电动机，直接驱动砂轮轴旋转，作主运动。砂轮架可以随着滑鞍一起
沿立柱上的垂直导轨上下移动，作调节位置或切入运动用。砂轮架又可由液压
传动驱动，沿着滑鞍的导轨间歇运动，作横向进给运动。工作台上安装着磁性
工作台以装夹工件。工作台由液压传动在床身顶部的导轨作直线往复运动，这
是纵向进给运动。砂轮磨损后，可用砂轮修整装置在砂轮架横向往复运动中修
整砂轮。平面磨床的主参数是工作台面宽度。

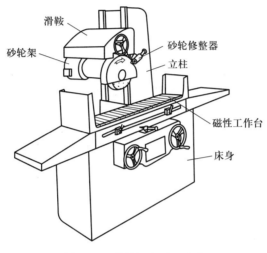

图 9.10　卧轴矩台平面磨床

9.4　磨削的基本工作

　　磨削加工方式较多，常见的磨削方式有外圆磨削、锥面磨削、内圆磨削、
平面磨削和成形磨削。这里介绍最常用的外圆磨削、锥面磨削、内圆孔磨削和
平面磨削。

9.4.1　外圆磨削

　　磨削外圆时，工件的安装方法与车削时基本相同，只是磨床上所用的顶尖
不随工件一起转动。这是为了避免顶尖转动带来的误差，提高加工精度。尾顶
尖是靠弹簧推力顶紧工件的，以便自动控制松紧程度。另外磨削细长轴时，磨

床中心架与车床上用的中心架也不相同，它只有两个支承块，而且由硬木制成。

外圆磨削常用的有纵磨法和横磨法两种。

1. 纵磨法

磨削时砂轮作高速旋转的主运动，工件旋转并和工作台一起作往复直线运动，完成圆周进给和纵向进给运动，每当工件一次往复行程终了时，砂轮做周期性的横向进给运动。每次磨削量很小，磨削余量是在多次往复行程中切除的（图 9.11）。

由于每次磨削量小，所以磨削力小，磨削热少，散热条件较好，还可以利用最后几次无横向进给的光磨行程进行精密磨削，因此加工精度和表面质量较高。此外，纵磨法具有较大的适应性，可以用一个砂轮加工不同长度的工件。但是，它的磨削效率较低，因为砂轮的宽度处于纵向进给方向，其前部分的磨粒担负主要切削作用，而后部分的磨粒担负修光作用，故广泛用于单件、小批生产及精磨，特别适用于细长轴的磨削。

2. 横磨法

磨削时，工件没有纵向进给运动，而砂轮以很慢的速度作连续的横向进给运动，直至磨去全部磨削余量（图 9.12）。由于砂轮全宽上各处的磨粒的切削能力都能充分发挥，因此磨削效率高。但因为没有纵向进给运动，砂轮由于修整不好或磨损不均匀所产生的形状误差会反映到工件上；并且因砂轮与工件的接触长度大，磨削力大，发热量大，磨削温度高。因此，磨削精度比纵磨法的低，而且工件表面容易退火和烧伤。横磨法一般适于成批及大量生产中，磨削刚性较好，长度较短的工件外圆表面，或者两侧都有台阶的轴颈，如曲轴的曲拐颈等，尤其是工件上的成形表面，只要将砂轮修整成形，就可直接磨出，较为简便，生产率高。

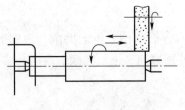
图 9.11　纵磨法磨外圆

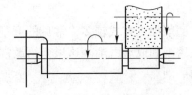
图 9.12　横磨法磨外圆

9.4.2　圆锥面的磨削

磨削圆锥面通常有下列两种方法：

① 扳转磨床上工作台（图 9.13、图 9.14）　这种方法适于磨削锥度小而锥面长的工件。

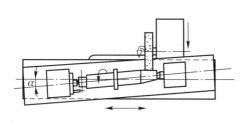

图 9.13　扳转上工作台磨外圆锥面

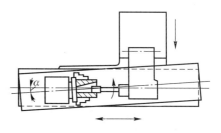

图 9.14　扳转上工作台磨内圆锥面

② 扳转磨床头架（图 9.15、图 9.16）　这种方法适于磨削锥度大而锥面短的工件。

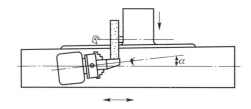

图 9.15　扳转头架磨外圆锥面

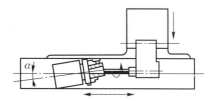

图 9.16　扳转头架磨内圆锥面

9.4.3　内圆磨削

磨削内圆时，工件常用三爪卡盘、四爪卡盘、花盘及弯板等夹具安装。其中最常用的是四爪卡盘，通过百分表找正安装工件，如图 9.17 所示。

内圆磨削可以在内圆磨床上进行，也可以在万能外圆磨床上进行。其运动与纵磨外圆基本相同，但砂轮的旋转方向与和磨外圆时相反（图 9.18）。

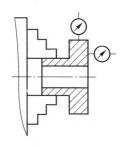

图 9.17　四爪卡盘安装找正

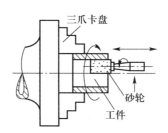

图 9.18　磨圆柱孔

磨孔与磨外圆比较，存在如下主要问题：

① 表面粗糙度较大　由于磨孔时砂轮直径受工件孔径限制，一般较小，磨头转速又不可能太高（一般低于 20 000 r/min），故磨削速度较磨外圆时低。加上砂轮与工件接触面积大，切削液不易进入磨削区，所以磨孔的表面粗糙度较磨外圆时大。

② 生产率较低　磨孔时，砂轮轴细、悬伸长，刚性很差，不宜采用较大的背吃刀量和进给量，故生产率较低。由于砂轮直径小，为维持一定的磨削速度转速要高，增加了单位时间内磨粒的切削次数，磨损快；磨削力小，降低了砂轮的自锐性，且易堵塞。因此需要经常修整砂轮和更换砂轮，增加了辅助时间，使磨孔的生产效率进一步降低。

作为孔的精加工，成批生产中常采用铰孔。大批生产中常采用拉孔。由于磨孔具有万能性，不需要成套的刀具，故在小批及单件生产中应用较广，特别是对于淬硬工件，磨孔仍是精加工孔的主要方法。

9.4.4　平面的磨削

磨削平面时，一般是以一个平面为基准磨削另一个平面。如果两个平面都需磨削并要求相互平行，则可互为基准反复磨削。

磨削由钢、铸铁等磁性材料中小型工件的平面时，一般用电磁吸盘工作台直接吸住工件。电磁吸盘的工作原理如图 9.19 所示。

电磁吸盘的吸盘体由钢制成。其中部凸起芯体上绕有线圈，上部有钢制盖板，被绝磁层隔成许多条块。当线圈通电时，芯体被磁化，磁力线经芯体—盖板—工件—盖板—吸盘体—

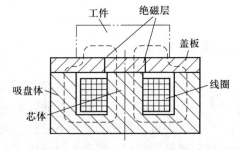

图 9.19　电磁吸盘工作台的工作原理

芯体而闭合，从而吸住工件。绝磁层的作用是使绝大部分磁力线通过工件再回到吸盘体，而不是通过盖板直接回去，以保证对工件有足够的电磁吸力。

对于陶瓷、铜合金、铝合金等非铁基材料，则可采用精密平口钳、专用夹具等导磁性夹具进行安装。

磨削平面的方法有周磨法和端磨法两种。周磨法是利用砂轮的圆周面进行磨削（图 9.20a），端磨法是利用砂轮的端面进行磨削（图 9.20b）。

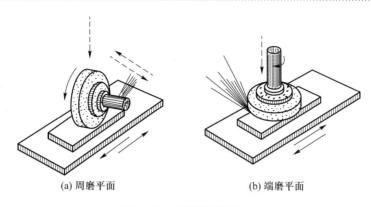

(a) 周磨平面　　　　　　　　(b) 端磨平面

图 9.20　磨削平面的方法

　　周磨时，砂轮与工件的接触面积小，磨削力小，磨削热少，冷却与排屑条件好，砂轮磨损均匀，所以加工质量较高，但效率较低，适于单件小批，以及大批大量生产中加工质量要求较高的工件（例如齿轮等盘套类零件的端面以及平形板条状的中小型零件）。

　　端磨时，砂轮轴悬伸长度短，刚性好，可采用较大的磨削用量，生产率较高。但砂轮与工件接触面积较大，发热量大，冷却与散热条件差，工件热变形大，易烧伤，砂轮端面各点圆周速度不同，砂轮磨损不匀，所以磨削质量较低。一般用于磨削精度要求不高的平面，或代替铣削、刨削作为精加工前的预加工。

复习思考题

　　1. 磨削加工的特点是什么？为什么会有这些特点？一般能达到几级精度和表面粗糙度？

　　2. 砂轮的特性包括哪些内容？应如何选择？

　　3. 说明万能外圆磨床的主要部件及作用。

　　4. 磨削外圆、平面和内圆时，工件和砂轮需作哪些运动？

　　5. 磨床工作台的运动为什么要采用液压传动？它有何优缺点？磨床液压系统中的节流阀和溢流阀各有何用途？

　　6. 磨削外圆的方法有哪几种？它们各有什么特点？

　　7. 磨削外圆锥面常用什么方法？磨削外圆和内孔各有何特点？

　　8. 平面磨削常用的方法有哪些？各有何特点？如何选用？

　　9. 为什么在磁力工作台上部钢制盖板上要被绝磁层隔成许多条块？

第 10 章　钳工与装配

．．．．．．．．．．．．．．．．．．．．．．．．．．．．．．．．．．．．．．．

10.1　钳　　工

10.1.1　概述

钳工是手持工具对金属进行的切削加工。其基本操作有划线、錾削、锯削、锉削、钻孔、扩孔、铰孔、锪孔、攻螺纹、套螺纹和刮削等。钳工的工作还包括对机器的装配和修理。主要用于生产前的准备工作、单件小批生产中的加工、机器的装配和设备的维修。

钳工工具简单，操作灵活，能完成机械加工难以完成和不能完成的工作，如形状异常复杂，尺寸、几何精度要求很高的零件的加工。因此，钳工工作在机械制造和修配中有着不可取代的，特殊的作用和地位。

钳工大多操作是在钳工工作台和虎钳上进行的。

钳工工作台（图 10.1a）一般用硬质木材制成，也有用铸铁件制成的，要求平稳、牢固，台面高度一般 800 ~ 900 mm，台面应设有防护网。

虎钳是夹持工件的主要工具，其大小用钳口的宽度表示，常用的为 100 ~ 150 mm。虎钳有固定式（图 10.1a）和回转式（图 10.1b）两种。松开回转式虎钳的夹紧手柄，虎钳便可在底盘上转动，以改变钳口方向，使之便于操作。

使用虎钳时应注意下列事项：

① 工件应夹在虎钳钳口中部，使钳口受力均匀。

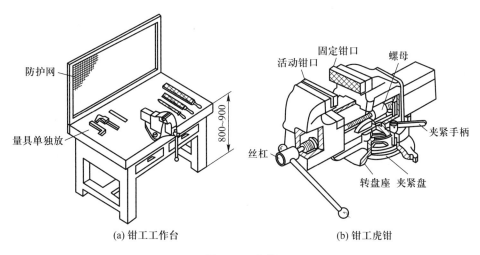

防护网

量具单独放

固定钳口　螺母

活动钳口

夹紧手柄

丝杠

转盘座　夹紧盘

800~900

(a) 钳工工作台

(b) 钳工虎钳

图 10.1　虎钳

② 当转动手柄夹紧工件时，手柄上不准套上增力套管或用手锤敲击，以免损坏虎钳丝杠或螺母上的螺纹。

③ 夹持工作的光洁表面时，应垫铜皮或铝皮加以保护。

10.1.2　划线

划线根据图纸或实物的要求，在毛坯或半成品的表面上划出加工界线的一种操作。

1. 划线作用

① 划好的线能明确标示出加工余量，加工位置，作为加工或安装工件时的依据；

② 在单件，小批量生产中，通过划线来检查毛坯或半成品是否符合技术要求，避免不合格的工件投入生产；

③ 通过划线可重新合理分配加工余量（亦称借料）使一些工件得到补救。从而保证少出或不出废品。

2. 划线种类

① 平面划线　在工件的一个平面上划线（图 10.2）；

② 立体划线　在工件的几个表面上划线，即在长、宽、高和倾斜等几个表面上划线（图 10.3）。

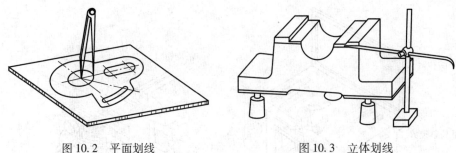

图 10.2 平面划线 图 10.3 立体划线

3. 划线工具及用途

① 平板或平台 划线平板或平台是划线的基准工具（图 10.4）。它由铸铁制成，并经时效处理，其上平面是划线的基准平面，经过精细加工，平直光洁。使用时，注意保持上平面水平，表面清洁，使用部位均匀，要防止碰撞和锤击。长期不用时，应涂油防锈。

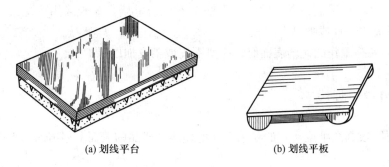

(a) 划线平台 (b) 划线平板

图 10.4 划线基准工具

② 千斤顶 千斤顶和 V 形铁都是放在平板上支承工件用的工具。千斤顶用于支承较大或不规则的工件，并可对工件进行调整（图 10.5）。圆形工件则用 V 形铁支承，保证工件轴线与平板平行，便于划出中心线。

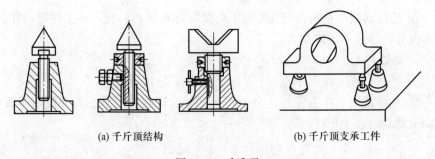

(a) 千斤顶结构 (b) 千斤顶支承工件

图 10.5 千斤顶

③ V 形铁　V 形铁用于支承圆柱形工件，使工件轴线与平板平行，以便划出中心线。较长的工件应放在两个等高的 V 形铁上（图10.6）。

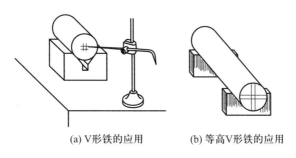

(a) V形铁的应用　　(b) 等高V形铁的应用

图 10.6　V 形铁

④ 方箱　方箱用于装夹尺寸较小而加工面较多的工件。工件固定在方箱上，翻转方箱便可把工件上互相垂直的线在一次装夹中全部划出来（图10.7）。

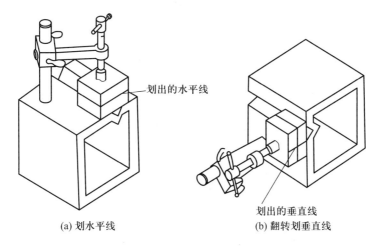

划出的水平线

划出的垂直线

(a) 划水平线　　(b) 翻转划垂直线

图 10.7　方箱的应用

⑤ 划针及划线盘　划针是用来在工件上划线的工具，它多由高速钢制成，尖端经磨锐后淬火，其形状及用法如图10.8所示。划针盘（图10.9）是在平台上进行划线和找正的主要工具。调整夹紧螺母，可将划针固定在立柱的任何位置。划针直头用来划线，弯头用来找正工件位置。

⑥ 划规和划卡　划规是平面划线作图的主要工具，用于划圆、弧线、等分线段及量取尺寸等（图10.10）。划卡（又称单脚划规），主要是用来确定轴、孔的中心位置，也可用于划平行线（图10.11）。

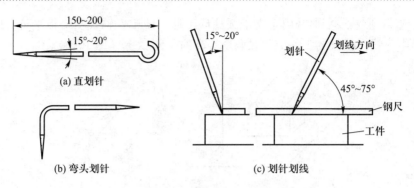

图 10.8   划针及划线方法

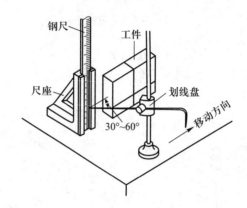

图 10.9   用划线盘划水平线

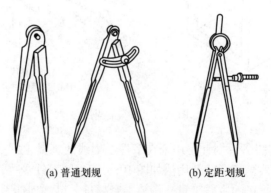

(a) 普通划规   (b) 定距划规

图 10.10   划规

⑦ 量具   划线常用的量具有钢直尺、90°角尺及游标高度尺。90°角尺两直角边之间成精确的直角，不权可划垂直线，还可找正垂直面。游标高度尺是附有划线量爪的精密高度划线工具，亦可测量高度，但不可对毛坯划线，以防损坏硬质合金划线脚（图 10.12）。

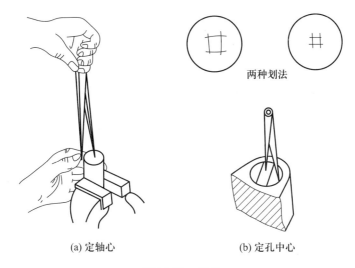

(a) 定轴心　　　　　　(b) 定孔中心

图 10.11　划卡

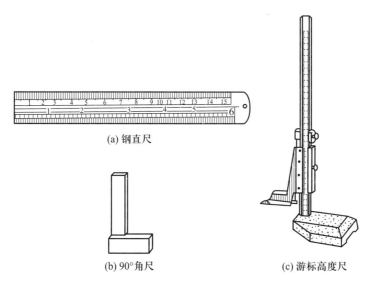

(a) 钢直尺

(b) 90°角尺　　　　　(c) 游标高度尺

图 10.12　划线量具

⑧ 样冲　样冲是用在工件表面上所划好的线打出样冲眼的工具，目的是使划出来的线条具有永久性的标记，同时，用划规划圆和定钻孔中心时也要打上样冲眼作为圆心的定点（图 10.13）。

⑨ 分度头　分度头（图 10.14）是分度精度很高的一种装置，中心高规格有 125 mm 和 160 mm 两种。划线时，常和游标高度尺配合使用。

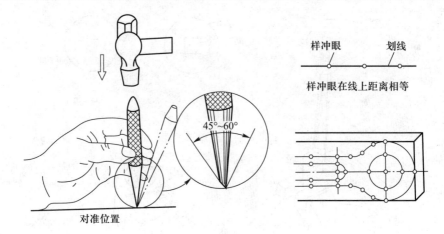

图 10.13   样冲及使用方法

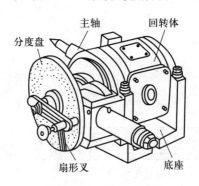

图 10.14   万能分度头

4. 划线基准及其选择

（1）划线基准

划线时用来确定零件上其他点、线、面位置的依据，称为划线基准。

（2）基准选择原则

划线基准选择正确与否，对划线质量和速度有很大影响，应根据工件的形状和加工情况综合考虑如下原则。

① 尽量使划线基准与设计基准重合；

② 若工件上有重要孔（大孔），则以此孔轴心线作为划线基准。如没有重要孔，则应选择面积较大的平面作为划线基准。

③ 尽量选用工件上已加工过的表面作为划线基准。

④ 在未加工的毛坯上划线，应以主要不加工面作基准。

（3）划线基准的类型

① 以两个相互垂直的平面（或直线）为基准（图 10.15a）；

② 以两条中心线为基准（图 10.15b）；

③ 以一个平面和一条中心线为基准（图 10.15c）。

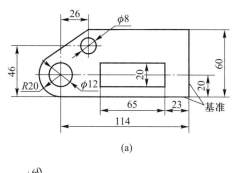

(a)

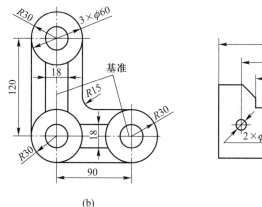

(b)

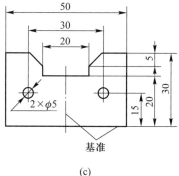

(c)

图 10.15　划线基准的类型

5. 划线步骤和方法

① 研究、消化图纸，确定划线基准，对大型、形状复杂的零、部件划线还要仔细分析该件的整个加工工艺。

② 清理毛坯上的氧化皮和毛刺。在划线部位涂上涂料。用铅块或木块堵孔。

③ 支承及找正工件。

④ 根据图纸或实物，全面检查所划的线是否正确。最后打出样冲眼。

6. 划线举例

① 平面划线　平面划线与机械制图相似，所不同的是使用划线工具。

② 立体划线　如图 10.16 所示为轴承座立体划线的步骤和方法。

7. 划线操作时应注意事项

① 工件支承要稳妥，以防滑倒或移动。

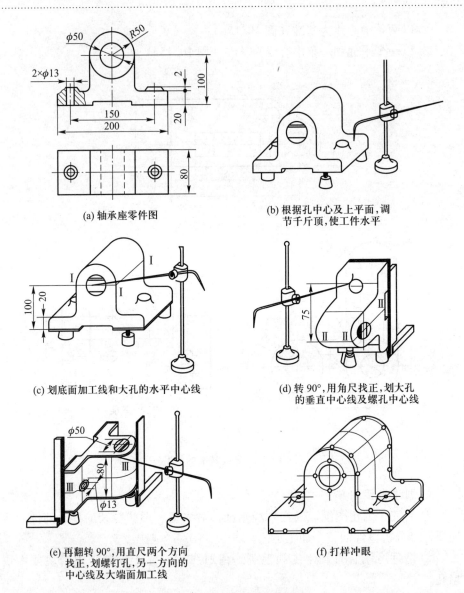

(a) 轴承座零件图

(b) 根据孔中心及上平面,调节千斤顶,使工件水平

(c) 划底面加工线和大孔的水平中心线

(d) 转 90°,用角尺找正,划大孔的垂直中心线及螺孔中心线

(e) 再翻转 90°,用直尺两个方向找正,划螺钉孔,另一方向的中心线及大端面加工线

(f) 打样冲眼

图 10.16　轴承座的立体划线

② 在一次支承中应把需要划出的平行线划全,以免再次支承补划,造成误差。

③ 应正确使用划针、划针盘、高度游标尺以及直角尺等划线工具,以免产生误差。

10.1.3　锯削

锯削是用手锯将材料锯断或进行切槽的操作。

1. 锯削工具

手锯由锯弓和锯条组成。

① 锯弓　锯弓是用来夹持和拉紧锯条的工具，分为固定式和可调式两种，图 10.17 所示为可调式锯弓。

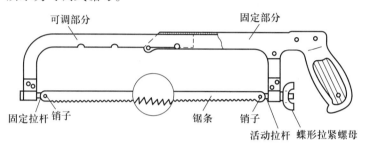

图 10.17　可调式锯弓

② 锯条　锯条一般是用 20 钢制成，并经碳氮共渗处理。硬度为 HRC62 ~ 65，热硬性 ≤ 200℃。常用锯条长为 300 mm，宽为 12 mm，厚为 0.8 mm。锯齿按一定规律左右错开排列成一定的形状称为锯路。锯路有交叉形（左右错开）、波浪形等，锯路作用是使锯缝宽度大于锯条背部厚度，以防锯条长夹在锯缝里（图 10.18）。锯条按齿距的大小可分为粗（1.4 mm）、中（1 mm）、细齿（0.8 mm）三种（GB/T 14764—2008）。表 10.1 为锯条的种类、选择及用途。

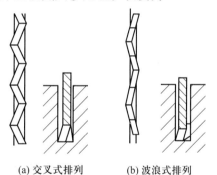

(a) 交叉式排列　　(b) 波浪式排列

图 10.18　锯齿形状

表 10.1　锯条种类及用途

锯齿粗细	齿数/（25 mm）	用　　途
粗齿	14 ~ 18	锯铜、铝等软金属、厚件及人造胶质材料
中齿	22 ~ 24	锯普通钢、铸铁、中厚件及厚壁管子
细齿	32	锯硬钢、板材及薄壁管子
由细齿变为中齿	从 32 ~ 20	一般工厂中用，易起锯

2. 锯削步骤

（1）选择锯条

根据工件材料的硬度和厚度选择合适的锯条。

（2）安装锯条

锯条安装在锯弓上，锯齿尖端向前，以保证前推时进行切削。用手指的力量旋紧翼形螺母，松紧适中，否则锯削时易折断。

（3）安装工件

工件尽可能夹在虎钳左边，以免操作时碰伤左手。工件伸出要短，锯割位置离虎钳左侧面 10 mm 左右。

（4）锯削

① 起锯　起锯时，左手拇指靠住锯条，右手稳推手柄，起锯角度应小于15°（图 10.19）。锯弓往复行程应短，压力要轻，锯条要与工件表面垂直。锯出锯缝后，应逐渐将锯弓引至水平方向。

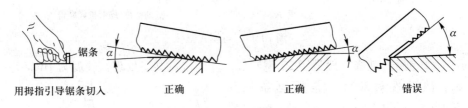

用拇指引导锯条切入　　　　正确　　　　　正确　　　　　错误

图 10.19　起锯

② 锯削　锯削时锯弓握法如图 10.20 所示。锯弓应直线往复，不得左右摆动，以免折断锯条。前推时左手施压，右手推进，用力均匀，锯削硬材料时，压力要大些，锯削软材料时，压力要小些；返回时从工件上轻轻滑过，以减少摩擦。锯削速

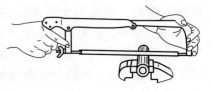

图 10.20　锯弓的握法

度不宜过快，应控制在 20 ~ 40 次/min 之间，以免锯条发热而加剧磨损。锯削时，应使锯条全部长度参与切削，一般往复长度不要小于锯条长度的 2/3。工件即将锯断时，用力要轻，行程要短，以免碰伤手臂。

3. 锯削方法

锯削不同的工件，需要采用不同的锯削方法，锯削前应先在工件上划出锯削线，划线时应留有锯削后的加工余量。

① 锯圆钢　为了得到整齐的锯缝，应从起锯开始以一个方向锯到结束（图 10.21）。

② 锯钢管　应每锯到管子的内壁处，随即把管子向推锯方向转一定角度，再继续锯切，一次次变换，逐次进行锯削，直到锯断为止（图 10.22）。

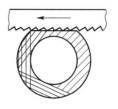

图 10.21　圆钢　　　　　　　　　图 10.22　锯钢管

③ 锯扁钢　应尽可能从较宽的面起锯，以保证锯缝平齐，并不易损坏锯条（图 10.23）。

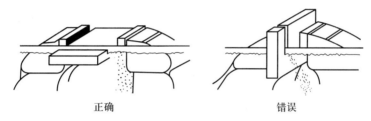

正确　　　　　　　　　　　错误

图 10.23　锯扁钢

④ 锯型钢　锯角铁和槽钢的锯法是锯扁钢、圆管的综合。从大面开始锯，一个面锯开再换另一个面（图 10.24）。

⑤ 锯薄板　应将薄板夹在两块木板之间，固定在虎钳上，一起锯削，或者把多块夹在一起同时锯削，以增加薄板的刚性，防止振动和变形（图 10.25）。

图 10.24　锯型钢

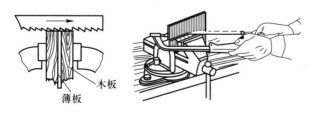

木板

薄板

图 10.25　薄件的锯切方法

⑥ 锯深缝　锯削工件厚度大于锯弓高度时，先正常锯削，当工件碰到锯弓时，将锯条转过 90° 装夹接着锯。如果锯削部分宽度也大于锯弓高度，则将

锯条转过 180°装夹锯削，锯削方法如图 10.26 所示。

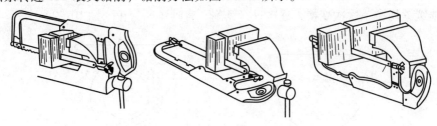

图 10.26　厚件的锯切方法

4. 锯削注意事项

① 装夹锯条时要稳妥，以防锯条崩断伤人。

② 锯削时切不可用爆发力，致使锯条断裂伤人。

③ 锯削时，锯缝如歪斜，不可强行纠正。而应使锯弓向歪斜方向略微偏斜，逐渐纠正。

④ 锯条不耐热（<200℃），锯削速度不允许超过 30 次/min。否则极易磨损。

10.1.4　锉削

锉削是用锉刀对工件表面进行切削加工的操作，多用于锯切或錾削之后，是钳工最基本的操作之一。可用于加工平面、型孔、曲面、沟槽和各种复杂表面（图 10.27），也可用于装配时的工件修整。尺寸精度可达 IT8～IT7，表面粗糙度可达 Ra0.8 μm。

1. 锉刀

锉刀常用碳素工具钢 T12A 制成，并经淬火及低温回火处理。经热处理（淬火后），络氏硬度可达 HRC62，但热硬性（红硬性）不高≤200℃，故锉刀属低速切削刀具，约 30 次/min。

（1）锉刀的构造

锉刀由锉面、锉边和锉柄组成（图 10.28），锉刀的锉齿多是在剁锉机上剁出的，锉齿交叉排列，构成刀齿，形成容屑槽，如图 10.29 所示。

锉刀的锉纹有单纹和双纹两种，一般制成双纹的，以便锉削时省力，锉面不易堵塞。

锉刀的粗细是以每 10 mm 长的锉面上锉齿的齿数来划分的，一般分为粗锉、细锉和油光锉三种，其特点和用途见表 10.2，合理选用锉刀，对工效、加工质量、锉刀寿命都有很大影响。

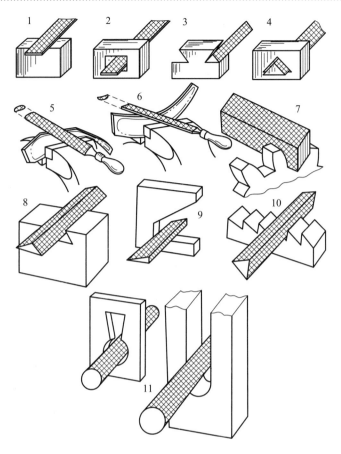

图 10.27　锉刀的用途

1、2—锉平面；3、4—锉燕尾和三角孔；5、6—锉曲面；7—锉楔角；

8—锉内角；9—锉菱形；10—锉三角形；11—锉圆孔

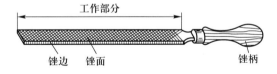

图 10.28　锉刀的组成部分

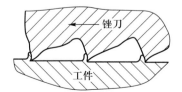

图 10.29　锉齿形状

表 10.2　锉刀的特点和用途

锉齿粗细	齿数/（10 mm）	特点和应用	尺寸精度/mm	加工余量/mm	表面粗糙度 Ra 值/μm
粗齿	4 ~ 12	齿间大，不易堵塞，适于粗加工或锉铜、铝等有色金属	0.2 ~ 0.5	0.5 ~ 1	12.5 ~ 50
细齿	13 ~ 24	锉光表面或锉硬金属	0.05 ~ 0.2	0.05 ~ 0.2	1.6
油光锉	30 ~ 36	精加工时修光表面	0.05 以下	0.05 以下	0.8

锉刀的规格以锉刀工作部分长度来表示，一般有 100 mm、150 mm、200 mm、250 mm、300 mm、350 mm 和 400 mm 等七种。

（2）锉刀种类

锉刀按用途可分为普通锉、整形锉（什锦锉）和特种锉三种。

① 普通锉　普通锉适于一般工件表面的锉削，按截面形状的不同分为平锉、半圆锉、方锉、三角锉和圆锉五种（图 10.30）。

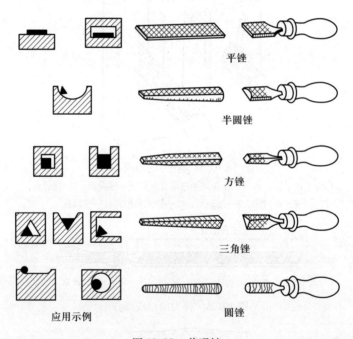

平锉

半圆锉

方锉

三角锉

应用示例　　　　　圆锉

图 10.30　普通锉

② 整形锉　整形锉适于精加工及修整工件上细小部位和精密工件（如样板、模具等）的加工。它可由 5、6、8、10 或 12 把不同断面形状的锉刀组成一组（套）（图 10.31）。

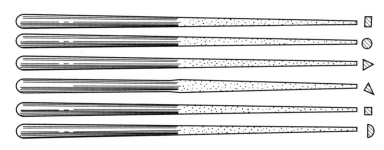

图 10.31　整形锉（什锦锉）

③ 特种锉　特种锉是用来加工零件上特殊表面的，有直的、弯曲的等各种截面形状（图 10.32）。

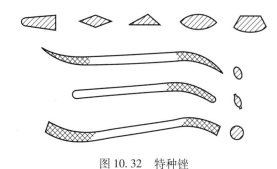

图 10.32　特种锉

2. 锉削操作

（1）锉刀的选用

根据工件形状和加工面的大小选择锉刀的形状和规格；根据金属材料的硬度、加工余量的大小、工件表面粗糙度的要求选择锉刀锉齿的粗细（表 10.1）。

（2）工件装夹

工件必须夹紧在虎钳中，并略高于钳口。对已加工表面或易变形和不便直接装夹的工件，可垫一铜片、铝片或其他辅助材料。

（3）锉刀的握法

正确握持锉刀有助于提高锉削质量。锉刀的握法必须根据锉刀的大小、使用场合不同而确定。使用大的锉刀时，右手掌心应抵住锉柄，拇指放在锉刀柄上，左手大拇指根部压在锉刀前端，使锉刀保持水平（图 10.33a）。使用中锉刀时的握法见图 10.33b。使用小锉刀时的握法见图 10.33c。使用细锉刀时的握法见图 10.33d。

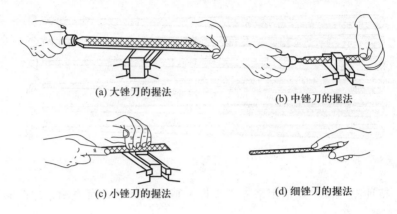

图 10.33   锉刀的握法

（4）起势姿势

左腿在前，膝关节弯曲。右腿要直，使身体的重心偏向左腿，上身自然向前倾斜约 10°。右手前臂与锉刀保持直线，肘关节尽可能后缩。胸脯与锉刀约 45°。左手肘关节弯曲成约 100°，并比手掌略高。双腿与台虎钳的距离，可根据身高来调整，以操作方便、协调，便于用力为准（图 10.34 甲）。

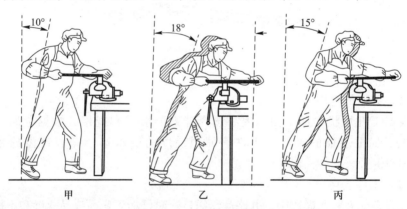

图 10.34   锉削时的姿势

（5）运锉三过程

以 300 mm 平锉刀为例来说明，锉刀前端后 40~50 mm 处和工件接触，余下约 200 mm 有齿部分称为锉削有效长度，将其分成两等份，即前 2/3 和后 1/3。

① 前 2/3 过程　双手将锉刀向前推，人的上身几乎同步随着锉刀向前移，锉刀移动到约 2/3 处时，上身由原倾斜 10° 变为约 18°（图 10.34 乙）。

② 后 1/3 过程　上身由倾斜 18° 紧接着开始向后移，在移动过程中，双手

同时把锉刀推到头，左手肘关节伸直。上身由 18°后移至约 15°（图 10.34 丙）。

③ 返回过程　锉刀略离开工作表面返程，回到起势姿势（图 10.34 甲）。

（6）锉削要领

锉削时，动作要规范、到位，务必注意以下要领：

① 锉削时　应始终保持锉刀水平移动，因此要特别注意两手施力的变化，如图 10.35 所示。锉刀前推时加压、并保持水平；返回时不要紧压工件，以免磨钝锉齿和损伤已加工面。开始推进锉刀时，左手压力大，右手压力小；锉刀推到中间位置时，两手的压力大致相等；再继续推进锉刀，左手压力逐渐减少，右手压力逐渐增大。锉刀返回时不加压力，以免磨钝锉齿和损伤已加工面。

② 运锉时　左手肘关节要由弯曲（约 100°）到伸直（约 180°）再弯曲。否则，锉刀锉削有效长度不能被充分利用，甚至不是主要靠手运锉而变为靠身体去推，加速人的疲劳。

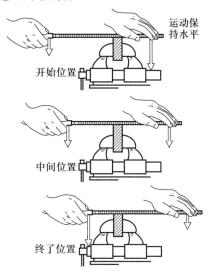

图 10.35　锉削时施力的变化

③ 人的身体和双手运锉是一种合成运动，都要靠左腿膝关节来支承，故膝关节不能伸直。

3. 锉削方法

（1）平面锉削

常用的平面锉削方法有交叉锉法、顺锉法和推锉法。

① 交叉锉　是从两个交叉方向对工件进行锉削，锉削时锉刀与工件的接触面积增大，锉刀易掌握平衡，容易锉出较平整的表面且效率较高，适用于较大面积的粗加工（图 10.36a）。交叉锉后要用顺锉法和推锉法进行修光。

② 顺锉　是顺着同一方向对工件进行锉削，也是最基本的锉削方法。用此方法锉削可得到正直的锉痕，比较整齐美观，适用于工件表面最后的锉光和锉削不大的平面（图 10.36b）。

③ 推锉　是双手对称地横握锉刀，用大拇指推动锉刀顺着工件长度方向进行锉削，可以得到平整光洁的表面，推锉法仅用于修光，特别适用于锉削窄长平面和不能用顺锉法加工的场合（图 10.36c）。

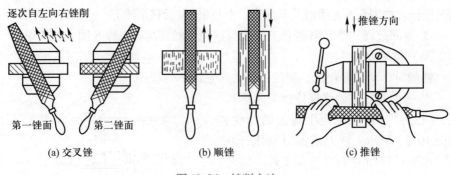

(a) 交叉锉　　　　　　　(b) 顺锉　　　　　　　(c) 推锉

图 10.36　锉削方法

（2）曲面锉削

曲面锉削分外圆弧面锉削和内圆弧面锉削两种。

① 外圆弧面锉削　锉削时，锉刀既向前推进又绕圆弧面中心摆动。常用的操作是顺着圆弧面的滚锉法和横着圆弧面的横锉法，图 10.37a 为滚锉法，图 10.37b 为横锉法。

② 内圆弧面锉削　锉削时，锉刀在向前推进和左右移动的同时，还要绕自身中心转动，如图 10.37c 所示。

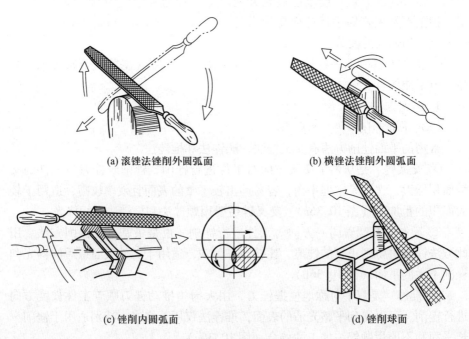

(a) 滚锉法锉削外圆弧面　　　　　　(b) 横锉法锉削外圆弧面

(c) 锉削内圆弧面　　　　　　(d) 锉削球面

图 10.37　曲面锉削方法

4. 质量检测

工件的尺寸精度可用钢直尺和游标卡尺检查；直线度、平面度、垂直度等几何精度可用刀口形直尺、90°角尺等，根据是否漏光来检查（图 10.38、图 10.39）。

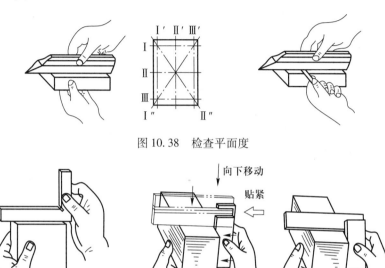

图 10.38　检查平面度

图 10.39　检查直线度和垂直度

5. 锉削注意事项

① 工件要夹牢在虎钳中间，锉削部位应靠近钳口，离钳口侧面约 7～10 mm，以防锉刀锉到虎钳。

② 严禁使用无柄的锉刀，以免刺伤手心。

③ 锉屑不准用嘴吹，以防锉屑飞入眼中。也不准用手清除，应用毛刷清理。

④ 锉削时不要用手触摸锉削的表面，以免粘上汗和油脂，再锉时打滑。

⑤ 锉刀齿面堵塞后，应用钢丝刷顺着锉纹方向刷去锉屑。

⑥ 锉刀放置时，不要露出钳工工作台台面以外，以免碰落摔断或砸伤脚面。

10.1.5　钻削

钻加工是孔的主要加工方法。回转体工件中心的孔通常在车床上加工；非回转体工件上的孔、回转体工件上非中心位置的孔，以及大孔及精度要求较高的孔、特别是对位置精度要求较高的孔系的加工通常在镗床上加工。钻床常用于数量多，直径小，精度不很高的孔的加工。在钻床上可以完成的工作很多，如钻孔、扩孔、铰孔、锪孔、攻螺纹和套螺纹等。钻削时，工件不动，刀具既作旋转的主运动又作轴向的进给运动。图 10.40 所示为钻削的运动和加工范围。

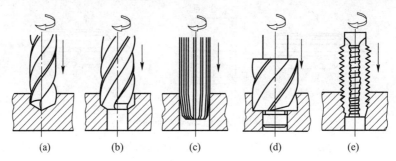

图 10.40　钻床的几种典型加工表面

1. 钻床

钻床的种类较多，常用的有台式钻床、立式钻床和摇臂钻床三种。

（1）台式钻床

台式钻床（图 10.41）是一种放在钳工桌上使用的小型钻床，适于小型零

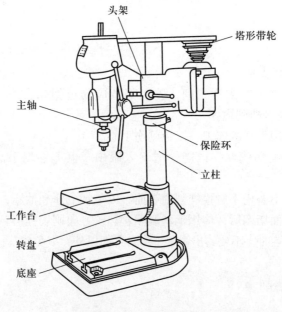

图 10.41　台式钻床

件上孔径在 12 mm 以下小孔的加工，主轴的旋转运动通过塔形带轮和 V 带来变速。主轴的进给运动为手动。为了适应不同高度工件的需要，主轴架可以沿立柱上下调节位置。台钻转速高，小巧灵活，使用方便，在仪表制造、钳工和装配型零件上用得最多。

（2）立式钻床

立式钻床的主轴在水平面上的位置是固定的，这一点与台式钻床相同。在加工时，必须移动工件，使要加工的孔的中心对准主轴轴线。因此，立式钻床适合于中小型工件上孔的加工。

图 10.42 为立式钻床的外观图。主轴箱中装有主轴、主运动变速机构、进给运动变速机构和操纵机构。主轴能够正反旋转。利用进给手柄使主轴沿着主轴套筒一起作手动进给，以及接通或者断开机动进给。工件安装在工作台上。工作台和主轴箱都装在方形截面的立柱垂直导轨上，可以上下调节位置，以适应不同高度的工件。立钻的规格用钻孔的直径来表示，常用的有 25 mm、35 mm、40 mm 和 50 mm 等几种。

（3）摇臂钻床

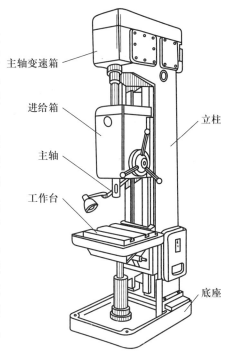

图 10.42　立式钻床

图 10.43 为摇臂钻床的外观图。它有一个能绕立柱回转的摇臂，摇臂带动主轴箱可沿立柱垂直移动。主轴箱还能在摇臂上作横向移动。由于摇臂钻床结构上这些特点，操作时能很方便地调整刀具的位置，以对准被加工孔的中心，而不需移动工件。因此，适于单件或成批生产中对笨重的大工件、复杂工件或多孔工件进行加工。

2. 钻孔

钻孔是用钻头在实体材料上加工孔的方法。钻孔属于粗加工，尺寸精度一般在 IT10 以下，表面粗糙度 Ra 值大于 12.5 μm。

（1）麻花钻

麻花钻是最常用的钻孔刀具，一般用高速钢制成。麻花钻（图 10.44）由柄部、颈部和工作部分组成。柄部是钻头的夹持部分，用以传递扭矩和轴向力，它有直柄和锥柄两种形式，直柄传递的力矩较小，用于直径小于 12 mm 的钻头，通过钻夹头（图 10.45）装在钻床主轴锥孔内；锥柄用于直径大于 12 mm 的钻头，大尺寸锥柄钻头可直接装在钻床主轴锥孔内，小尺寸锥柄钻头则要选择合适的过渡套（图 10.46）装在钻床主轴锥孔内。颈部是磨削钻头时供砂轮退出用，也可刻印商标和钻头规格。

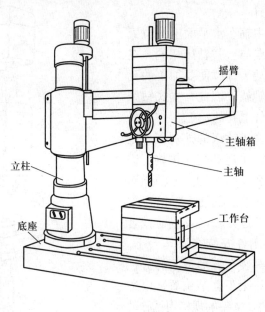

图 10.43　臂钻床

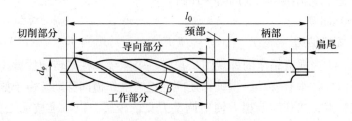

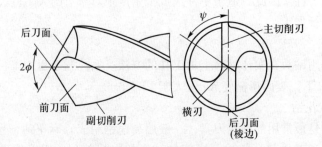

图 10.44　麻花钻的构造

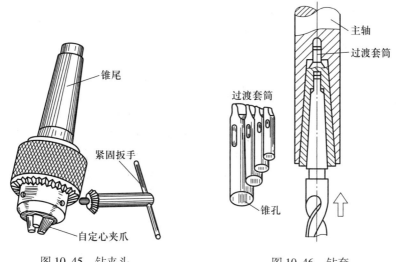

图 10.45　钻夹头　　　　　　　　　　图 10.46　钻套

工作部分包括导向部分和切削部分。导向部分有两条螺旋槽和两条窄长的螺旋棱带（又称刃带）。螺旋槽用以形成切削刃和前角，还起排屑和输送切削液的作用。棱带起导向和修光孔壁的作用，它有很小的倒锥，由切削部分向柄部方向逐渐减小，形成倒锥，以减少与孔壁的摩擦。导向部分也是切削部分的后备部分。切削部分如图 10.47 所示，前刀面是两个螺旋槽表面，切屑沿此螺旋槽排出。

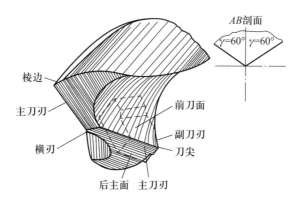

图 10.47　麻花钻的切削部分

主后刀面是钻头顶端的两个曲面，经刃磨而成，与工件加工表面相对。副后刀面是两条螺旋棱带，它与工件已加工表面（孔壁）相对。主切削刃是前刀面与主后刀面的交线，起主要切削作用，两主切削刃之间的夹角 2ψ 称为顶角（锋角），标准麻花钻顶角为：$2\psi = 180° \pm 2°$。副切削刃是前刀面与副后刀面的交线，起修光孔壁的作用。横刃是两主后刀面的交线，起钻入和定心的作用。对称的主切削刃和副切削刃可视为两把反向安装的外圆车刀。钻头棱带切线与轴线之间的夹角称为螺旋角 β，标准麻花钻的螺旋角为 $18° \sim 30°$。

一般为 $50° \sim 55°$。

（2）工件的装夹

常用的装夹方法如图 10.48 所示。薄壁小件用手虎钳装夹（图 10.48a），中小型的工件一般使用平口钳装夹（图 10.48c），较大的工件可以使用压板和螺栓直接安装在工作台上（图 10.48d），对于圆形工件可用 V 形铁安装（图 10.48b），在成批或大量生产中，多采用钻模等专用夹具安装。

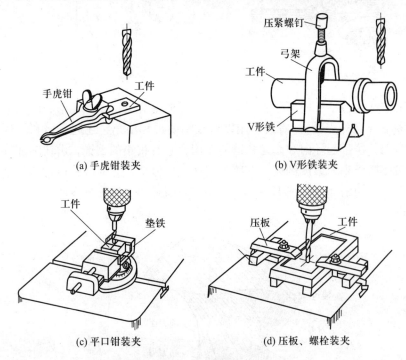

(a) 手虎钳装夹　　(b) V形铁装夹

(c) 平口钳装夹　　(d) 压板、螺栓装夹

图 10.48　工件装夹

3. 扩孔

扩孔是用扩孔钻（图 10.49）对工件上已有孔（铸出、锻出或钻出的孔）进行扩大加工（图 10.50）。

① 扩孔钻刀齿多，一般有 $3 \sim 4$ 个齿，因此切削时受力均衡，导向好，切削平稳。

② 扩孔是对已有的孔进行扩大加工，故切削刃不需延至中心，扩孔时轴向力较小。

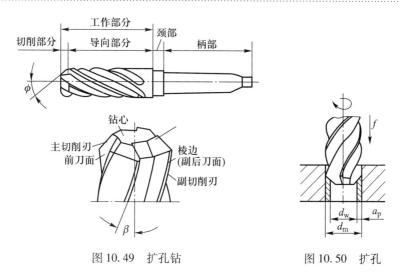

图 10.49　扩孔钻　　　　　　　图 10.50　扩孔

③ 扩孔余量较小，一般为 0.4～5 mm，故扩孔钻的容屑槽浅，钻心大，刀体强度高，刚性好，能采用较大的进给量。

由于上述原因，扩孔的加工质量比钻孔高，一般尺寸精度可达 IT10～IT98，表面粗糙度 Ra 值为 3.2～6.3 μm，属于半精加工，常作为铰孔前的预加工，对于质量要求不太高的孔，扩孔也可作为孔的最终加工。

4. 锪孔

锪孔是在孔口表面用锪钻加工出一定形状的孔或平面的方法。例如锪圆柱形孔、锪圆锥形孔、锪孔口平面等。如图 10.51 所示。

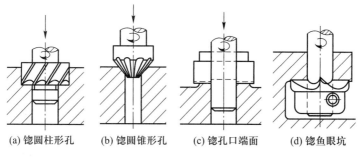

(a) 锪圆柱形孔　　(b) 锪圆锥形孔　　(c) 锪孔口端面　　(d) 锪鱼眼坑

图 10.51　几种常用的锪孔方法

锪钻前端的导柱（图 10.51a）是为了保证原孔和埋头孔同心。锥形锪钻（图 10.51b）的顶角有 60°、75°、90° 及 120° 四种，其中以 90° 角用得最多，锥形锪钻有 6～12 个刀刃。端面锪钻用于锪与孔垂直的孔口凸台平面（图 10.51c）或凹坑平面（图 10.51d）。小直径的孔口端面可直接用圆柱形埋头孔锪钻加工，较大的孔口端面也可自行设计制造锪钻。

锪孔一般在钻床上进行，锪钻旋转，由手动进给，切削速度不宜太高，用力不宜过大。

5. 铰孔

铰孔是用铰刀（图 10.52a）对已有孔进行精加工（图 10.52b），一般尺寸精度可达 IT9～IT7，表面粗糙度 Ra 值为 0.4～1.6 μm。铰孔用铰刀有手用铰刀和机用铰刀两种（图 10.52a）。手用铰刀尾部为直柄，末端铣成方头，供铰杠夹持用，工作部分较长。机用铰刀尾部为锥柄，通过钻套直接安装在机床主轴上，工作部分较短。

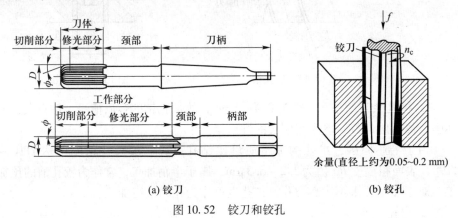

(a) 铰刀　　　　　　　　　　　　　(b) 铰孔

图 10.52　铰刀和铰孔

铰刀由柄部、颈部和工作部分组成，工作部分又分为切削部分和修光部分。

切削部分为锥形，担任主要的切削工作；修光部分由圆柱和倒锥两部分组成，起导向和修光作用。铰刀刀齿多，一般有 6～12 个刀齿，每个刀齿的切削负荷较轻，加上铰孔的加工余量很小（粗铰 0.15～0.5 mm，精铰 0.05～0.25 mm），切削速度低（粗铰 4～10 m/min，精铰 1.5～5 m/min），而且修光部分比较长，因此加工精度高，表面粗糙度值低。

麻花钻、扩孔钻和铰刀都是标准刀具，市场上比较容易买到。对于中等尺寸以下较精密的孔，在单件小批乃至大批大量生产中，钻—扩—铰都是经常采用的典型工艺。

钻、扩、铰只能保证孔本身的精度而不易保证孔与孔之间的尺寸精度及位置精度。为了解决这一问题，可以利用夹具（如钻模）进行加工，或者采用镗孔。

6. 钻削注意事项

① 严禁戴手套或手抓棉纱头操作。

② 工件必须牢固夹紧，钻床应停车进行变速和更换钻头。不要在主轴停转前用手抓钻夹头。

③ 严禁用手拉或嘴吹钻屑，以防铁屑伤手或伤眼，要在停车后用钩子或刷子清除。使用电钻时应注意用电安全。

10.1.6　攻螺纹与套螺纹

用丝锥加工内螺纹叫攻丝，用板牙加工外螺纹叫套丝。螺纹形状有许多种，用丝锥和板牙是加工三角螺纹最常见的一种。

1. 攻丝

（1）攻螺纹工具

① 丝锥　丝锥（图 10.53）是专门用来加工内螺纹的成形刀具，常用合金工具钢 9SiG 制成，常温时硬度为 62～65HRC，可耐 350℃ 左右的高温。

丝锥由工作部分和柄部组成。工作部分包括切削部分和校准部分。切削部分有切削锥度，易使丝锥切入工件。校准部分起修光螺纹和引导丝锥作用，柄部有方头，攻螺纹时用以传递扭矩。

丝锥分手用和机用两种。手用丝锥又分头锥和二锥，区别是切削部分长短和锥角不同。头锥较长，锥角较小，约有 5～6 个不完整的齿，以便切入工件。二锥较短，锥角大些，约有 2～3 个不完整的齿。机用丝锥整体较长，柄部有一环形长槽。没有头、二锥区别，一只就是一副。

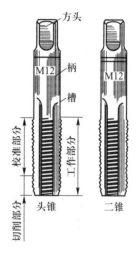

图 10.53　丝锥

② 铰杠　铰杠是夹持、板转丝锥的工具。常用的铰杠是可调试的（图 10.54）。转动活动手柄调节方孔大小，可夹持不同尺寸的丝锥。

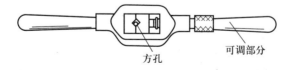

图 10.54　铰杠

（2）攻螺纹前底孔计算

攻螺纹前，需要底孔，底孔直径的大小，要考虑工件材料的塑性和钻孔的扩张量，以便攻螺纹时，既能有足够的空隙来容纳被挤出的金属，又能保证加工出的螺纹得到完整的牙型。

加工韧性材料（钢、紫铜等）：$d_0 = D - P$

加工脆性材料（铸铁、紫铜等）：$d_0 = D - (1.05 \sim 1.1)P$

攻不通孔螺纹时，钻孔深度：要求的螺纹长度 $+0.7D$

式中：d_0—钻孔直径（见表10.3）；D—内螺纹大径（mm）；P—螺距（mm）。

表 10.3   钢件上攻螺纹底孔的钻头直径　　　　　（单位为 mm）

螺纹公称直径 D	2	3	4	5	6	7	10	12	14	16	20	24	27	30	36
螺距 P	0.4	0.5	0.7	0.8	1	1.25	1.5	1.75	2	2	2.5	3	3	3.5	4
钻头直径 d_0	1.6	2.5	3.3	4.2	5	6.7	8.5	10.2	11.9	13.9	17.4	20.9	23.9	26.3	31.8

（3）攻螺纹操作

将头锥垂直放入工件孔内，轻压铰杠顺时针旋入 $1 \sim 2$ 圈，靠目测或90°角尺校正后，继续轻压旋入。当丝锥切削部分全部切入底孔后，转动铰杠不再加压。每转一圈，应反转1/4圈。便于断屑（图10.55）。

攻通孔螺纹，用头锥攻穿即可。攻盲孔螺纹需交替使用头、二锥、才能攻到所需深度。

攻钢件螺纹，可加油润滑。攻铸铁螺纹，不加油润滑或只加煤油润滑。

2. 套螺纹

（1）套螺纹工具

① 板牙　板牙是加工外螺纹的专用刀具，用合金工具钢或高速钢经淬火回火制成。板牙有固定式和可调式两种，如图10.56所示的是开缝式板牙。板牙由切削部分、校正部分和排屑孔组成。切削部分是板牙两端带有60°锥度部分。校正部分是板牙的中间部分，起着修光和导向作用。

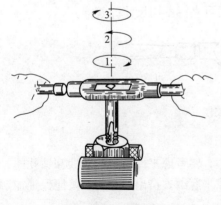

图 10.55   攻螺纹

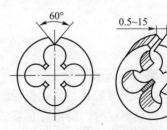

图 10.56   开缝式板牙

② 板牙架　板牙架是用来装夹板牙，传递力矩的工具（图 10.57）。板牙放入后，用螺钉固紧。

图 10.57　板牙架

1—撑开板牙螺钉；2—调整板牙螺钉；3—固紧板牙螺钉

（2）套螺纹前圆杆直径计算

套螺纹前应检查圆杆直径，圆杆直径过大，板牙不易套入；直径过小，套螺纹后，螺纹牙型不完整。圆杆直径可根据经验公式计算。

$$D = d - 0.13P$$

式中：D—圆杆直径（mm）（见表 10.4）；d—外螺纹大径（mm）；P—螺距（mm）

表 10.4　部分普通螺纹套螺纹时圆杆直径　　（单位为 mm）

螺纹公称直径 d	螺距 P	圆杆直径 D		螺纹公称直径 d	螺距 P	圆杆直径 D	
		最小直径	最大直径			最小直径	最大直径
M6	1	5.8	5.9	M16	2	15.7	15.8
M8	1.25	7.8	7.9	M18	2.5	17.7	17.85
M10	1.5	9.75	9.85	M20	2.5	19.7	19.85
M12	1.75	11.75	11.9	M22	2.5	21.7	21.85
M14	2	13.7	13.85	M24	3	23.65	23.8

（3）套螺纹操作

套螺纹前，圆杆端头应倒角 60°左右，使板牙易套入。

套螺纹时，将圆杆垂直夹在台虎钳上，保持板牙端面与圆杆轴线垂直（图 10.58），开始套螺纹时，适当加压按顺时针旋转板牙架，套入几圈后，即可只旋转，不施压。为了断屑，每转一周反转 1/4 周。套丝时，还应根据工件材料加适当润滑油或切削液润滑。

3. 注意事项

① 攻螺纹（套螺纹）较吃力时，应将丝锥（板牙）倒退出，清理后再攻

（套）。

　　② 攻不通螺孔时，应注意是否已到底，以防折断丝锥。

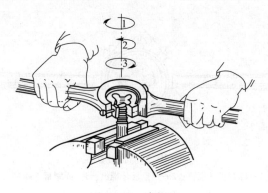

图 10.58　套螺纹

10.1.7　刮削

　　刮削是用刮刀在工件表面上刮去一层很薄金属的操作。

　　刮削是钳工中的一种精密加工，刮削后的工件具有形位误差小，尺寸精度高，配合面接触精度好的特点，因此刮削常用于零件上相互配合的重要滑动表面（如机床导轨、滑动轴承、划线平台等）。刮削后的表面粗糙度 Ra 值可达 1.6 μm 以下。

　　1. 刮削工具

　　（1）刮刀

　　刮刀是刮削的主要工具，一般由碳素工具钢或弹性好的轴承钢锻制成。刮削淬硬件时，也可焊上硬质合金刀头。

　　刮刀分平面刮刀和曲面刮刀两种。平面刮刀（图 10.59）主要用于刮削平面和外曲面，如平板、工作台、导轨面等。按所刮表面的精度要求不同，刮刀分为粗刮刀、细刮刀和精刮刀三种。曲面刮刀（图 10.60）主要用于刮内曲面，如滑动轴承等。

　　（2）校准工具

　　校准工具是用来磨研点和检验刮面准确性的工具，有时也称为研具。常用的有以下几种：

　　① 校准平板：用来校验较宽的平面，选用面积应大于刮面的 3/4，其结构和形状如图 10.61a 所示。

　　② 校准直尺：用来校验狭长平面，形状如图 10.61 所示；图 10.61b 是

桥式直尺，用来校验机床较大导轨的直线度；图 10.61c 是工字型直尺，它有单面和双面的两种，双面工字型直尺常用来校验狭长平面相对位置的准确性。

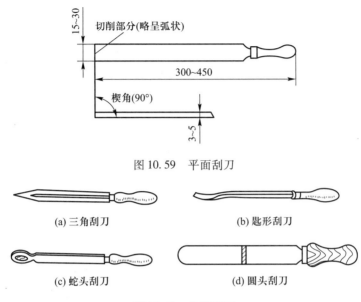

图 10.59　平面刮刀

(a) 三角刮刀　　　　　　　　　　(b) 匙形刮刀

(c) 蛇头刮刀　　　　　　　　　　(d) 圆头刮刀

图 10.60　曲面刮刀

③ 角度直尺。用来校验两个刮面成角度的组合平面，如燕尾导轨的角度等，其形状如图 10.61d 所示。

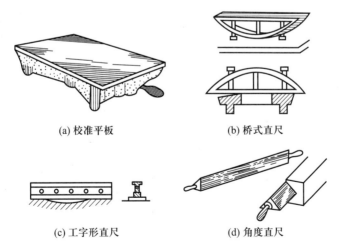

(a) 校准平板　　　　　　　　　　(b) 桥式直尺

(c) 工字形直尺　　　　　　　　　(d) 角度直尺

图 10.61　校准工具

2. 刮削质量检验

刮削质量是以研点法（图 10.62）来检验的，即将工件的刮削表面擦净，均匀地涂上一层很薄的红丹油，然后与校准工具（校准平板）稍加力配研。工件表面上的高点，在配研后，红丹油被磨去，显示出亮点（贴合点）。刮削表面的精度是以（25×25）mm² 的面积内，均匀分布的贴合点的数量和分布疏密程度来表示。点子数愈多，点子愈小，其刮削质量愈好。刮削质量（图 10.62）是以 25×25 mm² 面积内，均匀分布的贴合点的点数来表示。点数越多、越小，刮削质量越好，各种平面刮削质量标准见表 10.5。

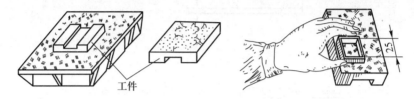

图 10.62　刮削质量的检验

表 10.5　各种平面刮削质量标准

平面种类	质量标准（25×25）mm² 面积内的点子数	应用范围
普通平面	10～14 点	固定接触面（工作台面）
中等平面	15～23 点	机床导轨面、量具的接触面
高精平面	24～30 点	平板、直尺、精密机床的导轨面
超精平面	30 点以上	精密工具的接触面

3. 刮削方法

刮削方法分平面刮削和曲面刮削。

（1）平面刮削

1）刮削方式

平面刮削方法有手刮法和挺刮法两种。

① 挺刮法（图 10.63a）　刮削时将刮刀柄放在小腹右下侧，双手握住刀身，左手在前，握于距刮刀刃约 80 mm 处，右手在后，刀刃对准研点，左手下压，利用腿部和臀部的力量将刮刀向前推进，当推进到所需距离后，用双手迅速将刮刀提起，这样就完成了一个挺刮动作。由于挺刮用下腹肌肉施力，每刀切削量较大，因此适合大余量刮削，工作效率较高。

② 手刮法（图 10.63b）　刮削时右手握刮刀柄，右手 4 指向下蜷曲握住刮刀近头部约 50 mm 处，刮刀和刮面成 25°～30°角。左脚向前跨一步，上身随着

刮削而向前倾斜，以增加左手压力，也便于看清刮刀前面的研点情况。右臂利用上身摆动使刮刀向前推进，在推进的同时，左手下压，引导刮刀前进，当推到所需距离后，左手迅速提起，这样就完成了一个手刮动作。

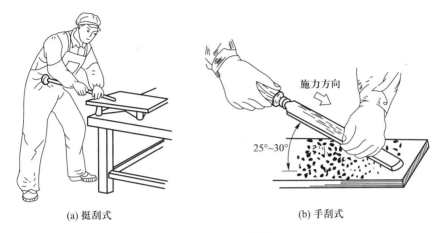

(a) 挺刮式　　　　　　　　　　(b) 手刮式

图 10.63　平面刮削方式

2）刮削步骤

① 粗刮　工件表面粗糙，加工痕迹较深，刮削余量在 ≤0.15 mm。用长刮刀先粗刮，刮削方向应与机械加工的刀痕约成 45°刮刀痕迹要连成片，各次刮削方向应交叉。当机械加工刀痕刮去后，即可研点。再按显示出来的高点刮削。当工件表面研点增至（25×25）mm² 内有 4~5 点时，便开始细刮。

② 细刮　细刮时可换较短的刮刀，刀痕要短，各次刮削方向应交叉。当研点增至（25×25）mm² 内有 12~15 点时，可转入精刮。

③ 精刮　采用短而窄的精刮刀在细刮的基础上进行。精刮时，将大而宽的高点全部刮去，中等大的点子中部刮去，小点子则不刮。经过反复刮削研点，可达到（25×25）mm² 内 25~30 点以上。

④ 刮花　为使工件外表美观，起装饰作用，用刮刀可刮出多种花纹（图 10.64）。

(a) 斜纹花　　　(b) 斜地直纹花　　　(c) 鱼鳞纹花　　　(d) 扇面纹花

图 10.64　刮花的花纹

（2）曲面刮削

曲面刮削和平面刮削原理一样，主要是刮削运转精度要求高的滑动轴承的轴瓦、衬套等（图 10.65）。刮削前，在轴上涂一层显示剂，再与轴瓦配研，当轴瓦研出点子后，用三角刮刀按平面刮削步骤进行。

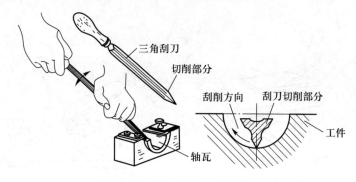

图 10.65　用三角刮刀刮削轴瓦

4. 刮削注意事项

① 工件放置的高度要适当，一般应低于腰部。

② 刮削时，姿势要正确，用力要均匀，刀具轨迹控制要正确，且刮点准确合理，不产生明显的振痕和刀痕。

③ 涂抹显示剂（红丹油或蓝油）时要厚薄均匀，以免影响工件表面所显示研点的正确性。

10.1.8　研磨

研磨是用研磨工具和研磨剂从工件表面磨去一层极薄金属的加工方法。研磨可达到其他切削加工方法难以达到的加工精度，尺寸精度可达 IT5～IT3，表面粗糙度 Ra 值可达 0.1～0.008 μm。

1. 研磨工具

一般研磨工具要比工件软，形状不同的工件用不同的研磨工具。常用的研磨工具有研磨平板、研磨环、研磨棒等（图 10.66），一般用铸铁制成。

2. 研磨剂

研磨剂由磨料、研磨液和辅料调和而成。磨料一般只用微粉。研磨液用煤油加机油，起润滑、冷却以及使磨料能均匀地分布在研具表面的作用。辅料指油酸、硬脂酸或工业用甘油等强氧化剂，使工件表面生成一层极薄的疏松的氧化膜，以提高研磨效率。

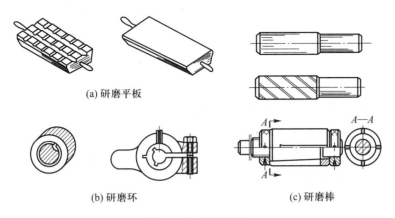

(a) 研磨平板

(b) 研磨环　　　　　　　(c) 研磨棒

图 10.66　研磨工具

3. 研磨工作

（1）研磨平面

将研磨平板擦净，涂上适量研磨剂，手按工件均匀而缓慢地在平板上作螺旋形或 8 字形运动，并不时将工件掉头或偏转（图 10.67）。

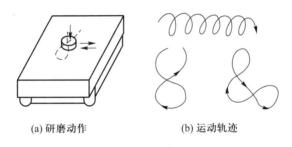

(a) 研磨动作　　　　　　(b) 运动轨迹

图 10.67　研磨平面

（2）研磨外圆

在工件上涂上研磨剂，装夹在机床上、套上研磨环，转动工件，手握研磨环作往复轴向运动。研磨一段时间后，将工件掉头继续研磨（图 10.68）。

（3）研磨内孔

内孔研磨与外圆研磨相似，区别在于研磨棒做旋转运动，工件做往复轴向移动（图 10.69）。

研磨之所以能达到这么高的加工精度，是因为研磨具有"三性"，即微细性、随机性和针对性的缘故。研磨是在良好的预加工基础上进行的 $0.01 \sim 0.1 \mu m$ 切削，即微细性；研磨过程中工件与研具的接触是随机的，可使研点相互修整，逐步减小误差，即随机性；手工研磨可通过不时地检测工件，有针对地变动研磨位置和施力大小，掌握研磨时间，有效地控制加工质量，即针对性。

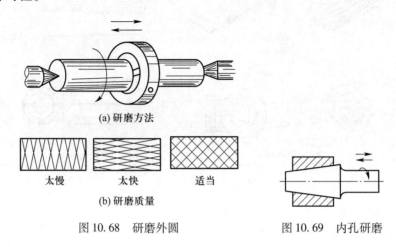

(a) 研磨方法

太慢   太快   适当

(b) 研磨质量

图 10.68   研磨外圆   图 10.69   内孔研磨

研磨可加工钢、铸铁、铜、铝及其合金、硬质合金、半导体、陶瓷、玻璃，塑料等材料；可加工常见的各种表面，且不需要复杂和高精度设备，方法简便可靠，容易保证质量。但研磨一般不能提高表面之间的位置精度，且生产率低。研磨作为一种传统的精密加工方法，仍广泛用于现代工业中各种精密零件的加工。例如，精密量具、精密刀具、光学玻璃镜片以及精密配合表面等。单件小批生产中用手工研磨，大批大量生产中则在研磨机上进行。

10.2   装   配

装配是将零件按规定的技术要求及装配工艺组装起来，经过调试，使之成为合格产品的过程。

装配工作是产品制造的最后阶段，装配工作的好坏直接影响产品质量。即使零件的加工精度很高，如果装配不正确，也会使产品达不到规定的技术要求。例如，机床主轴装配不正确，加工出来的零件就无法达到图纸技术要求。发动机装配不正确，将达不到额定的功率，燃耗加大，机件磨损，寿命缩短等。因此，装配在机器制造业中占有很重要的地位。

10.2.1 装配方法

为了使装配的产品符合技术要求，根据产品的结构，批量及零件的精度等情况，可采用如下装配方法。

1. 完全互换法

是指装配时各个零件不需要进行任何选择、修配和调整，就可以达到所规定的装配精度。完全互换法操作简单，生产效率高，便于组织流水作业，维修时零件互换方便，但对零件的加工精度要求高。一般适用于装配精度要求不高，产品批量较大的情况。

2. 选配法

是指将零件的制造公差适当放大，装配时按零件的实际尺寸大小顺序分组，然后将对应的各组配合进行装配，以达到要求的装配精度，选配法降低了零件的制造成本，但增加了零件的测量，分组工作。一般适用于成批生产中的某些精密配合处。

3. 修配法

是指在装配过程中，根据实际情况修去某配合件上的预留量，来消除积累误差，以达到规定的装配精度。如车床两顶尖不等高时，修刮尾座底板。修配法降低了零件的加工精度，从而降低了生产成本，但增加了装配难度。一般适用于单件、小批且装配精度要求较高的情况。

4. 调整法

装配时，通过调整一个或几个零件的位置，以消除相关零件的累积误差，从而达到装配要求。如用不同尺寸的可换垫片、衬套、可调节螺丝、镶条等进行调整。其特点是可进行定期调整，易于保持和恢复配合精度，且零件的加工精度不高。此法适用于单件小批量生产或由于磨损引起配合间隙变化的结构。

10.2.2 零件配合种类

1. 间隙配合

配合面有一定的间隙量，以保证配合零件符合相对运动的要求，如滑动轴承与轴的配合。

2. 过渡配合

配合面有较小的间隙或过盈，以保证配合零件高的同轴度，且装拆容易。

3. 过盈配合

装配后，轴和孔的过盈量使零件配合面产生弹性压力，形成紧固连接。

10.2.3   零件的连接方式

按照零件的连接要求，连接方式可分为固定连接和活动连接两种。固定连接后，连接零件间没有相对运动，如螺纹连接、销的连接、键的连接等；活动连接后，零件间能按规定的要求做相对运动，如螺母丝杠，轴承等。

按照零件连接后能否拆卸，连接方式又可分为可拆式连接和不可拆式连接两种。可拆式连接在拆卸时，零件不损坏，如螺纹、键连接等；不可拆式连接拆卸时，会损坏其中一个或几个零件，如焊接、铆接、粘接、压合等。

10.2.4   装配组合形式

装配分为组件装配，部件装配和总装配

1. 组件装配

将若干个零件安装在一个基础零件上面构成组件。例如减速箱的一根轴系。

2. 部件装配

将若干个零件、组件安装在另一个基础零件上而构成部件（独立机构）。例如减速箱即是。

3. 总装配

将若干个零件、组件、部件安装在产品的基础零件上而构成产品。例如车床即是由几个箱体等部件安装在床身上而构成的。

10.2.5   装配工艺过程

1. 装配前的准备

研究和熟悉产品装配图、工艺文件和技术要求，了解产品结构、零件的作用及相互间的连接关系；按照装配工艺规程确定装配方法、顺序，准备所需的工具（图10.70为常用的拆装工具）；对装配的零件进行清理、清洗（去油污、毛刺、锈蚀及污物）；涂防护润滑油；完成需要的修配工作。

产品装配完成后，进行调整、测试、检验。

2. 装配

① 按组件装配，部件装配及总装配的顺序依次进行装配。

　　② 调试及精度检验　调整零件间的相对位置、配合精度，检验各部件的几何精度、工作精度和整机性能，如温升、转速、平稳性、噪声等。

　　③ 喷漆、涂油及装箱　机器的外表面一般进行喷漆，加工表面涂防锈油，然后装箱入库。

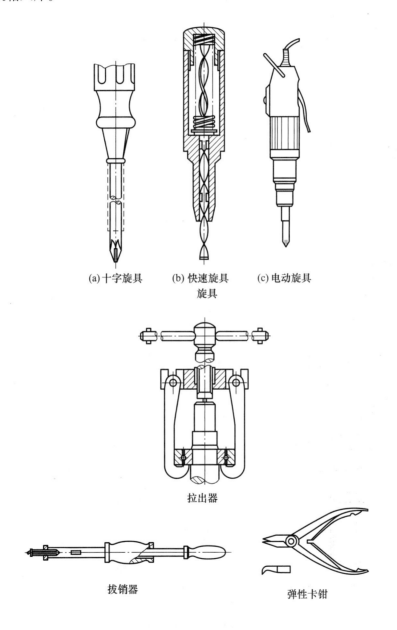

(a)十字旋具　　(b) 快速旋具　　(c) 电动旋具

旋具

拉出器

拔销器　　　　　　　　　　弹性卡钳

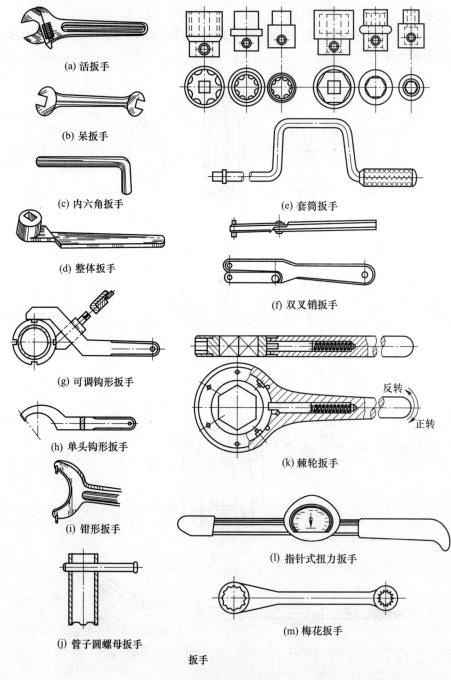

(a) 活扳手

(b) 呆扳手

(c) 内六角扳手

(d) 整体扳手

(e) 套筒扳手

(f) 双叉销扳手

(g) 可调钩形扳手

(h) 单头钩形扳手

(i) 钳形扳手

(j) 管子圆螺母扳手

(k) 棘轮扳手

反转

正转

(l) 指针式扭力扳手

(m) 梅花扳手

扳手

图 10.70　装配工具

10.2.6　装配工作要点

装配基本原则是上一装配工序不能影响下一工序而走弯路。重要的零、部件在装配前要反复、认真、仔细地检查，次要的不显眼的小零件不可遗忘装配。固定连接的零部件连接要可靠，活动连接的零部件应有正常间隙和上润滑油（或脂），汽道、油道要畅通。高速运动机构的外面不得有凸出的螺钉头、销钉头等。试车前，应检查各部件连接的可靠性和运动的灵活性，检查各种变速和变向机构的操纵是否灵活，手柄位置是否在合适的位置，试车时，从低速到高速逐渐逐步进行。并且根据试车情况，进行必要的调整，使其达到运转的要求，但是要注意不能在运转中进行调整。

10.2.7　基本元件的装配

1. 螺纹连接的装配

装配中，经常大量地使用螺钉、螺母与螺栓来连接零部件（图 10.71）。螺纹连接装配时应注意以下几点：

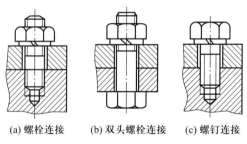

(a) 螺栓连接　　(b) 双头螺栓连接　　(c) 螺钉连接

图 10.71　螺纹连接的形式

① 螺纹连接应做到能自由旋入。过紧会咬坏螺纹，过松则受力后螺纹易断裂。

② 螺母端面应与螺栓轴线垂直，以使受力均匀。

③ 零件与螺栓、螺钉与螺母贴合面应平整光洁，否则螺纹易松动。为提高贴合质量常加垫圈。

④ 双头螺栓要牢固地拧在连接体上，不能有松动，且松紧程度须适当，否则过紧会使螺钉拉长或拉断，过松则不能保证机器工作时的稳定性和可靠性。装配时，应使用润滑油。

⑤ 装配成组螺钉、螺母时，为了保证零件贴合面受力均匀，应按一定顺

序来旋紧（图10.72），并且不要一次完全旋紧，应按顺序分两次或三次旋紧，即第一次先旋紧到一半的程度，然后再完全旋紧。

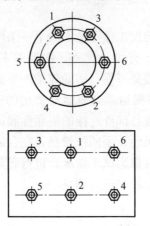

图 10.72 成组螺母的拧紧顺序

⑥ 螺纹连接要有防松措施（图10.73）。

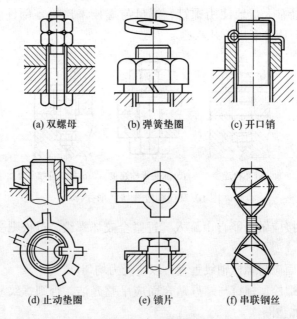

(a) 双螺母　　　　(b) 弹簧垫圈　　　　(c) 开口销

(d) 止动垫圈　　　　(e) 锁片　　　　(f) 串联钢丝

图 10.73 防松措施

2. 键连接的装配

键一般用于连接轴和传动轮（如齿轮、带轮、蜗轮）且主要传递扭矩。键一般有平键、半圆和楔键。

　　平键、半圆键连接装配时，先将键压入轴的键槽内，然后套入带键槽的轮毂（图 10.74a），键的底面要与轴上键槽底面接触，而键的顶面与轮毂要有一定的间隙，键的两个侧面与键槽要有一定的过盈。

　　楔键连接装配时，先将轴与轮毂的位置摆好，然后将键用手锤敲入（图 10.74b）。键的顶面和底面与键槽接触，而两个侧面有一定的间隙。

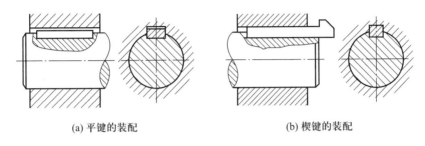

(a) 平键的装配　　　　　　　　　　(b) 楔键的装配

图 10.74　链的装配

　　3. 销连接的装配

　　销主要用于固定两个或两个以上零件之间的相对位置，且传递的载荷较小。常用的有圆柱销和圆锥销（图 10.75）。

　　圆柱销装配时，先将被连接件紧固在一起进行钻孔和铰孔，然后将孔涂上润滑油，用铜棒把销子敲入销孔（图 10.76）。注意圆柱销的连接靠销与孔的过盈配合，圆柱销一经拆卸，便失去过盈，需要更换。

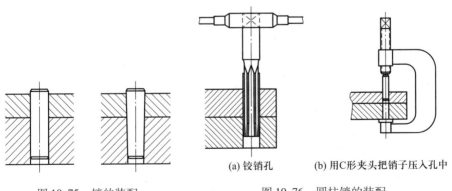

(a) 铰销孔　　　　　(b) 用C形夹头把销子压入孔中

图 10.75　销的装配　　　　　　图 10.76　圆柱销的装配

　　圆锥销大部分是定位销，拆装方便，在一个孔内装拆几次而不损坏连接质量。装配时，也是将被连接件紧固在一起钻孔和铰孔，然后用手将销子塞入孔内，用铜棒将销子敲紧（图 10.77）。

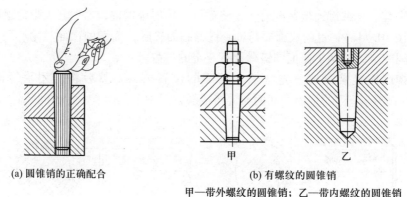

(a) 圆锥销的正确配合　　　　　　　　(b) 有螺纹的圆锥销

甲—带外螺纹的圆锥销；乙—带内螺纹的圆锥销

图 10. 77　圆锥销的装配

4. 滚动轴承的装配

滚动轴承一般由内圈、外圈、滚动体和保持架组成（图 10.78）。在内、外圈上有光滑的凹形滚道，滚动体可沿滚道滚动。滚动体的形状有球形、短圆柱形、圆锥形等。保持架的作用是使滚动体沿滚道均匀分布，并将相邻的滚动体隔开。

在一般情况下，滚动轴承内圈随轴转动，外圈固定不动，因此内圈与轴的配合比外圈与轴承座支承孔的配合要紧一些。滚动轴承的装配大多为较小的过盈配合，常用铜锤或压力机压装。为了使轴承圈受到均匀压力，需垫套之后加压。轴承压到轴上，通过垫套施力于内圈端面（图 10.79a）；轴承压到支承孔中，施力于外圈端面（图 10.79b）；若同时压到轴上和支承孔内，则应同时施力于内外圈端面（图 10.79c）所示。

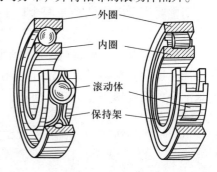

外圈

内圈

滚动体

保持架

图 10. 78　滚动轴承的组成

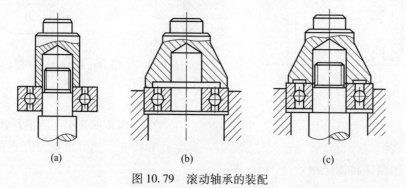

(a)　　　　　　　　　(b)　　　　　　　　　(c)

图 10. 79　滚动轴承的装配

5. 圆柱齿轮的装配

圆柱齿轮传动装配的主要技术要求是保证齿轮传递运动的准确性，相啮合的齿轮表面接触良好及齿侧间隙符合规定等。

在单件或小批量装配时，可把装有齿轮的轴放在两顶尖之间，用百分表检测齿轮径向圆跳动和端面圆跳动（图 10.80）。跳动量均应 ≤0.05 mm 时，可保证齿轮传递运动的准确性。

相互啮合的接触斑点用涂色法检验，如图 10.80 所示为齿轮啮合接触斑点的不同情况。如图 10.81a 所示为齿轮副装配正确时的情况，如图 10.81b 所示为中心距偏大或齿轮铣切过薄所致，如图 10.81c 所示为中心距偏小或齿轮铣切过厚所致，如图 10.81d 所示为齿向误差或两轴轴心线不平行所致。

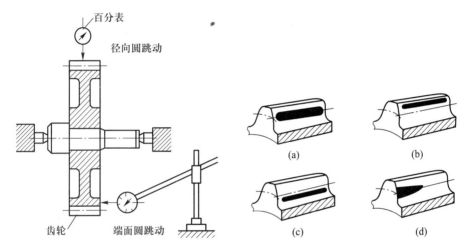

图 10.80　圈径向跳动和端面跳动的测量　　图 10.81　涂色法检验啮合情况

齿侧间隙的测量方法可用塞尺。大模数齿轮可用铅丝，即在两齿间沿齿长方向放置 3~4 根铅丝，齿轮转动时，铅丝被压扁，测量压扁后的铅丝厚度即可知其侧隙。

复习思考题

1. 划线有何作用？如何选择划线基准？

2. 有如图 10.82 所示的铝模板，你能在平板上用高度游标尺、分度头等划线工具划出吗？

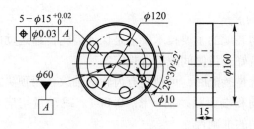

图 10.82　模板

3. 平面划线和立体划线有何区别？试述图 10.16 轴承座立体划线过程。

4. 锉刀和锯条用何种钢材制成？其硬度 HRC 为多少？热硬性（红硬性）为多少？

5. 锯齿为何要按波形排列？锯齿易磨钝、折断和锯斜的原因各是什么？

6. 锉削平面时，为何易锉成凸形？如何克服？

7. 钳工锉削产品几何精度由直线度、平面度、垂直度、平行度、位置度、对称度、倾斜度等项形位精度来保证。你认为首先应保证哪一项，才能保证其他各项？

8. 锯齿、锉齿有粗、中、细区别，加工碳素结构钢、铸铁（铝）、不锈钢各选何种齿？

9. 钻头中主切削刃、副切削刃（刃带）和横刃各起何作用？钻头用高速钢制造，为何不用碳素工具钢或硬质合金制造？

10. 为何要修磨钻头横刃？有 ϕ12 mm 的钻头修磨两主切削刃后，在钢件上钻出的孔径和孔形产生如图 10.83 所示的误差，为什么？

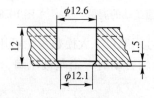

图 10.83　孔形误差

11. 钻床钻孔和车床钻孔，主运动和进给运动有何不同？

12. 麻花钻的切削部分和导向部分起什么作用？刃磨钻头时有什么要求？

13. 为什么扩孔和铰孔的精度比钻孔高？

14. 常用钻床有哪几种？型号及含义如何？分别用在什么场合？

15. 钻床上工件的安装方法有哪几种？各用于什么场合？

卧式镗床由哪些主要部分组成？各有何功用？

16. 简述攻、套螺纹操作过程。要保证螺纹质量关键要注意什么？

17. 手用两只一副丝锥，切削部分和校准部分有何不同，如何区分头锥、二锥？机用丝锥和手用丝锥又有何区别？

18. 自行车两踏脚板是 M14×1.25 细牙螺纹，为何不用 M14×2 粗牙螺纹？且有左、右螺纹区别。你知道那边应左，那边应右吗？为什么？

19. 刮削和研磨有何特点和用途？滑动轴承（机床主轴或汽车曲轴）不经过刮削和研磨工艺，将会产生何种现象？

20. 试述装配的重要性、装配工艺过程及装配工作要点。

21. 有一机床主轴装配后，用百分表在如图 10.84 所示的检测棒上进行检测，A 处轴向（左、右）窜动 >0.15 mm，B 处径向（上下）圆跳动 0.05 mm，试问：对工件加工是否有影响？如有影响，你认为窜动量和跳动量应为多大？

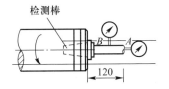

图 10.84　径向跳动和轴向跳动的检测

22. 有一车工师傅急需加工一根 $\phi 15 \times 300$ mm 细长轴，但手头上只有一根 $\phi 110 \times 299$ mm 的棒料，在应急情况下，他准备用一较特殊（不计成本）的方法来加工，但需钳工配合划线。你知道用何种方法划线吗？

第 4 篇　现代制造技术

　　本篇主要介绍数控加工技术基本知识、特种加工技术基本知识、快速原型制造技术基本知识和三坐标测量技术基本知识。

第 11 章 数控加工技术

11.1 概 述

11.1.1 数控机床的发展过程

1948 年，美国空军部门向美国帕森斯公司（Parsons）提出了研制直升机螺旋桨叶片轮廓检验样板加工设备的任务。该公司提出了一个方案，即用大量的直线组成的一条折线来逼近样板曲线，使两者误差控制在允许范围内。然后，将每一条直线在 X、Y 坐标上的投影量编制成一个程序记录在纸带上输给计算机，计算机根据程序指令经过插补计算，同时给 X、Y 的伺服驱动装置发出不同频率、不同数量的指令脉冲，X、Y 两个坐标的伺服驱动装置按照各自的指令脉冲驱动各自的运动部件，从而使刀具相对于工件走了一段由 X、Y 两个坐标合成的并与程序相符合的直线。这样，一个个程序走下去，就加工出一条符合零件要求的曲线。这个方案就是数控铣方案。

1952 年，美国帕森斯公司与美国麻省理工学院（MIT）合作研制成功了世界上第一台三坐标数控铣床。这是一台采用专用计算机进行运算与控制的直线插补轮廓控制数控铣床，专用计算机采用电子管元件，逻辑运算与控制采用硬件连接的电路。1955 年，该类机床进入实用阶段，在复杂曲面的加工中发挥了重要作用。

1959 年，美国 Keaney & Trecker 公司成功开发了带有自动刀具交换装置的数控机床即加工中心（machine center）。它通过刀具的自动交换，可以在一次装夹中对工件的多个面进行多工序的加工，例如进行钻孔、铰孔、攻螺纹、镗孔、铣平面等。加工中心已成为当今数控机床发展的主流。

我国数控机床开发的起步并不晚，大约与日本、德国、苏联同步。在1958年北京第一机床厂与清华大学合作试制成功了我国第一台数控铣床。但由于我国基础工业尤其是电子工业薄弱，致使数控机床发展速度缓慢。近年来，由于引进了国外的数控系统与伺服系统的制造技术，我国数控机床在品种、数量上得到了迅速发展，在质量方面迅速提高。现在，我国已有几十家机床厂能够生产不同类型的数控机床。在数控系统方面，华中数控、航天数控等国产数控已将高性能的数控系统产业化。

目前，世界著名的数控系统厂家主要有日本的 FANUC 公司、德国的 SIE-MENS 公司、美国的 A – B 公司、西班牙的 FAGOR 公司及法国的 NUM 公司等。其中 FANUC 数控系统和 SIEMENS 数控系统在我国应用非常广泛。

11.1.2   数控机床的发展趋势

现代数控机床主要朝着以下几个方面发展。

1. 高精度化

数控机床的加工精度在不断地提高。以加工中心为例，加工精度从过去的 ±0.01 mm 提高到 ±0.005 mm，个别的已达到 ±0.001 5 mm。

2. 高速化

提高数控机床的主轴转速，可以提高生产率及有利于加工出较低表面粗糙度的零件。加工中心的主轴转速从过去 4 000 ~ 6 000 r/min 提高到 8 000 ~ 12 000 r/min，最高的在 100 000 r/min 以上；数控车床主轴转速也提高到 5 000 ~ 20 000 r/min；磨削的砂轮线速度提高到 100 ~ 200 m/s。

3. 高自动化

数控机床的自动化程度在不断地提高。除了自动换刀和自动交换工件外，先后出现了刀具寿命管理、自动更换备用刀具、刀具尺寸自动测量和补偿、工件尺寸自动测量及补偿、切削参数的自动调整等功能，使单机的自动化程度达到了很高的程度。刀具的破损和磨损的监控功能也在不断地完善。

4. 高复合化

所谓复合化，就是把不同机床的功能集中在一台机床中体现出来。如加工中心，它集钻、铣、镗床的功能于一身，可以完成钻、铣、镗、扩孔、铰孔、攻螺纹等工序。近五年来，数控机床的复合化程度越来越高，比如在加工中心上增加车削和磨削功能。

5. 数控系统的硬件逐步走向通用化、模块化和标准化

近年来美国开发的 NGC 控制器数控系统可以根据不同的功能要求使用 PC 总线或 VHF 总线构成多总线和多 CPU 系统，其基本模块已制成通用的、标准的、系列化的产品。数控系统的开发人员可在 NGC 标准规范指导下，采用不同厂家的软、硬件模块，组成不同档次的数控系统，以适应各类机床的 CNC 控制。

6. 利用计算机的软件资源不断提高数控系统的性能

随着计算机的广泛应用，大量的应用软件极大地丰富了以微机为基础的系统控制功能，一些新技术（如多媒体技术、容错技术、模糊控制技术、人工智能技术等）逐步被新一代数控系统采用。

11.2 数控加工的基础知识

11.2.1 数控技术中的常用术语

1. 数控技术

数控技术，简称数控（numerical control——NC），就是利用数字化信息对机械运动及加工过程进行控制的一种方法。由于数控现在都采用计算机控制，所以数控又称为计算机数控（computerized numerical control——CNC）。

2. 数控系统

数控系统（numerical control system），就是用来实现数字化信息控制的硬件和软件的整体。

3. 数控机床

数控机床（NC 机床），就是采用数控技术进行控制的机床。它将加工过程所需的各种操作（如开车与停车、夹紧与松开工件、主轴变速、选择刀具、进刀与退刀、冷却液的开关等）和步骤，以及刀具与工件之间的相对位移量都用数字化的代码来表示，通过控制介质（如穿孔纸带、磁盘、U 盘等）将数字信息送入数控装置，数控装置对输入的信息进行处理和运算，发出各种控制信号，控制机床的伺服系统或其他驱动元件，使机床自动加工出所需工件。数控机床综合应用计算机技术、自动控制技术和精密测量技术等先进技术，它是现代制造技术的基础。

4. 柔性制造单元

柔性制造单元（flexible manufacturing cell——FMC），是在加工中心的基础上通过增加工作台（托盘）自动交换装置及其他相关装置而组成的加工单元。FMC 实现了工序的集中和工艺的复合，具有一定的柔性。所谓柔性就是指灵活、通用和万能，可以适应不同形状工件的自动化加工。

5. 柔性制造系统

柔性制造系统（flexible manufacturing system——FMS），是由加工系统、物料输送系统和信息系统组成的高度自动化的制造系统。FMS 可以实现几十种甚至几百种零件的混流加工，是自动化生产的重要设备。采用 FMS 后，工人只负责工件的装卸，可显著提高劳动生产率。

6. 计算机集成制造系统

计算机集成制造系统（computer integrated manufacturing system——CIMS），就是用计算机通过信息集成，控制从订货、设计、工艺、制造到销售的全过程，以实现信息系统一体化的高效率的柔性集成制造系统。CIMS 通常由管理信息系统、产品设计与制造工程设计自动化系统、制造自动化系统、质量保证系统以及计算机网络和数据库系统等组成，是建立在多项先进技术基础上的高技术制造系统。我国 863 计划（即高技术研究和发展计划）中已将 CIMS 在我国的发展和应用列为一个主题，并开展了关键技术的攻关工作。

7. 可编程序控制器

可编程序控制器（programmable controller——PC），用于处理数控机床的辅助指令，主要完成与逻辑运算有关的一些动作，被广泛用来作为数控设备的辅助控制装置。随着个人计算机的日益普及，为了避免和个人计算机（亦称 PC 机）混淆，现在一般都将可编程序控制器称为可编程序逻辑控制器（programmable logic controller——PLC）或可编程序机床控制器（programmable machine controller——PMC）。因此，在数控机床上，PC、PLC、PMC 具有完全相同的含义。

8. 插补

插补（interpolation）是指在所需的路径或轮廓线上的两个已知点之间，根据某一数学函数（例如直线、圆弧或高阶函数），确定其多个中间点的位置坐标值的运算过程。

11.2.2　数控机床的特点和适用范围

1. 数控机床的优点

（1）加工精度高且质量稳定

数控机床的机械传动系统和机构都有较高的精度、刚度和热稳定性。一般数控机床的定位精度为 ±0.01 mm，重复定位精度为 ±0.005 mm。数控机床的加工精度不受零件复杂程度的影响，零件的加工精度和质量由机床保证，完全消除了操作者的人为误差。所以，数控机床的加工精度高，加工误差一般能控制在 0.005～0.01 mm 之内，而且同一批零件的加工一致性好，加工质量稳定。

（2）生产效率高

数控机床的主轴转速、进给速度和快速定位速度都比较高，可以合理地选择比较高的切削参数，充分发挥刀具的性能，减少切削时间。数控机床在加工过程中不需要进行中间测量，能够连续地完成整个加工过程，减少了辅助动作时间和停机时间。所以数控机床的生产效率高。

（3）减轻劳动强度和改善劳动条件

数控机床的加工，操作者只需要装卸零件、操作键盘和观察机床运行，不需要进行繁重的重复手工操作。所以，数控机床相对于普通机床而言能减轻工人劳动强度，改善劳动条件。

（4）能加工形状复杂的零件

数控机床刀具的运动轨迹是由加工程序决定的，只要能编制出合理程序，多么复杂的型面零件都能加工。例如采用五轴联动的数控机床，就能加工螺旋桨的空间曲面。

（5）良好的经济效益

虽然数控机床一次性投资及日常维修保养费用较普通机床高许多，但是如能充分发挥数控机床的能力，将会带来很高的经济效益。这些效益不仅表现在生产效率高，加工质量好等方面，而且还表现在减少工装和量刃具，缩短生产周期，减少在制品数量等方面。因此，使用数控机床能带来良好的经济效益。

（6）有利于生产管理的现代化

用数控机床加工零件，能准确地计算零件的加工工时，并有效地简化检验和工夹具、半成品的管理工作。这些特点有利于生产管理的现代化。数控机床使用了数字信息控制，适合数字计算机管理，使它成为计算机辅助设计、制造及管理一体化的基础。

2. 数控机床的缺点

① 价格昂贵，起始阶段的投资较大；

② 对刀具的精度、耐用度有较高的要求；

③ 编程和操作都比较复杂；

④ 增加了电子设备的维护。

3. 数控机床的适用范围

数控机床虽然有许多优点，但它并不能完全代替其他类型的机床，也还不能以最经济的方式解决机械加工中的所有问题。数控机床通常最适合加工具有以下特点的零件。

（1）多品种小批量生产的零件

图 11.1 表示三类机床的零件加工批量数与综合费用的关系。从上图中可以看出零件加工批量的增大对于选用数控机床是不利的。原因在于数控机床价格昂贵，与大批量生产采用的专用机床相比其效率还不够高。

（2）结构比较复杂的零件

图 11.2 表示三类机床的被加工零件复杂程度与零件批量大小的关系。通常数控机床适宜于加工结构比较复杂，在非数控机床上加工时需要昂贵的工艺装备（工具、夹具和模具）的零件。

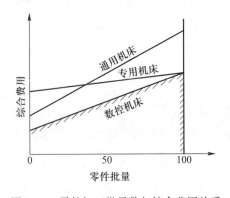

图 11.1   零件加工批量数与综合费用关系   图 11.2   零件复杂程度与批量数关系

（3）需要频繁改型的零件

数控机床可以快速地从加工一种零件转变为加工另一种零件，而不需要制造、更换工具、夹具和模具，这就为零件的频繁改型提供了极大的便利。它缩短了生产准备周期，节省了大量的工艺装备费用。

（4）价格昂贵和不允许报废的重要零件

（5）需要最小生产周期的急需零件

11.2.3   数控机床的组成和工作原理

1. 数控机床的组成

数控机床一般由输入输出装置、数控装置、伺服系统、检测反馈系统及机床本体组成。

（1）输入输出装置

输入输出装置是机床与外部设备的接口，目前主要有软盘驱动器、RS -

232C 串行通信口及 MDI 方式等。

（2）数控装置

数控装置是数控机床的核心，它接收输入装置送到的数字化信息，经过数控装置的控制软件和逻辑电路进行译码、运算和逻辑处理后，将各种指令输出给伺服系统，使设备可以按规定的动作执行。

（3）伺服系统

伺服系统包括伺服驱动电动机、各种伺服驱动元件和执行机构等，它是数控系统的执行部分。它的作用是把来自数控装置的脉冲信号转换成机床移动部件的运动。整个机床的性能主要取决于伺服系统。常用的伺服驱动元件有步进电动机、直流伺服电动机、交流伺服电动机及电液伺服电动机等。

（4）检测反馈系统

检测反馈系统由检测元件和相应的电路组成，其作用是检测机床的实际位置、速度等信息，并将其反馈给数控装置与指令信息进行比较和校正，构成系统的闭环控制。

（5）机床本体

机床本体是加工运动的实际机械部件，主要包括主运动部件、进给运动部件（如工作台、刀架）、支承部件（如床身、立柱等）以及冷却、润滑等辅助装置。

2. 数控机床的工作原理

在数控机床上加工零件，操作者首先要根据零件图编制好加工程序，然后将加工程序通过输入输出装置输入到数控机床中，机床上的控制系统按加工程序控制执行机构的各种动作或运动轨迹，完成零件的自动加工。图 11.3 为数控机床工作原理图。

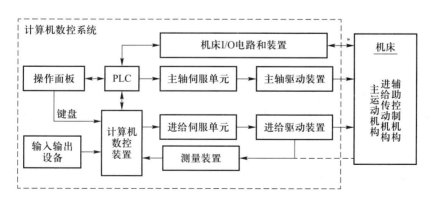

图 11.3　数控机床工作原理图

11.2.4　数控机床的分类

数控机床品种繁多，可以根据数控机床的工艺用途、控制运动方式及伺服控制方式分类。

1. 按工艺用途分类

数控机床是在普通机床的基础上发展起来的，各种类型的数控机床基本上起源于同类型的普通机床，按工艺用途分类大致如下：

数控车床（NC lathe）

数控铣床（NC milling machine）

加工中心（machine center）

数控钻床（NC drilling machine）

数控镗床（NC boring machine）

数控冲床（NC punching press）

数控平面磨床（NC surface grinding machine）

数控外圆磨床（NC external cylindrical machine）

数控轮廓磨床（NC contour grinding machine）

数控工具磨床（NC tool grinding machine）

数控坐标磨床（NC jip grinding machine）

数控齿轮加工机床（NC gear holling machine）

数控线切割机床（NC wire electric discharge machine）

数控激光加工机床（NC laser beam machine）

数控超声波加工机床（NC ultrasonic machine）

数控电火花加工机床（NC diesinking electric discharge machine）

其他，例如三坐标测量仪等。

2. 按控制运动方式分类

（1）点位控制数控机床

点位控制数控机床的数控系统只控制刀具从一点到另一点的准确位置，而不控制运动轨迹，各坐标轴之间的运动是不相关的，在移动过程中不对工件进行加工，如图11.4所示。这类数控机床主要有数控钻床、数控冲床及数控坐标镗床等。

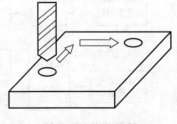

图11.4　点位控制

（2）直线控制数控机床

直线控制数控机床的数控系统除了控制点与点之间的准确位置外，还要保证两点间的移动轨迹为一直线，并且对移动速度也要进行控制，如图 11.5 所示。这类数控机床主要有数控车床等。

（3）轮廓控制数控机床

轮廓控制的特点是能够对两个或两个以上运动坐标的位移和速度同时进行连续相关的控制，它不仅要控制机床移动部件的起点与终点坐标，而且要控制整个加工过程的每一点速度、方向和位移量，如图 11.6 所示。这类数控机床主要有数控铣床、数控线切割机床等。

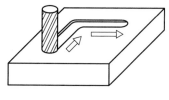 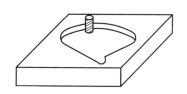

图 11.5　直线控制　　　　　　图 11.6　轮廓控制

3. 按伺服控制方式分类

（1）开环控制数控机床

这类机床不带位置检测反馈装置，通常用步进电动机作为执行机构。输入数据经过数控系统的运算，发出脉冲指令，使步进电机转过一个步距角，再通过机械传动机构转换为工作台的直线移动。移动部件的移动速度和位移量由输入脉冲的频率和脉冲数所决定。图 11.7 为数控机床开环控制框图。

图 11.7　数控机床开环控制框图

（2）半闭环控制数控机床

在电机端头或丝杠的端头安装检测元件（例如感应同步器或光电编码器等），通过检测其转角来间接检测移动部件的位移，然后反馈到数控系统中。由于大部分机械传动环节未包括在系统闭环环路内，因此可获得较稳定的控制特性。其控制精度虽不如闭环控制数控机床，但调试比较方便，因而被广泛采用。图 11.8 为数控机床半闭环控制框图。

（3）闭环控制数控机床

这类数控机床带有位置检测反馈装置，其位置检测反馈装置采用直线位移检测元件，直接安装在机床的移动部件上，将测量结果直接反馈到数控装置中，通过反馈可消除从电动机到机床移动部件整个机械传动链中的误差，最终实现精确定位。图 11.9 为数控机床闭环控制框图。

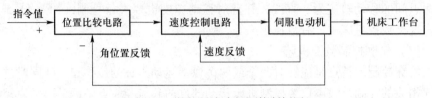

图 11.8 数控机床半闭环控制框图

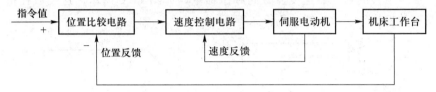

图 11.9 数控机床闭环控制框图

11.2.5 数控机床的编程基础知识

1. 数控机床的坐标系

（1）坐标系的规定

按照 GB/T 19660—2005 规定，数控机床的坐标系采用右手直角笛卡儿坐标系，如图 11.10 所示。图中大拇指、食指和中指互相正交，大拇指的指向作为 X 轴的正方向，食指的指向作为 Y 轴的正方向，中指的指向作为 Z 轴的正方向。

图 11.10 中的 A、B、C 分别为绕 X、Y、Z 轴转动的旋转轴，其方向根据右手螺旋法则来确定。

在数控编程时，不论在机床加工过程中是刀具移动还是被加工工件移动，都一律假定被加工工件是相对静止的，刀具是移动的。所以，图 11.10 中的 X、Y、Z、A、B、C 的方向是指刀具相对移动的方向。

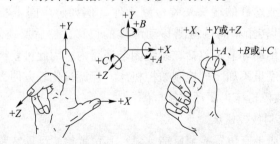

图 11.10 右手笛卡儿坐标系

（2）机床坐标轴的确定方法

在确定坐标轴时，一般先确定 Z 轴，然后确定 X 轴，最后确定 Y 轴。参见图 11.11 卧式加工中心及图 11.12 卧式数控车床。

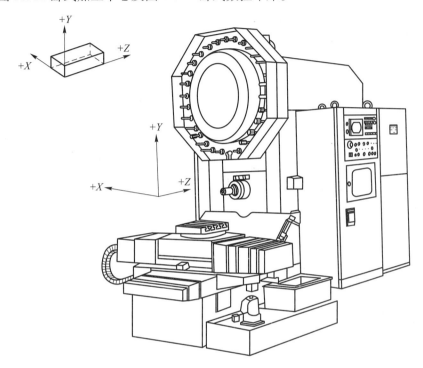

图 11.11 卧式加工中心

① Z 轴 一般是选取产生切削力的轴线方向作为 Z 轴方向。例如，数控车床、数控铣床、加工中心等都是以机床主轴轴线方向作为 Z 轴方向。同时规定刀具远离工件的方向作为 Z 轴的正方向。

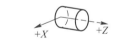

② X 轴 X 轴一般位于与工件安装面相平行的平面内。对于机床主轴带动工件旋转的机床，例如数控车床，则在水平面内选定垂直于工件旋转轴的方向为 X 轴，且刀具远离主轴轴线方向为 X 轴的正方向。

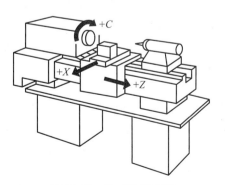

图 11.12 卧式数控车床

③ Y 轴　确定了 Z 轴和 X 轴后，根据右手定律，食指所指的方向即为 Y 轴的方向。

（3）机床坐标系

数控机床的坐标系分为机床坐标系和工件坐标系两种。机床坐标系是机床固有的坐标系，其坐标轴的方向、零点是设计和调试机床时确定下来的，是不可变的，该零点称为机床零点。

（4）工件坐标系

工件坐标系是编程人员根据具体情况在工件上指定的坐标系，其坐标轴的方向与机床坐标系一致。工件坐标系的零点应根据具体情况确定，通常应遵循以下原则：

① 尽可能与设计、工艺和检验基准重合；

② 便于数学计算和简化程序编制；

③ 便于对刀；

④ 便于观察。

（5）机床参考点

机床参考点是为了建立机床坐标系而在数控机床上专门设置的基准点，其位置由机械挡块或行程开关来确定。在任何情况下，通过进行"回参考点"（亦称"回零"）运动，都可以使机床各坐标轴运动到参考点并定位，系统自动以参考点为基准自动建立机床坐标原点。机床坐标原点可以和参考点重合，也可以是相对于参考点固定距离的点。机床坐标系一旦建立，只要机床不断电就保持不变，而且不能通过编程指令（如工件坐标系设置等）改变。对于无"回参考点"功能的数控机床，不能建立机床坐标系，它只能设置工件坐标系。

2. 数控机床编程的种类

数控机床的程序编制可分为手工编程和自动编程两大类。

（1）手工编程

手工编程是指基本由人工来完成数控机床程序编制的各个阶段工作。它包括以下的内容和步骤：

① 分析零件图样　分析零件的材料、形状、尺寸、精度、表面粗糙度以及毛坯形状和热处理要求等，以便制定出最佳的加工方案来保证达到零件图样的要求。

② 确定工艺过程　在分析零件图样的基础上，确定零件的加工方法和加工路线，选定加工刀具并确定切削用量等工艺参数。

③ 数值计算　根据零件图样和所确定的加工路线，算出数控机床所需输

入的数据。

④ 编写程序单　根据计算出的加工路线数据和已确定的切削用量，结合数控系统对输入信息的要求，编写零件加工程序单。

⑤ 程序输入　将编写好的程序通过输入输出装置（如 RS – 232C 串行通信口、MDI 方式等）

⑥ 程序校验　用机床上的程序校验功能（如 FANUC 0i 系统中 CUSTEM GRAPH 功能键）校验程序，检查由于计算和编写程序造成的错误等。对于没有程序校验功能的机床，可在程序输入前用一些软件（如 CIMCO Edit）进行程序模拟校验。

手工编程的优点是不需要专门的编程设备，只要有合格的编程人员即可完成。同时，它从客观上要求编程员去熟悉工艺、了解机床、掌握编程知识，因此有利于人员素质的提高。其缺点是效率较低，特别是对于轮廓复杂的零件，计算十分困难。因此，手工编程较适合于零件加工批量大、轮廓较简单的场合。

（2）自动编程

自动编程是指程序编制大部分或全过程都是由计算机完成，即由计算机自动地进行坐标计算、编制程序清单、输入程序的过程。

自动编程的优点是效率高，程序正确性好。自动编程由计算机代替人完成了复杂的坐标计算和书写程序单的工作，它可以解决许多手工编程无法完成的复杂零件编程难题。其缺点是必须具有自动编程系统或编程软件，因此较适合于形状复杂零件的加工程序编制，如模具加工、多轴联动加工等场合。

实现自动编程的方法主要有语言式自动编程和图形交互式自动编程两种。语言式自动编程是通过高级语言的形式，表示出全部加工内容，计算机采用批处理方式，一次性处理、输出加工程序。图形交互式自动编程是采用人机对话的处理方式，利用 CAD/CAM 功能生成加工程序。常用的 Pro/ENGINEER、Unigraphics、Mastercam 软件都具有 CAD/CAM 功能，可以自动编程。目前有一些数控系统，其本身都具备了人机对话式编程、蓝图（轮廓）编程等功能，提高了编程效率和可靠性。

3. 程序结构

（1）程序的组成

由于每种数控机床的控制系统不同，生产厂家会结合机床本身的特点及编程的需要，规定一定的程序格式。因此，编程人员必须严格按照机床说明书的规定格式进行编程。

一个完整的程序，一般由程序号、程序内容和程序结束三部分组成。

例如：

程序号————O2008

程序内容
{
N05　T0101 M03 S300；
N10　G00 X18.5 Z2.0；
N15　G01 X18.5 Z－30.0 F0.1；
N20　G01 X25.0 Z－30.0；
N20　G00 X25.0 Z2.0；
N25　G00 X13.0 Z2.0；
……
N110 G00 X100.0 Z100.0；
115 M05；
}

程序结束————N120 M02；

上面的程序中，O2008 表示加工程序号，N05～N115 程序段是程序内容，N120 程序段是程序结束。

① 程序号。程序号必须位于程序的开头，它一般由字母 O 后缀若干数字组成。根据采用的标准和数控系统的不同，有时也可以由字符%或字母 P 后缀若干位数字组成。程序号是程序的开始部分，每个独立的程序都要有一个自己的程序编号。在编写程序号时应注意以下几点：

a. 程序号必须写在程序的最前面，并占一单独的程序段。

b. 在同一数控机床中，程序号不可以重复使用。

c. 程序号 O9999、O－9999（特殊用途指令）、O0000 在数控系统中通常有特殊的含义，在普通加工程序中应尽量避免使用。

d. FANUC 系列数控系统中，程序编号地址是用英文字母"O"表示；SIE-MENS 系列数控系统中，程序编号地址常用符号"%"表示。

e. 在某些系统（如 SIEMENS 802C 系统）中，可以直接用多字符程序名（如 SONG168）代替程序号。

② 程序内容。程序内容是整个程序的核心，由许多程序段组成，它包括加工前机床状态要求和刀具加工零件时的运动轨迹。

③ 程序结束。程序结束可以用 M02 和 M30 表示，它们代表零件加工主程序的结束。此外，M99、M17（SIEMENS 常用）也可以用做程序结束标记，但它们代表的是子程序的结束。

（2）程序段格式

在上例中，每一行程序即为一个程序段。程序段中包含：机床状态指令、刀具指令及刀具运动轨迹指令等各种信息代码。不同的数控系统往往有不同的程序段格式。如果格式不符合规定，数控系统就会报警、不运行。常见的程序段格式如表 11.1。

表 11.1　数控机床程序段格式

1	2	3	4	5	6	7	8	9	10	11
N_	G_	X_ U_ Q_	Y_ V_ P_	Z_ W_ R_	I_J_K_ R_	F_	S_	T_	M_	EOB
顺序号	准备功能	坐标字				进给功能	主轴功能	刀具功能	辅助功能	结束符号

① 程序段序号。程序段序号简称顺序号，通常由字母 N 后缀若干数字组成，例如 N05。在绝大多数系统中，程序段序号的作用仅仅是作为"跳转"或"程序检索"的目标位置指示，因此，它的大小次序可颠倒，也可以省略，在不同的程序内还可以重复使用。但是，在同一程序内，程序段序号不可以重复使用。当程序段序号省略时，该程序段将不能作为"跳转"或"程序检索"的目标程序段。

程序段序号也可以由数控系统自动生成，程序段序号的递增量可以通过"机床参数"进行设置。在由操作者自定义时，可以任意选择程序段序号，且在程序段间可以采用不同的增量值。

在实际加工程序中，程序段序号 N 前面可以加"/"符号，这样的程序段称为"可跳过程序段"。例如：

/N10 G00 X10.0 Z20.0；

可跳过程序段的特点是可以由操作者对程序段的执行情况进行控制。当操作机床，使系统的"选择程序段跳读"机能有效时，程序执行时将跳过这些程序段；当"选择程序段跳读"机能无效时，程序段照常执行（相当于无"/"）。

② 准备功能。

准备功能简称 G 功能，是使数控机床作好某种操作准备的指令，用地址 G 后缀两位数字表示，从 G00 ~ G99 共 100 种。目前，有的数控系统也用到了 00 ~ 99 之外的数字，如 SIEMENS 802C 系统中的 G500（表示取消可设定零点偏置）。

G 代码分为模态代码（又称续效代码）和非模态代码。同时，G 代码按其功能的不同分为若干组，标有相同字母（或数字）的为一组。

所谓模态代码是指该代码一经指定一直有效，直到被同组的其他代码所取代。

例如：

N30 G00 X25.0 Z2.0 ；

N35   X13.0 Z2.0；（G00 有效）

N40 G01 X13.0 Z－17.0 F0.1；（G01 有效）

上面程序中，G00 和 G01 为同组的模态 G 代码，N35 程序段中 G00 可省略不写，保持有效。N40 程序段中 G01 取代了 G00。

所谓非模态代码是指仅在编入的程序段生效的代码，亦称单段有效代码。

一般来说，绝大多数常用的 G 代码、全部 S、F、T 代码均为模态代码，M 代码的情况决定于机床生产厂家的设计。

值得注意的是，G 代码虽然已标准化，但不同的数控系统中同一 G 代码的含义并不完全相同。如 FANUC 0i Mate－TB 系统中 G70 表示精加工循环，SIE-MENS 802C 系统中 G70 表示英制尺寸。因此，编程时必须按照机床说明书规定的 G 代码进行编程。

③ 坐标字。坐标字由坐标地址符和数字组成，按一定的顺序进行排列，各组数字必须具有作为地址代码的字母（如 X，Y 等）开头。各坐标轴的地址按下列顺序排列：

X，Y，Z，U，V，W，Q，R，A，B，C，D，E

④ 进给功能 F。进给功能由地址符 F 和数字组成，数字表示所选定的刀具进给速度，其单位一般为 mm/min 或 mm/r。这个单位取决于每个系统所采用的进给速度的指定方法，具体内容要见所用机床的编程说明书。例如，FANUC 0i Mate－TB 系统中，用 G98 指令时单位为 mm/min，用 G99 指令时单位为 mm/r。在编写 F 指令时应注意以下几点：

a. F 指令为模态指令，即模态代码。

b. 编程的 F 指令值可以根据实际加工需要，通过机床操作面板上的“进给修调倍率”按钮进行修调，修调范围一般为 F 值的 0～120%。

c. F 不允许使用负值，通常也不允许通过指令 F0 控制进给的停止，在数控系统中，进给暂停动作由专用的指令（G04）实现。但是通过“进给修调倍率”按钮可以控制进给速度为零。

⑤ 主轴转速功能 S。主轴转速功能由地址符 S 和若干数字组成，常用单位是 r/min。例如：S500 表示主轴转速为 500 r/min。在编写 S 指令时应注意以下几点：

a. S 指令为模态指令，对于一把刀具通常只需要指令一次。

b. 编程的 S 指令值可以根据实际加工需要，通过机床操作面板上的"主轴倍率"按钮进行修调，修调范围一般为 S 值的 50% ~ 150%。

c. S 不允许使用负值，主轴的正、反转由辅助功能指令 M03（正转）和 M04（反转）进行控制。

d. 在数控车床上，可以通过恒线速度控制功能，利用 S 指令直接指定刀具的切削速度，详见数控车床编程部分。

⑥ 刀具功能 T。在数控机床上，把选择或指定刀具的功能称为刀具功能（即 T 功能）。T 功能由地址 T 及后缀数字组成。有 T×× （T2 位数）和 T×× ×× （T4 位数）两种格式。采用 T2 位数格式，通常只能用于指定刀具，绝大多数数控加工中心都使用 T2 位数格式；采用 T4 位数格式，可以同时指定刀具和刀补，绝大多数数控车床都使用 T4 位数格式；在编写 T 指令时应注意以下几点：

a. 采用 T2 位数格式，可以直接指定刀具，如 T08 表示 8 号刀具，但刀具补偿号（或称刀补号）由其他代码（如：D 或 H 代码）进行选择。如：T05D04 表示 5 号刀具，4 号刀补。

b. 采用 T4 位数格式，可以直接指定刀具和刀补号。T×××× 中前两位数表示刀具号，后两位数表示刀补号，如：T0608 表示 6 号刀，8 号刀补；T0200 表示 2 号刀，取消刀具补偿。

c. T 指令为模态指令。

⑦ 辅助功能 M。在数控机床上，把控制机床辅助动作的功能称为辅助功能，简称 M 功能。M 功能由地址 M 及后缀数字组成，常用的有 M00 ~ M99。其中，部分 M 代码为 ISO 国际标准规定的通用代码，其余 M 代码一般由机床生产厂家定义。因此，编程时应按照机床说明书的规定编写 M 指令。表 11.2 为常用的 M 代码。

表 11.2　常用的 M 代码

序号	代码	功　能	备　注
1	M00	程序暂停	在执行完编有 M00 代码的程序段中的其他指令后，主轴停止、进给停止、冷却液关掉、程序停止。
2	M01	程序选择暂停	该代码的作用与 M00 相似。所不同的是，必须在操作面板上预先按下"选择停止"按钮。
3	M02	程序结束标记	用于程序全部结束，切断机床所有动作。对于 SIE-MENS 系统，也可作子程序结束标记。
4	M03	主轴正转	

续表

序号	代码	功　能	备　　注
5	M04	主轴反转	
6	M05	主轴停止	
7	M06	自动换刀	
8	M07	内冷却开	
9	M08	外冷却开	
10	M09	冷却关	
11	M17	子程序结束标记	M17 为 SIEMENS 系统用
12	M30	程序结束、系统复位	在程序的最后编入该代码，使程序返回到开头，机床运行全部停止。
13	M98	子程序调用	将主程序转至子程序
14	M99	子程序结束标记	使子程序返回到主程序

⑧ 程序段结束 EOB（End Of Block）。EOB 写在每一程序段之后，表示该段程序结束。当用"EIA"标准代码时，结束符为"CR"；用"ISO"标准代码时，结束符为"LF"或"NL"；除上述外，有的用符号"；"或"∗"表示；有的直接按回车键即可。FANUC 系统中常用"；"作为结束符；SIEMENS系统中常用"LF"作为结束符。

4. 常用数控系统简介

（1）日本的 FANUC 数控系统

FANUC 数控系统是最成功的 CNC 系统之一，具有高质量、低成本、高性能和功能全等特点，目前在我国的市场占有率是最高的。

① 高可靠性的 Power Mate 0 系列：用于控制 2 轴的小型车床，取代步进电动机的伺服系统；配有中文显示的 CRT/MDI。

② 普及型的 CNC 0 - D 系列：0 - TD 用于车床，0 - MD 用于铣床及小型加工中心。

③ 全功能型的 0 - C 系列：0 - TC 用于通用车床、自动车床，0 - MC 用于铣床、钻床、加工中心。

④ 高性价比的 0i 系列：整体软件功能包，高速、高精度加工，并具有网络功能。其中，0i - TB/TA 用于车床，4 轴二联动；0i - MB/MA 用于加工中心和铣床，4 轴四联动；0i Mate - TB 用于车床，2 轴二联动；0i Mate - MB 用于

加工中心和铣床，3 轴三联动。目前，国内市场上 0i 系列用得最多。

⑤ 具有网络功能的超小型、超薄型 CNC 16i/18i/21i 系列：控制单元与 LCD 集成于一体，具有网络功能，超高速串行数据通信。其中 FS16i - MB 的插补、位置检测和伺服控制以纳米为单位。16i 最大可控 8 轴，六轴联动；18i 最大可控 6 轴，四轴联动；21i 最大可控 4 轴，四轴联动。

除上述外，FANUC 数控系统还有实现机床个性化的 CNC16/18/160/180 系列等。

（2）德国的 SIEMENS 数控系统

SIEMENS 数控系统具有较好的稳定性和较优的性能价格比等特点，在我国数控机床行业被广泛应用，其产品主要包括 802、810、840 等系列。

① SINUMERIK 802S/C 系统：用于车床、铣床等，可控制 3 个进给轴和 1 个主轴，802S 适用于步进电动机驱动，802C 适用于伺服电动机驱动，具有数字 I/O 接口。

② SINUMERIK 802D 系统：可控制 4 个数字进给轴和一个主轴，具有图形式循环编程，车削、铣削/钻削工艺循环，FRAME（包括移动、旋转和缩放）等功能，可为复杂加工提供智能控制。

③ SINUMERIK 810D 系统：用于数字闭环驱动控制，最多可控制 6 轴（包括一个主轴和一个辅助主轴），采用紧凑型可编程输入/输出。

④ SINUMERIK 840D 系统：采用全数字模块化数控设计，适用于复杂机床、模块化旋转加工机床和传送机，最大可控制 31 个坐标轴。

（3）西班牙 FAGOR 数控系统

FAGOR 数控系统主要产品有 8025/8035、8055 系列及 CNC8070 等。

① 8025/8035 系列数控系统：8025 系列是 FAGOR 公司的中档数控系统，适用于车床、铣床及加工中心等，可控制 2～5 轴不等，该数控系统采用操作面板、显示器、中央单元合一的紧凑结构。8035 采用 32 位 CPU，是 8025 的更新换代产品。

② 8055 系列数控系统：该系列是 FAGOR 公司的高档数控系统，适用于车床、车削中心、铣床、加工中心等，可实现 7 轴七联动 + 主轴 + 手轮控制。具有连续数字化仿形、RTCP 补偿、内部逻辑分析仪、SERCOS 接口、远程诊断等许多高级功能。

③ CNC8070 数控系统：该系统是 FAGOR 公司目前最高档的数控系统，是 CNC 技术与 PC 技术的结晶，是与 PC 兼容的数控系统。采用 Pentium CPU，可运行 WINDOWS 和 MS - DOS，可控制 16 轴 + 3 电子手轮 + 2 主轴，具有以太网、CAN、SERCOS 通信接口。

（4）华中数控系统

华中数控系统主要产品有 HNC-18i/19i、HNC-21/22 系列及 HNC-2000 等。

① 世纪星 HNC-18i/19i 系列数控系统：适用于车床、铣床及磨床等，可控制三个进给轴和一个主轴，最大联动轴为 3 轴。

② 世纪星 HNC-21/22 系列数控系统：采用先进的开放式体系结构，内置嵌入式工业 PC，最大联动轴为 4 轴，具有低价格、高性能和高可靠性的特点。其中 HNC-21/22T 用于车床，HNC-21/22M 用于铣床及加工中心。

③ 华中-2000（HNC-2000）高性能数控系统：该系统采用通用工业 PC 机、TFT 真彩色液晶显示器，具有多轴多通道控制能力和内装式 PLC，可与多种伺服驱动单元配套使用，是一种高性能的高档数控系统。

（5）广州数控系统

广州数控系统主要产品有 GSK 系列车床、铣床及加工中心数控系统。

① GSK980TD 车床数控系统：该系统是新一代的普及型车床数控系统，采用 32 位高性能 CPU 和超大规模可编程器件 FPGA，二轴联动，内置式 PLC。

② GSK21M 加工中心数控系统：该系统采用奔腾处理器，实现高速 μm 级控制，X、Y、Z 及主轴均为闭环控制。采用仿 Windows 人机交互界面，PLC 梯形图在线编辑。可控制 3 轴，联动轴为 3 轴。

（6）北京航天数控系统

北京航天数控系统主要产品分为 3 个系列，即 M 系列、C 系列及 2100 系列，可以与车床、铣床、磨床、火焰切割及加工中心配套，其中全功能机床数控系统的性能指标达到国内领先水平。主要产品 CASNUC2100 数控系统，是以 PC 机为硬件基础的模块化、开放式的数控系统，可用于车床、铣床、加工中心等 8 轴以下机械设备的控制，具有 2 轴、3 轴、4 轴联动功能。

11.3　数控车削加工

▲ 11.3.1　数控车床概述

数控车床（NC lathe）是采用数控技术进行控制的车床，是目前国内使用量最大，覆盖面最广的一种数控机床。它是将编制好的加工程序输入到数控系统中，由数控系统通过 X、Z 坐标轴伺服电机去控制车床进给运动部件的动作顺序、移动量和进给速度，再配以主轴的转速和转向，便能加工出各种形状不同的轴类或盘类回转体零件。普通卧式车床是靠手工操作机床来完成各种切削加工，数控车床从成形原理上讲与普通车床基本相同，但由于它增加了数字控制功能，加工过程中自动化程度高，与普通车床相比具有更强的通用性和灵活性以及更高的加工效率和加工精度。

1. 数控车床的用途

车削加工一般是通过工件旋转和刀具进给来完成切削过程的，其主要加工对象是回转体零件，加工内容包括车外圆、车端面、切断和车槽、钻中心孔、钻孔、车孔、铰孔、锪孔、车螺纹、攻螺纹、车圆锥面、车成形面以及滚花等。但由于数控车床是自动完成内外圆柱面、圆锥面、圆弧面、端面、螺纹等工序的切削加工，所以数控车床特别适合加工形状复杂的轴类或盘类零件。

数控车床具有加工灵活、通用性强、能适应产品品种和规格频繁变化的特点，能够满足新产品的开发和多品种、小批量、生产自动化的要求，因此被广泛应用于机械制造业，例如飞机制造厂、汽车制造厂等。

2. 数控车床的分类

随着数控车床制造技术的不断发展，数控车床的品种日渐繁多，数控车床的分类方法也多种多样，以下是常见的几种分类方法。

（1）按机床的功能分类

① 经济型数控车床。经济型数控车床（或称简易型数控车床）是低档次数控车床，是在卧式普通车床基础上改进设计而成的，一般采用步进电动机驱动的开环伺服系统，其控制部分通常用单片机或单板机实现，如图 11.13 所示。

② 全功能型数控车床。全功能型数控车床由专门的数控系统控制，进给多采用半闭环直流或交流伺服系统，机床精度也相对较高，多采用 CRT 显示，不但有字符，而且有图形、人机对话、自诊断等功能，如图 11.14 所示。

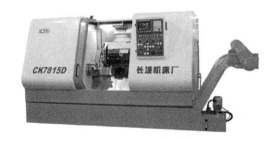

图 11.13　经济型数控车床　　　　图 11.14　全功能型数控车床

③ 数控车削中心。数控车削中心是在全功能型数控车床的基础上增加了动力刀座或机械手，可实现车、铣复合加工，如高效率车削、铣削凸轮槽和螺

旋槽。图 11. 15 为一种卧式数控车削中心。

图 11. 15   数控车削中心

（2）按主轴的配置形式分类

① 卧式数控车床。主轴轴线处于水平位置的数控车床，如图 11. 13 ~ 图 11. 15 所示。

② 立式数控车床。主轴轴线处于垂直位置的数控车床，如图 11. 16 所示。

图 11. 16   立式数控车床

（3）按数控系统控制的轴数分类

① 两轴控制的数控车床。机床上只有一个刀架，可实现两坐标控制。

② 四轴控制的数控车床。机床上有两个独立的回转刀架，可实现四轴控制。

对于数控车削中心或柔性制造单元，还要增加其他的附加坐标轴来满足机床的功能。目前，我国使用较多的是中小规格的两坐标连续控制的数控车床。

3. 数控车床的组成

数控车床一般由数控系统、主轴传动系统、进给传动系统、刀架、床身、尾座、辅助装置等组成。图 11.17 为 CK7136 型数控车床的外形及光机图。

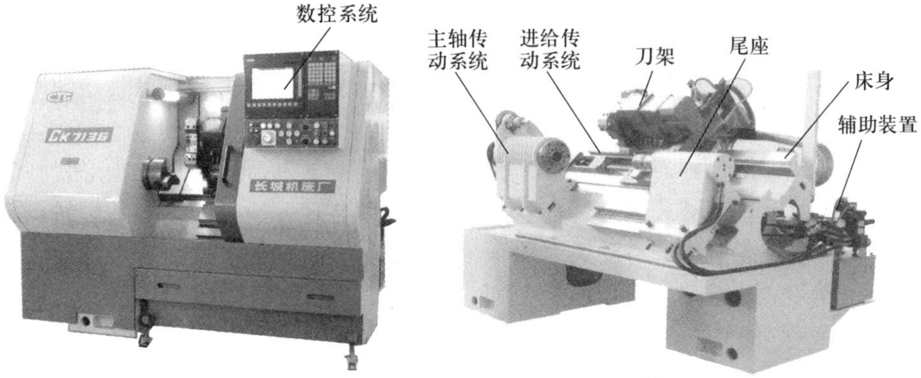

(a)　　　　　　　　　　　　　(b)

图 11.17　CK7136 型数控车床外形及光机图

（1）数控系统

数控车床的数控系统一般由 CNC 装置、输入/输出设备、可编程控制器
（PLC）、主轴驱动装置、进给驱动装置以及位置测量系统等几部分组成。

数控车床通过数控系统控制机床的主轴转速、各进给轴的进给速度，以及
实现其他辅助功能。

（2）主轴传动系统

经济型数控车床的主轴传动系统与普通车床大致相同，为了适应数控机床
在加工中自动变速的要求，在传动中采用双速电动机及电磁离合器，可得到
4～8 级转速，编入程序能达到加工中自动变速的要求。全功能数控车床主轴
传动系统一般采用直流或交流无级调速电动机，通过皮带传动，带动主轴旋
转，实现自动无级调速及恒速切削控制。

（3）进给传动系统

数控车床的进给传动系统采用伺服电动机（交流或直流伺服或者步进电
动机）驱动，直接带动滚珠丝杠或通过同步齿形带带动滚珠丝杠驱动刀架完
成纵向（Z 轴）和横向（X 轴）的进给运动。其传动方式和结构特点与普通
车床截然不同。由于采用了宽调速伺服电动机与伺服系统，快速移动和进给
传动均经同一传动路线，进给范围广、快速移动速度快，还能实现准确
定位。

（4）刀架

数控车床的刀架是机床的重要组成部分，刀架是用于夹持切削刀具的，因
此其结构直接影响机床的切削性能和切削效率，在一定程度上，刀架的结构和

性能体现了数控车床的设计与制造水平。随着数控车床的不断发展，刀架结构形式不断创新，但总体来说大致可分为两大类，即排刀式刀架和转塔式刀架。有的车削中心还采用了带刀库的自动换刀装置。

排刀式刀架一般用于小型数控车床，各种刀具排列并夹持在可移动的滑板上，换刀时可实现自动定位。

转塔式刀架也称刀塔或刀台，转塔式刀架有立式和卧式两种结构形式，如图11.18所示。转塔式刀架具有多刀位自动定位装置，通过转塔头的旋转、分度和定位来实现机床的自动换刀动作。转塔式刀架应分度准确、定位可靠、重复定位精度高、转位速度快、夹紧刚性好，以保证数控车床的高精度和高效率。

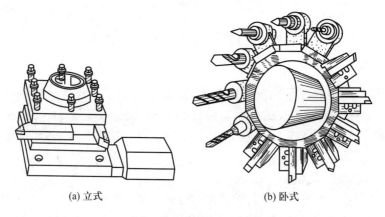

(a) 立式   (b) 卧式

图11.18   转塔式刀架

立式转塔刀架的回转轴与机床主轴成垂直布置，刀位数有四位与六位两种，结构比较简单，经济型数控车床多采用这种刀架。

卧式转塔刀架的回转轴与机床主轴平行，可以在其径向与轴向安装刀具。径向刀具多用于外圆柱面及端面加工，轴向刀具多用于内孔加工。卧式转塔刀架的刀位数最多可达20个，但最常用的有8、10、12、14位四种。

（5）床身

床身是整个机床的基础，它的结构形式决定了机床的总体布局。数控车床的布局形式有水平床身、斜床身、立床身等几种。经济型数控车床一般与普通车床结构形式相同，多采用水平床身。水平床身工艺性好，易于加工制造，但床身下部空间小，排屑困难。斜床身在现在数控车床中得到了广泛应用，其优点是容易实现机电一体化，机床外形简洁、美观，占地面积小，容易实现封闭防护，排屑容易，便于安装自动排屑器，便于操作，宜人性好等。

（6）尾座

尾座的作用是当工件较长时利用尾座上的顶针将工件顶紧，实现对工件定位和防止加工时工件振动。经济型数控车床的尾座与普通车床完全相同；全功能型数控车床的尾座多采用液压自动顶紧装置，比普通车床使用更方便。

（7）辅助装置

数控车床的辅助装置主要有液压系统、润滑系统、冷却系统及排屑系统等。本书只对排屑系统作些介绍。

数控车床的排屑装置主要有平板链式、刮板式、螺旋式等几种结构型式，如图 11.19 所示。排屑装置的作用是从切屑和切削液的混合物中分离出切屑，并将切屑自动送入切屑收集箱内；而切削液则被回收到切削液箱。

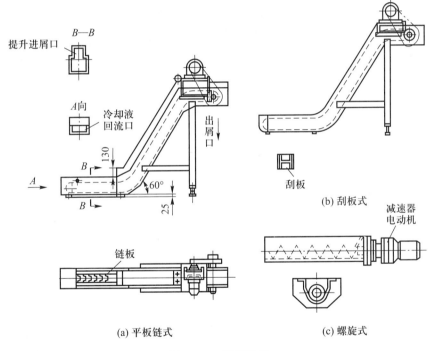

图 11.19　排屑装置

4. 数控车床的特点

（1）数控车床的结构特点

与普通车床相比，除具有数控系统外，数控车床的结构还具有以下一些特点：

① 运动传动链短。数控车床刀架的两个方向运动分别由两台伺服电动机驱动。伺服电动机直接与丝杠连接带动刀架运动，伺服电机与丝杠也可以按控

制指令无级变速，它与主轴之间无须再用多级齿轮副进行变速。

② 总体结构刚性好，抗震性强。

③ 运动副的耐磨性好，摩擦损失小，润滑条件好。

④ 冷却效果较好。

⑤ 配有自动排屑装置。

⑥ 装有半封闭式或全封闭式的防护装置。

（2）数控车床的加工特点

数控车床的加工特点主要体现在其"数控"的各种功能上，加上完善的机械结构，使之具有以下加工特点。

① 高难度 数控车床能加工轮廓形状特别复杂或难于控制尺寸的回转体零件，例如，壳体零件封闭内腔的成形面，以及"口小肚大"类内成型面零件等。

② 高精度 复印机上的回转鼓、录像机上的磁头以及激光打印机内的多面反射体等超精零件，其尺寸精度可达 $0.01\ \mu m$，表面粗糙度 $Ra\ 0.02\ \mu m$，这些高精度的零件均可在高精度的特殊数控车床上加工完成。

③ 高效率 为了进一步提高车削加工的效率，通过增加车床的控制坐标轴，就能在一台数控车床上同时加工出两个多工序的相同或不同的零件，也便于实现一批工序特别复杂零件车削全过程的自动化。

11.3.2 数控车床刀具

数控车床刀具种类繁多，功能互不相同。根据不同的加工条件正确选择刀具是编制程序的重要环节，因此必须对车刀的种类及特点有一个基本的了解。

数控车床刀具通常按以下方式分类。

1. 按用途分类

数控车刀从使用特征来看可分为外表面车刀和内表面车刀，它们与普通车床车刀类似。

2. 按车刀的结构分类

刀具从结构上可分为整体式车刀、焊接装配式车刀和机夹式车刀。机夹式车刀根据刀体结构的不同，又可分为不转位刀片车刀和可转位刀片车刀。

目前数控车床普遍采用机夹可转位车刀。本书只对机夹可转位车刀的结构、刀片的材料以及刀片的形状作些介绍。

（1）机夹可转位车刀的结构

机夹可转位车刀一般由刀片、刀垫、夹紧元件和刀体组成，如图 11.20

所示。

① 刀片：承担切削，形成被加工表面。

② 刀垫：保护刀体，确定刀片（切削刃）位置。

③ 夹紧元件：夹紧刀片和刀垫。

④ 刀体：刀体是刀和刀片的载体，承担和传递切削力及切削扭矩，完成刀片与刀架的连接。

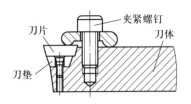

图 11.20　机夹可转位车刀的结构

（2）刀片的材料

常用刀片的材料有高速钢、硬质合金、涂层硬质合金、陶瓷、立方氮化硼和金刚石等，其中应用最多的是硬质合金和涂层硬质合金刀片。选择刀片材质主要依据被加工工件的材料、被加工表面的精度、表面质量要求、切削载荷的大小以及切削过程有无冲击和振动等。

（3）刀片的形状

刀片形状的选择主要依据被加工工件的表面形状、切削方法、刀具寿命和刀片的转位次数等因素。常见可转位车刀刀片的形状如图 11.21 所示。

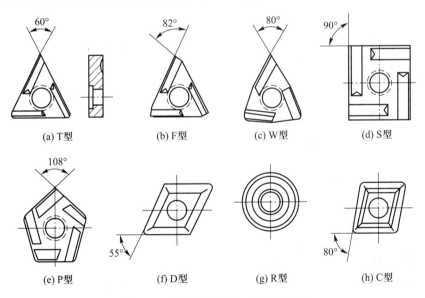

图 11.21　常见可转位车刀刀片的形状

不同的刀片形状有不同的刀尖强度，一般刀尖角越大，刀尖强度越大，反之亦然。从切削力考虑，主偏角越小，在车削中对工件的径向分力越大，越易引起切削振动。图 11.22 反映了刀片形状与刀尖强度、切削振动的关系。

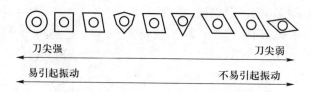

图 11.22　刀片形状与刀尖强度、切削振动示意图

11.3.3　数控车床的编程

1. 数控车床的编程基础

（1）数控车床坐标系

数控车床的坐标系是以车床主轴轴线方向为 Z 轴方向，刀具远离工件的方向为 Z 轴的正方向。X 轴位于与工件安装面相平行的水平面内，垂直于工件旋转轴线的方向，且刀具远离主轴轴线的方向为 X 轴的正方向。图 11.23 为常见的数控车床坐标系。

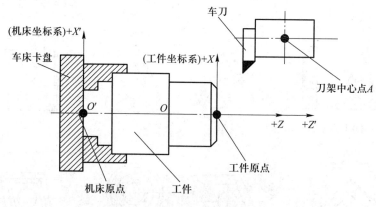

图 11.23　数控车床坐标系

图 11.23 中 $X'O'Z'$ 坐标系为机床坐标系，其坐标值是刀架中心点 A 相对于机床原点 O' 的距离；XOZ 坐标系为工件坐标系，其坐标值是车刀刀尖相对于工件原点 O 的距离。

（2）程序段格式

由于数控车床的坐标系只有 X 轴和 Z 轴，所以数控车床的程序段格式相对于数控铣来说要简单一些，如表 11.3 所示。

表 11.3　数控车床程序段格式

1	2	3	4	5	6	7	8	9	10
N_	G_	X_ U_	Z_ W_	I_J_K_ R_	F_	S_	T_	M_	EOB
顺序号	准备 功能	坐标字			进给 功能	主轴 功能	刀具 功能	辅助 功能	结束 符号

表 11.3 中各字符含义与表 11.1 数控机床程序段格式完全相同，这里不再重复解释。但需要补充一下主轴功能 S 指令。

当数控车床的主轴为伺服主轴时，可以通过指令 G96 来设定恒线速度控制。系统执行 G96 指令后，便认为用 S 指定的数值表示切削速度。例如 G96 S168，表示切削速度为 168 m/min。

当采用 G96 编程时，必须要对主轴转速限速。FANUC 系统常用 G50 来设定主轴转速上限；而 SIEMENS 系统常用 G26 来设定主轴转速上限。例如 G50 S1963 表示把主轴最高转速设定为 1963 r/min。

当采用 G97 编程时，S 指定的数值表示主轴每分钟的转速。例如 G97 S1990 表示主轴转速为 1990 r/min。

（3）典型数控车削系统的 G 代码

G 代码虽已国际标准化，但各厂家数控系统的 G 代码含义并不完全相同，在编写程序前应参阅系统编程说明书。表 11.4 及表 11.5 分别给出了 SIEMENS 802S/C 及 BEIJING - FANUC 0i Mate - TB 车削系统的 G 代码含义，供读者学习参考。

表 11.4　SIEMENS 802S/C 系统的 G 代码

代码	功　　能	代码	功　　能
G00	快速移动	G18	Z/X 平面
G01	直线插补	G22	半径尺寸
G02	顺时针圆弧插补	G23	直径尺寸
G03	逆时针圆弧插补	G25	主轴转速下限
G04	暂停时间	G26	主轴转速上限
G05	中间点圆弧插补	G33	恒螺距的螺纹切削
G09	准确定位，单程序段有效	G40	取消刀尖半径补偿
G17	（在加工中心孔时要求）	G41	左手刀尖半径补偿

续表

代码	功　　能	代码	功　　能
G42	右手刀尖半径补偿	G90	绝对尺寸
G53	程序段方式取消可设定零点偏置	G91	增量尺寸
G54	第一可设定零点偏置	G94	进给率 F，单位毫米/分
G55	第二可设定零点偏置	G95	主轴进给率 F，单位毫米/转
G56	第三可设定零点偏置	G96	恒定切削速度
G57	第四可设定零点偏置	G97	取消恒定切削速度
G60	准确定位	G158	可编程的偏置
G64	连续路径方式	G450	圆弧过渡
G70	英制尺寸	G451	等距线的交点
G71	公制尺寸	G500	取消可设定零点偏置
G74	回参考点	G601	在 G60、G09 方式下精准确定位
G75	回固定点	G602	在 G60、G09 方式下粗准确定位

2. 数控车床的基本编程方法

本书主要以 BEIJING – FANUC 0i Mate – TB 系统为例阐述数控车床的编程方法。

（1）快速定位指令 G00

G00 是刀具按系统设置的速度快速移动的指令。它只是快速定位，而无运动轨迹要求，也无切削加工过程。其编程格式为：

G00 X(U)___Z(W)___；

当采用绝对值编程时，刀具分别以各轴的快速进给速度运动到工件坐标系 X、Z 点。当采用增量值编程时，刀具分别以各轴的快速进给速度运动到距离现有位置为 U、W 的点。

在使用 G00 编程时应注意以下事项：

① G00 为模态指令；

② G00 移动速度不能用程序指令设定，只能由机床参数指定；

③ G00 的执行过程：刀具由程序起始点加速到最大速度，然后快速移动，最后减速到终点，实现快速点定位；

表 11.5　BEIJING – FANUC 0i Mate – TB 系统的 G 代码

G 代码			组	功　　能
A	B	C		
G00	G00	G00	01	定位（快速）
G01	G01	G01		直线插补（切削进给）
G02	G02	G02		顺时针圆弧插补
G03	G03	G03		逆时针圆弧插补
G04	G04	G04		暂停
G10	G10	G10		可编程数据输入
G11	G11	G11		可编程数据输入方式取消
G18	G18	G18	16	Z/X 平面选择
G20	G20	G70	06	英吋输入
G21	G21	G71		毫米输入
G22	G22	G22	09	存储行程检查接通
G23	G23	G23		存储行程检查断开
G27	G27	G27	00	返回参考点检查
G28	G28	G28		返回参考位置
G30	G30	G30		返回第 2、第 3 和第 4 参考点
G31	G31	G31		跳转功能
G32	G33	G33	01	螺纹切削
G34	G34	G34		变螺距螺纹切削
G40	G40	G40	07	刀尖半径补偿取消
G41	G41	G41		刀尖半径补偿左
G42	G42	G42		刀尖半径补偿右
G50	G92	G92	00	坐标系设定或最大主轴速度设定
G50.3	G92.1	G92.1		工件坐标系预置
G52	G52	G52	00	局部坐标系设定
G53	G53	G53		机床坐标系设定

续表

G 代码			组	功　能
A	B	C		
G54	G54	G54	14	选择工件坐标系 1
G55	G55	G55		选择工件坐标系 2
G56	G56	G56		选择工件坐标系 3
G57	G57	G57		选择工件坐标系 4
G58	G58	G58		选择工件坐标系 5
G59	G59	G59		选择工件坐标系 6
G65	G65	G65	00	宏程序调用
G66	G66	G66	12	宏程序模态调用
G67	G67	G67		宏程序模态调用取消
G70	G70	G72	00	精加工循环
G71	G71	G73		粗车外圆
G72	G72	G74		粗车端面
G73	G73	G75		多重车削循环
G74	G74	G76		排屑钻端面孔
G75	G75	G77		外径/内径钻孔
G76	G76	G78		多头螺纹循环
G90	G77	G20	01	外径/内径车削循环
G92	G78	G21		螺纹切削循环
G94	G79	G24		端面车削循环
G96	G96	G96	02	恒表面切削速度控制
G97	G97	G97		恒表面切削速度控制取消
G98	G94	G94	05	每分进给
G99	G95	G95		每转进给
—	G90	G90	03	绝对值编程
—	G91	G91		增量值编程
—	G98	G98	11	返回到起始平面
—	G99	G99		返回到 R 平面

④ G00 状态时，刀具的实际运动路线并不一定是直线，而是一条折线。因此，要注意刀具是否与工件和夹具发生干涉，如图 11.24 所示。对不适合联动的场合，每轴可单动。

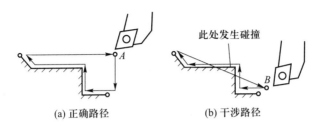

(a) 正确路径　　　　　(b) 干涉路径

图 11.24　刀具与工件干涉现象

（2）直线插补指令 G01

G01 是直线运动的指令，它命令刀具在两坐标间以插补联动方式按指定的进给速度做任意斜率的直线运动。其编程格式为：

G01 X(U)__Z(W)__F__；

在使用 G01 编程时应注意以下几点：

① G01 为模态指令；

② G01 状态时，刀具的运动轨迹是一条严格的直线。图 11.25 中线段 AB 和 BC 分别为刀具从 A 点到 B 点和从 B 点到 C 点的运动轨迹。

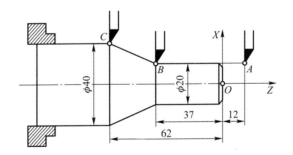

图 11.25　直线插补 G01

使用绝对值编程时，刀具从 B→C 程序：G01 X40.0 Z−62.0 F0.1；

使用增量值编程时，刀具从 B→C 程序：G01 U20.0 W−25.0 F0.1；

（3）顺圆插补指令 G02

G02 是顺时针圆弧插补指令，它命令刀具在指定的平面内按给定的进给速度作顺时针圆弧运动。其编程格式为：

G02 X(U)__Z(W)__R_F__;(用圆弧半径 R 指定圆心位置)

或 G02 X(U)__Z(W)__I_K_F__;(用 I、K 指定圆心位置)

在使用 G02 编程时应注意以下几点:

① 采用绝对值编程时,圆弧终点坐标为圆弧终点在工件坐标系中的坐标值,用 X、Z 表示;当采用增量值编程时,圆弧终点坐标为圆弧终点相对于圆弧起点的增量值。

② I、K 为圆心在 X 轴和 Z 轴方向上相对于圆弧起点的坐标增量,如图 11.26 所示。

③ 圆弧顺逆的判别方法:只观察零件图的上半部分(图 11.26 中阴影部分),若圆弧从起点到终点为顺时针方向,则称顺圆;若为逆时针方向,则称逆圆。图 11.26 中刀具从 A 点到 B 点再到 C 点,都为顺圆插补 G02。

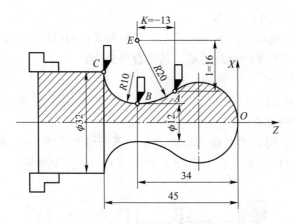

图 11.26 顺圆插补 G02

使用绝对值编程时,刀具从 A→B 程序为:G02 X12.0 Z−34.0 R20 F0.05;(用半径 R 编程,此方法常用。) 或者 G02 X12.0 Z−34.0 I16.0 K−13.0 F0.05;(用 I、K 编程)

使用增量值编程时,刀具从 B→C 程序为:G02 U20.0 W−11.0 R10 F0.05;

(4) 逆圆插补指令 G03

G03 是逆时针圆弧插补指令,它命令刀具在指定的平面内按给定的进给速度作逆时针圆弧运动。其编程格式为:

G03 X(U)__Z(W)__R_F__;(用圆弧半径 R 指定圆心位置)

或 G03 X(U)__Z(W)__I_K_F__;(用 I、K 指定圆心位置)

在使用 G03 编程时的注意事项与 G02 相似,这里不再重复。图 11.27 中

刀具从 $A \rightarrow B$ 为逆圆插补 G03。

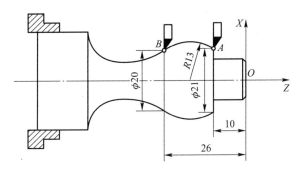

图 11.27　逆圆插补 G03

使用绝对值编程时，刀具从 $A \rightarrow B$ 程序为：G03　X20.0　Z - 26.0 R13 F0.05；

使用增量值编程时，刀具从 $A \rightarrow B$ 程序为：G03　U - 1.0　W - 16.0 R13 F0.05；

（5）暂停（延时）指令 G04

G04 为非模态指令，常在进行锪孔、车槽、车台阶轴清根等加工时，要求刀具在很短时间内实现无进给光整加工，此时可以用 G04 指令实现暂停，暂停结束后，继续执行下一段程序。其编程格式为：

G04 P__;或　G04 X(U)__;

其中 X、U、P 为暂停时间，P 后面的数值为整数，单位为毫秒；X（U）后面的数值为带小数点的数，单位为秒。

例如欲停留 1.8 s 的时间，则程序为：G04 P1800；或 G04 X1.8；

（6）米制输入与英制输入 G21、G20

如果一个程序段开始用 G20 指令，则表示程序中相关的一些数据为英制（in）；如果一个程序段开始用 G21 指令，则表示程序中相关的一些数据为米制（mm）。机床出厂时一般设为 G21 状态，机床刀具各参数以米制单位设定。两者不能同时使用，停机断电前后 G20、G21 依然起作用，除非再重新设定。

（7）回参考点检验 G27

G27 指令的编程格式为：G27 X(U)__Z(W)__T0000；

G27 用于检查 X 轴与 Z 轴是否正确返回参考点。执行 G27 指令的前提是机床在通电后必须返回过一次参考点。

在使用 G27 指令时，必须预先取消刀具补偿（T0000），否则会发生不正确的动作。

执行 G27 指令后，如果欲使机床停止，须加入 M00 指令，否则机床将继续执行下一个程序段。

（8）自动返回参考点 G28

G28 指令的编程格式为：G28 X(U)＿Z(W)＿T0000；

执行 G28 指令时，刀具先快速移动到指令中所指的 X（U）、Z（W）中间点的坐标位置，然后自动回参考点。

在使用 G28 指令时，必须预先取消刀具补偿（T0000），否则会发生不正确的动作。

（9）从参考点返回 G29

G29 指令的编程格式为：G29 X(U)＿Z(W)＿；

执行 G29 指令后，各轴由中间点移动到指令中所指的位置处定位。其中 X(U)、Z(W) 为返回目标点的绝对坐标或相对 G28 中间点的增量坐标值。

3. 数控车削固定循环

数控车床上被加工工件的毛坯常用棒料或铸、锻件，因此加工余量大，一般需要多次重复循环加工，才能去除全部余量。为了简化编程，数控系统提供了不同形式的固定循环功能，以缩短程序段的长度，减少程序所占内存。本书以 BEIJING – FANUC 0i Mate – TB 系统为例，介绍几个常用的车削固定循环指令。

（1）单一形状固定循环 G90

G90 主要用于轴类零件的外圆、锥面加工，有两种编程格式。

① 外圆切削循环 G90。其编程格式为：

G90 X(U)＿ Z(W)＿ F＿；

式中：X、Z 取值为圆柱面切削终点坐标值；

U、W 取值为圆柱面切削终点相对循环起点的坐标分量。

图 11.28 的循环，刀具从循环起点开始按矩形 1R→2F→3F→4R 循环，最后又回到循环起点。图中虚线表示按 R 快速移动，实线表示按 F 指定的刀具进给速度移动。

② 锥面切削循环指令 G90。其编程格式为：

G90 X(U)＿Z(W)＿ R ＿ F ＿；

式中：X、Z 取值为圆锥面切削终点坐标值；

U、W 取值为圆锥面切削终点相对循环起点的坐标分量；

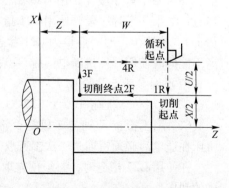

图 11.28 外圆切削循环 G90

R取值为圆锥面切削始点与圆锥面切削终点的半径差，有正、负号。

图 11.29 的循环，刀具从循环起点开始按梯形 1R→2F→3F→4R 循环，最后又回到循环起点。图中虚线表示按 R 快速移动，实线表示按 F 指定的工件进给速度移动。

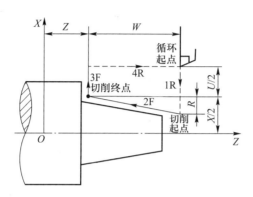

图 11.29　锥面切削循环 G90

（2）端面切削循环 G94

G94 指令用于一些短、面大的零件的垂直端面或锥形端面的加工，直接从毛坯余量较大或棒料车削零件时进行的粗加工，以去除大部分毛坯余量。其程序格式也有加工圆柱面、圆锥面之分。其循环方式参见图 11.30 及图 11.31。

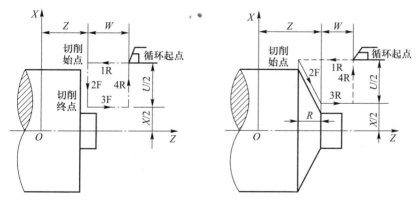

图 11.30　端面切削循环 G94　　　图 11.31　带锥度的端面切削循环 G94

① 车大端面循环切削指令 G94。其编程格式为：

G94　X(U)___ Z(W)___ F___;

式中：X、Z 取值为端面切削终点坐标值；

U、W 取值为端面切削终点相对循环起点的坐标分量。

② 车大锥型端面循环切削指令 G94。其编程格式为：

G94　X(U__Z(W)___ R___ F __;

式中：X、Z 取值为端面切削终点坐标值；

U、W 取值为端面切削终点相对循环起点的坐标分量；

R 为端面切削始点至终点位移在 Z 轴方向的坐标增量。

（3）外圆粗车循环 G71

G71 指令适用于切除毛坯的大部分加工余量，其编程格式为：

G71 P(ns) Q(nf) U(Δu) W(Δw) D(Δd) F __ S __ T __;

其中：

ns——循环中的第一个程序段顺序号；

nf——循环中的最后一个程序段顺序号；

Δu——X 轴方向精加工余量的距离和方向；

Δw——Z 轴方向精加工余量的距离和方向；

Δd——每次径向吃刀深度。

图 11.32 为用 G71 粗车外圆的走刀路线。图中 C 点为起刀点，A 点是毛坯外径与端面轮廓的交点。Δw 为轴向的精车余量；Δu/2 是径向的精车余量。Δd 是切削深度，e 是径向退刀量（由参数确定）。R 表示快速进给，F 表示切削进给。

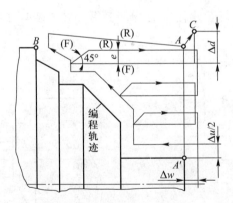

图 11.32　外圆粗车循环 G71

当上述程序指令的是工件内径轮廓时，G71 就自动成为内径粗车循环，此时径向精车余量 Δu 应指定为负值。

例 11.1　图 11.33 为棒料毛坯的加工示意图。刀具进给速度为 0.2 mm/r，主轴转速为 500 r/min，粗加工切削深度为 2 mm，精加工余量 X 向为 4 mm（直径），Z 向 2 mm，程序起点如图 11.33。加工程序如下：

O1963；

N05　T0101 M03 S500；

N10　G00 X120.0 Z10.0 M08；

N15　G71 P20 Q50 U4.0 W2.0 D2.0 F0.2；

N20　G00 X40.0；

N25　G01 Z－30.0；

N30　　　X60.0 Z－60.0；

N35　　　Z－80.0；

N40　　　X100.0 Z－90.0；

N45　　　Z－110.0；

N50　　　X120.0 Z－130.0；

N55　G70 P20 Q50；

N60　G00 X200.0 Z150.0 M09；

N65　M05；

N70　M02；

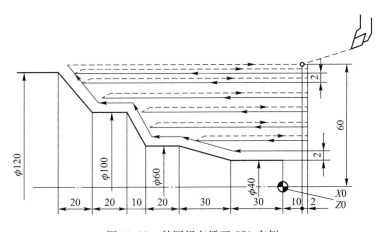

图 11.33　外圆粗车循环 G71 实例

（4）端面粗加工循环 G72

G72 适用于圆柱棒料毛坯端面方向粗车，其编程格式

G72 P(ns) Q(nf) U(Δu) W(Δw) D(Δd) F ＿ S ＿ T ＿；

G72 程序段中的地址含义与 G71 相同，但它只完成端面方向粗车。

图 11.34 为刀具从外径方向往轴心方向车削端面循环示意图。

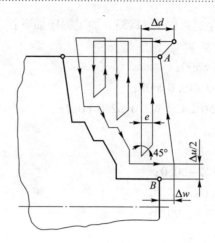

图 11.34   端面粗车循环 G72

例 11.2   如（图 11.35），端面粗车循环 G72 粗加工程序如下：

O1964；

N05   T0101 M03 S500；

N10   G00 X176.0 Z2.0 M08；

N15   P20 Q45 U2.0 W2.0 D2.0 F0.2；

N20   G00 Z−70.0；

N25   G01 X120.0 Z−60.0；

N30   Z−50.0；

N35   X80.0 Z−40.0；

N40   Z−20.0；

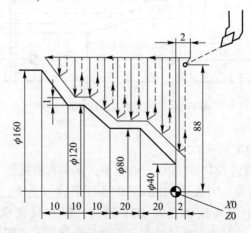

图 11.35   端面粗车循环 G72 实例

N45　　　X36.0 Z2.0

N50　G70 P20 Q45；

N55　G00 X200.0 Z150.0 M09；

N60　M05；

N65　M02；

（5）固定形状粗车循环 G73

G73 适用于毛坯轮廓形状与零件轮廓形状基本接近的铸、锻毛坯件。其编程格式为：

G73 P(ns) Q(nf) I(Δi)K(Δk) U (Δu) W(Δw) D(Δd) F ＿ S ＿ T ＿；

其中：

ns——循环中的第一个程序段顺序号；

nf——循环中的最后一个程序段顺序号；

Δi——粗切时径向切除的余量（半径值）；

Δk——粗切时轴向切除的余量；

Δu——X 轴方向精加工余量的距离和方向；

Δw——Z 轴方向精加工余量的距离和方向；

Δd——循环次数。

G73 的走刀路线如图 11.36 所示。执行 G73 功能时，每一刀的切削路线的轨迹形状是相同的，只是位置不同。每走完一刀，就把切削轨迹向工件移动一个位置，这样就可以将锻件待加工表面分布较均匀的切削余量分层切去。

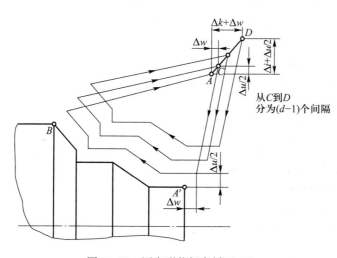

图 11.36　固定形状粗车循环 G73

例 11.3 如图 11.37 所示。设粗加工分三刀进行,第一刀后余量(X 和 Z 向)均为单边 14 mm,三刀过后,留给精加工的余量 X 方向(直径上)为 4.0 mm,Z 向为 2.0 mm;粗加工进给速度为 0.3 mm/r,主轴转速为 500 r/min;精加工进给速度为 0.15 mm/r,主轴转速为 800 r/min;其加工程序如下:

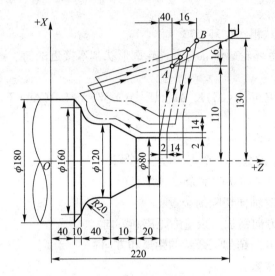

图 11.37 固定形状粗车循环 G73 实例

```
O1990;
N05    T0101 M03 S800;
N10    G00 X220.0 Z160.0 M08;
N15    G73 P20 Q45 I14.0 K14.0 U4.0
           W2.0 D3.0 F0.3 S500;
N20    G00 X80.0 W-40.0 S800;
N25    G01 W-20.0 F0.15;
N30        X120.0 W-10.0;
N35        W-20.0;
N40    G02 X160.0 W-20.0 R20.0;
N45    G01 X180.0 W-10.0;
N50    G70 P20 Q45;
N55    G00 X260.0 Z220.0 M09;
N60    M05;
N65    M02;
```

（6）精车循环加工 G70

由 G71、G72、G73 进行粗切削循环完成后，可用 G70 指令进行精加工。其编程格式为：

G70 　P(ns) Q(nf)

其中：

ns——循环中的第一个程序段顺序号；

nf——循环中的最后一个程序段顺序号；

在用 G70 指令编程时，应注意以下几点：

① 在含 G71、G72 或 G73 的程序段中指令的地址 F、S、T 对 G70 的程序段无效。而在顺序号 ns 到 nf 之间指令的地址 F、S、T 对 G70 的程序段有效。

② G70 精加工循环一旦结束，刀具快速进给返回起始点，并开始读入 G70 循环的下一个程序段。

③ 在 G70 被使用的顺序号 ns～nf 间程序段中，不能调用子程序

④ G70 循环时，要特别注意快速退刀路线，防止刀具与工件发生干涉。

4. 数控车削螺纹

（1）数控车螺纹的基本知识

① 螺纹的切削方法。由于螺纹加工属于成形加工，为了保证螺纹的导程，加工时主轴旋转一周，车刀的进给量必须等于螺纹的导程，进给量较大；另外，螺纹车刀的强度一般较差，故螺纹牙型往往不是一次加工而成的，需要多次进行切削，如欲提高螺纹的表面质量，可增加几次光整加工。在数控车床上加工螺纹的方法有直进法、斜进法两种，如图 11.38 所示。直进法适合加工导程较小的螺纹，斜进法适合加工导程较大的螺纹。常用螺纹切削的进给次数与吃刀量可参考表 11.6。

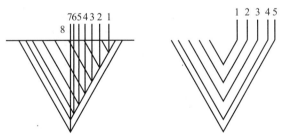

图 11.38　螺纹进刀切削方法

② 车螺纹前直径尺寸的确定。普通螺纹各基本尺寸：

螺纹大径 $d = D$（螺纹大径的基本尺寸与公称直径相同）

螺纹中径 $d_2 = D_2 = d - 0.6495P$ 　（P 为螺纹的螺距）

牙型高度 $h_1 = 0.5413P$

螺纹小径 $d_1 = D_1 = d - 1.0825P$

③ 螺纹行程的确定。在数控车床上加工螺纹时，由于机床伺服系统本身具有滞后特性，会在螺纹起始段和停止段发生螺距不规则现象，所以实际加工螺纹的长度 W 应包括切入和切出的空行程量，如图 11.39 所示。即：

$$W = L + \delta_1 + \delta_2$$

式中：

δ_1——切入空刀行程量，一般取 $2 \sim 5$ mm；

δ_2——切出空刀行程量，一般取 $0.5\delta_1$。

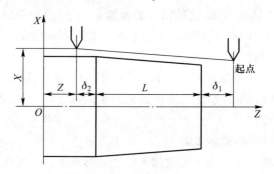

图 11.39　螺纹加工

表 11.6　常用螺纹切削进给次数与吃刀量

公 制 螺 纹							
螺距/mm	1	1.5	2	2.5	3	3.5	4
牙深（半径值）	0.649	0.974	1.299	1.624	1.949	2.273	2.598
切削次数及吃刀量（直径值） 1 次	0.7	0.8	0.9	1.0	1.2	1.5	1.5
2 次	0.4	0.6	0.6	0.7	0.7	0.7	0.8
3 次	0.2	0.4	0.6	0.6	0.6	0.6	0.6
4 次		0.16	0.4	0.4	0.4	0.6	0.6
5 次			0.1	0.4	0.4	0.4	0.4
6 次				0.15	0.4	0.4	0.4
7 次					0.2	0.2	0.4
8 次						0.15	0.3
9 次							0.2

续表

英 制 螺 纹							
牙/in	24	18	16	14	12	10	8
牙深（半径值）	0.698	0.904	1.016	1.162	1.355	1.626	2.033
切削次数及吃刀量（直径值） 1 次	0.8	0.8	0.8	0.8	0.9	1.0	1.2
2 次	0.4	0.6	0.6	0.6	0.6	0.7	0.7
3 次	0.16	0.3	0.5	0.5	0.6	0.6	0.6
4 次		0.11	0.14	0.3	0.4	0.4	0.5
5 次				0.13	0.21	0.4	0.5
6 次						0.16	0.4
7 次							0.17

（2）单行程螺纹切削 G32

G32 指令是完成单行程螺纹切削，车刀进给运动严格根据输入的螺纹螺距进行，但是车入、切出、返回均需输入程序。其编程格式为：

G32 X(U)__ Z(W)__ F__;

在使用 G32 编程时应注意以下几点：

① 进给速度 F 的单位采用旋转进给率，即 mm/r（或 in/r），F 的数值为螺距。

② 螺纹两端应设置足够的切入空刀行程量 δ_1 和切出空刀行程量 δ_2，如图 11.39 所示。

③ 在螺纹切削期间进给速度倍率无效（固定 100%）。

④ 在螺纹切削期间主轴速度倍率无效（固定 100%）。

⑤ 如果螺纹牙型深度较深、螺距较大时，可分次进给，每次进给的背吃刀量用螺纹深度减去精加工背吃刀量所得的差按递减规律分配，参见表 11.6。

（3）螺纹固定循环指令 G92

G92 为简单螺纹循环，该指令可以切削圆柱螺纹和圆锥螺纹。

① 圆柱螺纹加工循环 G92。其编程格式为：

G92 X(U)__Z(W)__ F __;

其中：

X、Z——螺纹终点坐标值；

U、W——螺纹终点相对循环起点的坐标分量；

F——螺纹的导程。

② 圆锥螺纹加工循环 G92。其编程格式为：

G92　X(U)＿Z(W)＿ R＿ F ＿；

其中：

X、Z——螺纹终点坐标值；

U、W——螺纹终点相对循环起点的坐标分量；

　　R——圆锥螺纹切削起点和切削终点的半径差；

　　F——螺纹的导程。

圆锥螺纹加工循环如图 11.40 所示，圆柱螺纹加工循环如图 11.41 所示。

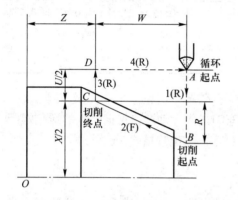

图 11.40　圆锥螺纹加工循环 G92　　　图 11.41　圆柱螺纹加工循环 G92

图 11.40 及图 11.41 中，刀具从循环起点 A 开始，按 $A{\rightarrow}B{\rightarrow}C{\rightarrow}D$ 进行自动循环，最后又回到循环起点 A，虚线表示快速移动，实线表示按 F 指令指定的进给速度移动。

例 11.4　图 11.42 中，对普通圆柱螺纹 M30X2 - 6g 用 G92 指令加工。

由 GB/T 197—2003 中查出 M30X2 - 6g 的螺纹外径为 $\phi30$，取编程外（大）径为 $\phi29.8\,\mathrm{mm}$。据计算螺纹底径为 $\phi27.246\,\mathrm{mm}$，取编程底（小）径为 $\phi27.3\,\mathrm{mm}$。其程序为：

……

N10 T0404 M03 S300；

N15 G00 X35.0 Z104.0；

N20 G92 X28.9 Z53.0 F2.0；

N25 　　X28.2；

N30 　　X27.7；

N35 　　X27.3；

N40 G00 X270. 0 Z60. 0 T0400；

......

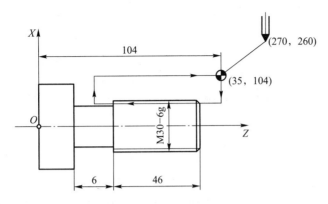

图 11.42　圆柱螺纹加工循环 G92 实例

5. 数控车床刀具补偿功能

在通常的编程中，将刀尖看作一个点，然而实际上刀尖是有圆弧的，在切削内孔、外圆及端面时，刀尖圆弧加工尺寸和形状，但在切削锥面和圆弧时，则会造成过切或少切现象，如图 11.43 所示，图中 $P_1 \sim P_9$ 为编程点。此时，可以用刀尖半径补偿指令来消除误差。

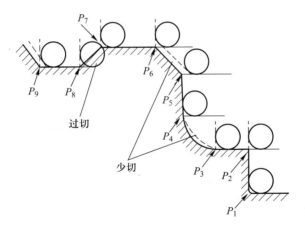

图 11.43　刀尖圆弧造成的过切或少切现象

（1）刀尖半径补偿指令（G40、G41、G42）

当系统执行到含有 T 代码的程序段时，是否进行刀尖半径补偿以及采用何种方式补偿，由 G 代码中的 G40、G41、G42 来决定，如图 11.44 所示。

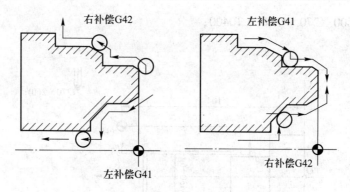

图 11.44   刀尖半径补偿的方向及代码

G40：取消刀尖半径补偿。刀尖运动轨迹与编程轨迹一致。

G41：刀尖半径左补偿。沿进给方向看，刀尖位置在编程位置的左边。

G42：刀尖半径右补偿。沿进给方向看，刀尖位置在编程位置的右边。

刀尖半径补偿的过程分为三步：

① 刀具补偿的建立。刀具从始点接近工件，刀具轨迹由 G41 或 G42 确定，在原来的程序轨迹基础上增加或减少一个刀尖半径值，如图 11.45 所示。

② 刀具补偿进行。执行有 G41、G42 指令的程序段后，刀具中心始终与编程轨迹相距一个偏置量。

③ 刀具补偿的取消。刀具离开工件，刀具中心的轨迹要过渡到与编程重合的过程，如图 11.46 所示。

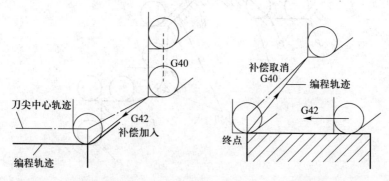

图 11.45   刀具补偿建立的过程   图 11.46   刀具补偿取消的过程

（2）刀尖方位的确定

数控车床总是按刀尖对刀，使刀尖位置与程序中的起刀点重合。刀尖位置方向不同，即刀具在切削时所摆的位置不同，则补偿量与补偿方向也不同。刀尖方位共有 8 种可供选择，见图 11.47。

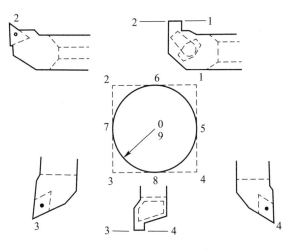

图 11.47 刀尖方位的规定

（3）刀具补偿量的设定

对应每一个刀具补偿号，都有一组偏置量 X、Z 以及刀尖半径补偿量 R 和刀尖方位号 T。根据装刀位置和刀具形状确定刀尖方位号。通过机床面板上的功能键 OFFSET 分别设定、修改这些参数。在数控加工中，根据相应的指令调用这些参数，提高零件的加工精度。图 11.48 为 FANUC 0i Mate－TB 系统数控车床操作面板上刀具补偿量的设定画面。

```
OFFSET      01                          O0004  N0030

NO      X            Z            R          T
01      025，023      002，004      001，002    1
02      021，051      003，300      000，500    3
03      014，730      002，000      003，300    0
04      010，050      006，081      002，000    2
05      006，588     -003，000      000，000    5
06      010，600      000，770      000，500    4
07      009，900      000，300      002，050    0

ACTUAL   POSITION   (RELATIVE)


    U    22，500        W    -10，000

W                      LSK
```

图 11.48 刀具补偿量的设定画面

11.3.4　典型轴类零件的编程

例 11.5　图 11.49 中的小明珠零件采用 1 号 35°外圆车刀加工，用 FANUC 0i Mate – TB 系统格式编写加工程序。其参考程序如下：

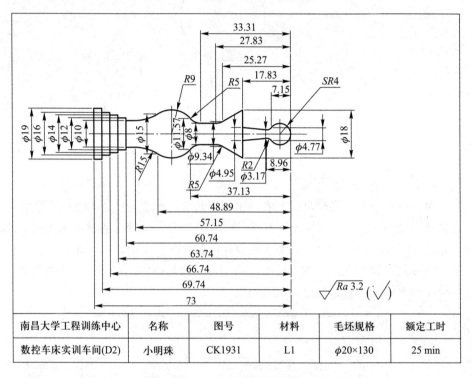

南昌大学工程训练中心	名称	图号	材料	毛坯规格	额定工时
数控车床实训车间(D2)	小明珠	CK1931	L1	$\phi 20 \times 130$	25 min

图 11.49　小明珠零件图

O1931；

N01　T0101M03 S500；

N02　G00 X19.5 Z2.0；

N03　G01 Z – 76.0 F0.1；

N04　　　X23；

N05　G00 Z2.0；

N06　　　X16.5；

N07　G01 Z – 17.0；

N08　　　X20.0；

N09　G00 Z2.0；

```
N10      X13. 5;
N11   G01 Z – 17. 0;
N12      X16. 0;
N13   G00 Z2. 0;
N14      X10. 5;
N15   G01 Z – 17. 0;
N16      X13. 0;
N17   G00 Z2. 0;
N18      X8. 5;
N19   G01 Z – 17. 0;
N20      X11. 0;
N21   G00 Z2. 0;
N22   G00 X0;
N23   G01 Z0. 5;
N24   G03 X5. 68 Z – 7. 43 R4. 5 F0. 05;
N25   G02 X5. 0 Z – 9. 24 R2;
N26   G01 X6. 5 Z – 17. 0 F0. 1;
N27      X19. 16;
N28      Z – 17. 83;
N29      X16. 5 Z – 20. 13;
N30      Z – 39. 36;
N31      X22. 0;
N32   G00 Z – 20. 13;
N33   G01 X16. 5;
N34      X13. 5 Z – 22. 73;
N35      Z – 37. 36;
N36      X16. 5;
N37   G00 Z – 22. 73;
N38   G01 X13. 5;
N39      X10. 5 Z – 25. 32;
N40      Z – 35. 8;
N41      X14. 0;
N42   G00 Z – 25. 32;
N43   G01 X10. 5;
```

N44   G02 X9. 0 Z – 27. 77 R4. 5 F0. 05；

N45   G01 Z – 33. 31 F0. 1；

N46   G02 X12. 19 Z – 36. 75 R4. 5 F0. 05；

N47   G03 X16. 5 Z – 48. 64 R9. 5；

N48   G01 Z – 69. 74 F0. 1；

N49   X22. 0；

N50   G00 Z – 48. 64；

N51   G01 X16. 5；

N52   X13. 5 Z – 51. 32；

N53   Z – 63. 74；

N54   X18. 0；

N55   G00 Z – 51. 32；

N56   G01 X13. 5；

N57   G02 X11. 0 Z – 57. 21 R14. 5 F0. 05；

N58   G01 Z – 60. 74 F0. 1；

N59   X12. 5；

N60   Z – 63. 2；

N61   X14. 5；

N62   Z – 66. 2；

N63   X20. 0；

N64   G00 Z2. 0；

N65   X0；

N66   G01 Z0；

N67   G03 X4. 77 Z – 7. 15 R4 F0. 05；

N68   G02 X3. 17 Z – 8. 96 R2；

N69   G01 X4. 95 Z – 17. 83 F0. 1；

N70   X18. 0；

N71   X9. 34 Z – 25. 27；

N72   G02 X8. 0 Z – 27. 83 R5 F0. 05；

N73   G01 Z – 33. 31 F0. 1；

N74   G02 X11. 57 Z – 37. 13 R5 F0. 05；

N75   G03 X15. 0 Z – 48. 89 R9；

N76   G02 X10. 0 Z – 57. 15 R15；

N77   G01 Z – 60. 74 F0. 1；

N78	X12. 0;
N79	Z – 63. 74;
N80	X14. 0;
N81	Z – 66. 74;
N82	X16. 0;
N83	Z – 69. 74;
N84	X19. 0;
N85	Z – 73. 0;
N86	X22. 0;
N87	G00 X100. 0 Z100. 0;
N88	M05;
N89	M02;

例 11. 6　图 11. 50 国际象棋 "象"，采用 2 号 35°右偏外圆车刀、4 号 35° 左偏外圆车刀及 3 号切断刀加工，用 FANUC 0i Mate – TB 系统格式编写加工程序。其参考程序如下：

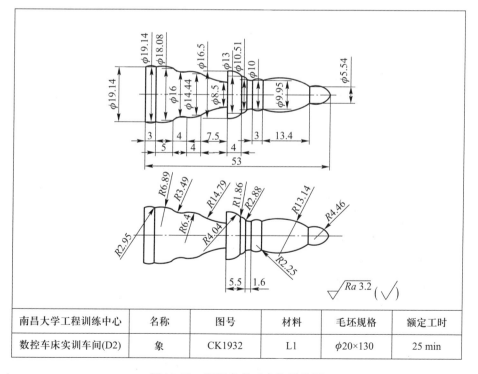

南昌大学工程训练中心	名称	图号	材料	毛坯规格	额定工时
数控车床实训车间(D2)	象	CK1932	L1	$\phi20\times130$	25 min

图 11. 50　国际象棋 "象" 零件图

O1932；

N01　T0101 M03 S800；

N02　G00 X27 Z2；

N03　G71 P4Q14 U2 W0 D10. 5 F0. 2；

N04　G01 X0 F0. 1；

N05　　　Z0；

N06　G03 X5. 54 Z – 6 R4. 46 F0. 05；

N07　　　X9. 95 W – 13. 4 R13. 14；

N08　　　X10 W – 3 R2. 25；

N09　G02 X10. 51 W – 1. 6 R2. 88；

N10　G03 X13 W – 1. 5 R1. 86；

N11　　　X15. 5 W – 4 R4. 04；

N12 G01 W – 3 F0. 1；

N13　　　X21；

N14　　　Z – 56；

N15　G00 X100；

N16　　　Z100 M05；

N17　M00；

N18　T0202 M03 S800；

N29　G00 X23 Z2；

N20　G73 P4 Q14 I2 K0 U0. 2 W0 D4 F0. 2；

N21　G00 X100 M05；

N22　　　Z100；

N23　M00；

N24　T0202 M03 S1800；

N25　G00 X23 Z2；

N26　G70 P4 Q14；

N27　G00 X100；

N28　　　Z100 M05；

N29　M00；

N30　T0303 M03 S500；

N31　G00 X23；

N32　　　Z – 53；

N33　G01 X18 F0. 02；

N34　G00 X100；
N35　　　Z100 M05；
N36　M00；
N37　T0404 M03 S100；
N38　G00 X23；
N39　　　Z－53；
N40　G73 P41 Q46 I5. 32 K0 U0. 2
　　　　　　W0. 1 D10 F0. 2；
N41　G01 X19. 14 F0. 1；
N42　G02 X19. 14 Z－50 R2. 95 F0. 05；
N43　G02 X18. 8 W5 R6. 89；
N44　G03 X16 W4 R3. 49；
N45　G02 X14. 44 W4 R6. 4；
N46　G03 X8. 5 W7. 5 R14. 79；
N47　G00 X100；
N48　　　Z100 M05；
N49　M00；
N50　T0404 M03 S1800；
N51　G00 X23 Z－53；
N52　G70 P41 Q46；
N53　G00 X100；
N54　　　Z100 M05；
N55　M00；
N56　T0303 M03 S400；
N57　G00 X23 Z－53；
N58　G01 X－1 F0. 02；
N59　G00 X100；
N60　　　Z100；
N61　M05；
N62　M02；

11.4   数控铣削加工

11.4.1   数控铣削加工概述

1. 数控铣削加工概念及铣削加工成形运动

在普通机床上加工时，由工艺员制定加工工艺。规定所使用的机床和刀具、工件的装夹方法、加工顺序和尺寸以及切削参数等内容，然后由操作者按工艺规程进行加工。而在数控机床上加工时，先要进行程序编制，即将被加工零件的加工顺序、工件与刀具相对运动轨迹的尺寸数据、工艺参数以及辅助操作等加工信息，用规定的文字、数字、符号组成的代码，按一定的格式编写成加工程序，并将程序输入机床由数控装置控制机床进行自动加工。这一过程称为数控加工。

铣削加工成形运动是利用刀具与工件的相对运动，切去工件上多余的金属材料，达到规定的形状、尺寸、精度及表面质量。在这一过程中，刀具旋转为主运动，刀具相对于工件的运动为进给运动。

2. 数控铣削加工的用途与分类

数控铣削是机械加工中常用的加工方法之一，它主要包括平面铣削和轮廓铣削，也可以对零件进行钻、扩、铰、锪和镗孔加与攻螺纹等。特别适用于加工下列几类零件：

（1）平面类零件

平面类零件是指加工面平行或垂直于水平面或其加工面与水平面的夹角为定角的零件。目前在数控铣床上加工的绝大多数零件属于平面类零件。这类零件的特点是，各个加工表面是平面或可以展开为平面。

平面类零件一般只需用三坐标数控铣床的两坐标联动（即两轴半坐标加工）就可以把它们加工出来。

（2）变斜角类零件

加工面与水平面的夹角呈连续变化的零件称为变斜角类零件。

加工变斜角类零件最好采用四坐标和五坐标数控铣床摆角加工，在没有上述机床时，也可在三坐标数控铣床上进行二轴半控制的近似加工。

（3）曲面类（立体类）零件

加工面为空间曲面的零件称为曲面类零件。曲面类零件的加工面不能展开为平面，它的加工面与铣刀始终为点接触。加工曲面类零件一般要采用三坐标联动数控铣床加工。

3. 数控铣床组成、特点及坐标系

数控加工是用数控程序通过数控装置控制机床进行自动加工，因此数控铣床大体上可分为机械部分（主要是切削加工执行部分）和电气部分（主要是机床控制部分），为了便于编程时描述机床运动，简化编程方法及保证记录数据的互换性。数控机床的坐标轴和运动方向，有统一规定，并共同遵守，这样将给数控系统和机床的设计、程序编制和使用维修带来极大的便利。通常三轴数控铣床有三个坐标系，分别定义为：

（1）Z 坐标轴

规定平行于主轴轴线的坐标为 Z 坐标轴，对于没有主轴的机床，则规定垂直于工件装夹表面的坐标轴为 Z 坐标轴。Z 轴的正方向是指刀具远离工件的方向。

（2）X 坐标轴

在刀具旋转的机床上，如铣床、钻床、镗床等，若 Z 轴是水平的，则从刀具（主轴）向工件看时，X 轴的正方向指向右边。如果 Z 轴是垂直的，则从面向主轴看立柱时，X 轴的方向指向右边。

（3）Y 坐标轴

在确定了 X、Z 轴的方向后，用右手直角笛卡儿坐标系法则来确定 Y 坐标的正方向。

（4）机床原点

机床坐标系是机床上固有的坐标系，机床上有一些固定的基准线，如主轴中心线；固定的基准面，如工作台面、主轴端面、工作台侧面和 T 形槽侧面。当机床的各坐标轴返回各自的原点（又称零点）以后，用各坐标轴部件上的基准线和基准面来决定机床原点的位置，机床坐标系及机床原点在数控机床的使用说明书上均有说明。

工件坐标系是编程人员在编程时使用的，由编程人员以工件图纸上的某一固定点为原点（也称工件原点）所建立的坐标系，工件安装后，测量工件原点与机床原点间的距离（通过测量某些基准面、线之间的距离来确定），这个距离称为工件原点偏置，该偏置值，需预存到数控系统中，在加工时，工件原点偏置值便能自动加到工件坐标系上，使数控系统按机床坐标系来确定加工时的坐标值运动。因此，编程人员可以不考虑工件在机床上的安装偏置位置而编程，十分方便。

为方便理解，将 KVC1050A 数控铣床坐标系列于图 11.51。

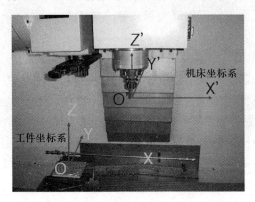

图 11.51   KVC1050A 数控铣床坐标系

机床坐标系与工件坐标系关系是各坐标轴方向相同，但原点可以有偏置，加工前将该偏置值测量出来预存到数控系中（称为对刀），机床坐标系与工件坐标系关系如图 11.52。

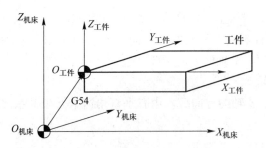

图 11.52   机床坐标系与工件坐标系关系

11.4.2   数控加工的工艺

在数控机床上加工零件，首选遇到的就是工艺问题。数控机床的加工与普通机床的加工工艺有许多相同之处，也有许多不同，数控加工工艺通常要比普通机床加工的工艺详细得多。在数控机床加工前，要将机床的运动过程、零件的工艺过程、刀具的形状和尺寸、切削用量和走刀路线等都编入程序，这就要求程序设计人员要有多方面的知识基础。合格的程序员首先是一个很好的工艺人员，应对数控机床的性能、特点、切削范围和标准刀具系统等有较全面的了解，否则就无法做到加工过程正确。

1. 数控加工工艺内容

根据实际应用中的经验，数控加工工艺主要包括下列内容：

① 选择并决定零件的数控加工内容；

② 零件图样的数控加工工艺性分析；

③ 数控加工的工艺路线设计；

④ 数控加工工序设计；

⑤ 数控加工专用技术文件的编写。

2. 数控加工工艺内容的选择

对于某个零件来说，并非全部工艺过程都适合在数控机床上完成，而往往只是其中的一部分适合于数控加工。这就需要对零件图样进行仔细的工艺分析，选择那些最适合、最需要进行数控加工的内容和工序。在选择并做出决定时，应结合本企业设备的实际，立足于解决难题、攻克关键工艺和提高生产效率，充分发挥数控加工的优势。在选择时，一般可按下列顺序考虑：

① 通用机床无法加工的内容应作为优先内容；

② 通用机床难加工，质量也难以保证的内容应作为重点选择内容；

③ 通用机床效率低、工人手工操作劳动强度大的内容，可在数控机床尚存在富余能力的基础上进行选择。

一般来说，上述这些加工内容采用数控加工后，在产品质量、生产效率与综合效益等方面都会得到明显提高。相比之下，下列一些内容则不宜选择采用数控加工。

① 占机调整时间长。如：以毛坯的粗基准定位加工第一精基准，要用专用工装协调的加工内容；

② 加工部位分散，要多次安装、设置原点。这时，采用数控加工很麻烦，效果不明显，可安排通用机床补加工；

③ 按某些特定的制造依据（如：样板等）加工的型面轮廓。主要原因是获取数据困难，易与检验依据发生矛盾，增加程编难度。

此外，在选择和决定加工内容时，也要考虑生产批量、生产周期、工序间周转情况等。总之，要尽量做到合理，达到多、快、好、省的目的。要防止把数控机床降格为通用机床使用。

3. 数控加工零件工艺性分析

数控加工工艺性分析涉及面广，在此仅从数控加工的可能性和方便性两方面加以分析。

（1）零件图样上尺寸数据的给出应符合编程方便的原则

1）零件图上尺寸标注方法应适应数控加工的特点

在数控加工零件图上，应以同一基准引注尺寸直接给出坐标尺寸。

这种标注方法既便于编程，又便于尺寸之间的相互协调，在保持设计基准、工艺基准、测量基准与编程原点设置的一致性方面带来很大方便。

设计人员一般在尺寸标注中较多地考虑装配和使用特性方面要求而不得不采用局部分散的标注方法，这样会给工序安排与数控加工带来许多不便。而数控加工精度和重复定位精度都很高，不会因产生较大的积累误差而破坏使用特性，因此可将局部的分散标注法改为同一基准引注尺寸或直接给出坐标尺寸的标注法。

2）构成零件轮廓的几何元素的条件应充分

编程时要计算基点或节点坐标。即便自动编程时，也要对构成零件轮廓的所有几何元素进行定义。因此在分析零件图时，要分析几何元素的给定条件是否充分。如圆弧与直线，圆弧与圆弧在图样上相切，若根据图上给出的尺寸，在计算相切条件时，变成了相交或相离状态。这样构成零件几何元素条件的就不充分，使编程时无法下手。遇到这种情况时，应与零件设计者协商解决。

（2）零件各加工部位的结构工艺性应符合数控加工的特点

① 零件的内腔和外形最好采用统一的几何类型和尺寸。这样可以减少刀具规格和换刀次数，使编程方便并提高生产效益。

② 内槽圆角的大小决定着刀具直径的大小，因而内槽圆角半径不应过小。

③ 零件铣削底平面时，槽底圆角半径不应过大。圆角半径越大，铣刀端刃铣削平面的能力越差，效率也越低。

④ 应采用统一的定位基准。若没有统一定位基准，会因工件的重新安装而导致加工后的两个面上轮廓位置及尺寸不协调。

最好选零件上一个合适的孔作为定位基准孔，若没有，可设置工艺孔作为定位基准（如在毛坯上增加工艺凸耳或在后续工序要铣去的余量上设置工艺孔）。若无法设置工艺孔时，也可用经过精加工的表面作为统一基准，以减少两次装夹产生的误差。

此外，还应分析零件所要求的加工精度、尺寸公差等是否可以得到保证，有无引起矛盾的多余尺寸或影响工序安排的封闭尺寸等。

4. 数控加工工艺路线的设计

数控加工的工艺路线设计与用通用机床加工的工艺路线设计的主要区别在于它不是指从毛坯到成品的整个工艺过程，而仅是几道数控加工工序工艺过程的具体描述。由于数控加工工序一般均穿插于零件加工的整个工艺过程中间，因此要与普通加工工艺衔接好。

另外，许多在通用机床加工时由工人根据自己的实践经验和习惯所自行决定的工艺问题，如：工艺中各工步的划分与安排、刀具的几何形状、走刀路线及切削用量等，都是数控工艺设计时必须认真考虑的内容。

（1）工序划分

根据数控加工的特点，数控加工工序划分一般可按下列方法进行：

① 以一次安装、加工作为一道工序。这种方法适合于加工内容不多的工件，加工完后就能达到待检状态。

② 以同一把刀具加工的内容划分工序。有些零件虽然能在一次安装中加工出很多加工面，但考虑到程序太长，会受到某些限制，如：控制系统的限制（主要是内存容量），机床连续工作时间的限制（如一道工序在一个工作班内不能结束）等。此外，程序太长会增加出错与检索困难。因此程序不能太长，一道工序的内容不能太多，可按同一把刀具所能加工的内容划分工序。

③ 以加工部位划分工序。对于加工内容很多的零件，可按其结构特点将加工部位分成几个部分，如内形、外形、曲面或平面。

④ 以粗、精加工划分工序。对于易发生加工变形的零件，由于粗加工后可能发生变形而需要进行校形，故一般来说凡要进行粗、精加工的都要将粗、精加工工序分开。

（2）顺序安排

工序顺序安排应根据零件的结构和毛坯状况，以及定位安装与夹紧的需要来考虑，重点是工件的刚性不被破坏。顺序安排一般应按以下原则进行：

① 上道工序的加工不能影响下道工序的定位与夹紧，中间穿插有通用机床加工工序的也要综合考虑；

② 先进行内形内腔加工工序，后进行外形加工工序；

③ 以相同定位、夹紧方式或同一把刀具加工的工序，最好连续进行，以减少重复定位次数、换刀次数与挪动压板次数；

④ 若在同一次安装中进行有多道工序，应先安排对工件刚性破坏较小的工序。

（3）数控加工工艺与普通工序的衔接

数控工序前后一般都穿插有其他普通工序，如衔接得不好就容易产生矛盾，因此在熟悉整个加工工艺内容的同时，要清楚数控加工工序与普通工工序各自的技术要求、加工目的、加工特色，如：要不要留加工余量，留多少，定位面与孔的精度要求及形位公差，对校形工序的技术要求，对毛坯的热处理状态等，这样才能使各工序达到相互能满足加工需要，且质量目标及技术要求明确，交接验收有依据。

5. 数控加工工序设计

（1）加工方法的选择

加工方法的选择原则是保证加工表面的加工精度和表面粗糙度的要求。由于获得同一级精度及表面粗糙度的加工方法有许多种，因而在实际选择时，要结合零件的形状、尺寸大小和热处理要求等全面考虑。例如，对于公差等级为 IT7 级的孔采用镗削、铰削、磨削等加工方法均可达到精度要求，但箱体上的孔一般采用镗削或铰削，而不宜采用磨削。一般小尺寸的箱体孔选择铰孔，当孔径较大时则应选择镗孔。此外，还应考虑生产率和经济性的要求，以及工厂的生产设备等实际情况。常用加工方法的经济加工精度及表面粗糙度可查阅有关工艺手册。

（2）加工方案确定的原则

零件上比较精密表面的加工，常常是通过粗加工、半精加工和精加工逐步达到的。对这些表面仅仅根据质量要求选择相应的最终加工方法是不够的，还应正确地确定从毛坯到最终成形的加工方案。

确定加工方案时，首先应根据主要表面的精度和表面粗糙度的要求，初步确定为达到这些要求所需要的加工方法。例如，对于加工不大的 IT7 级的孔，最终加工方法取精铰时，则精铰孔之前通常要经过钻孔、扩孔和粗铰孔等加工。各种加工方法所能达到的精度等级可参考相关工艺手册。

（3）确定零件安装方法和选择夹俱

在数控机床上加工零件时，定位安装的基本原则与普通机床相同，也要合理选择定位基准和夹紧方案。为了提高数控机床的效率，在确定定位基准与夹紧方案时应注意：

① 尽量选用组合夹具、通用夹具装夹工件，避免采用专用夹具；

② 尽量减少装夹次数，装夹零件要迅速方便；

③ 定位基准与设计基准重合，减少定位误差；

④ 零件加工部位要外露，以免夹具影响进给。

此外，为了提高数控加工的效率，在成批生产中还可以采用多位、多件夹具。

6. 数控铣削刀具

刀具的选择是数控加工工艺中重要内容之一，它不仅影响机床的加工效率，而且直接影响加工质量。编程时，选择刀具通常要考虑机床的加工能力、工序内容、工件材料等因素。

与传统的加工方法相比，数控加工对刀具的要求更高。不仅要求精度高、刚度好、耐用度高，而且要求尺寸稳定、安装调整方便。这就要求采用新型优质材料制造数控加工刀具，并优选刀具参数。

选取刀具时，要使刀具的尺寸与被加工工件的表面尺寸和形状相适应。生产中，平面零件周边轮廓的加工，常采用立铣刀。铣削平面时，应选硬质合金刀片铣刀；加工凸台，凹槽时，选高速钢立铣刀；加工毛坯表面或精加工孔时，可选镶硬质合金的玉米铣刀。

对一些立体型面和变斜角轮廓外形的加工，常采用：球头铣刀、环形铣刀、鼓形刀、锥形刀和盘形刀。

曲面加工常采用球头铣刀，但加工曲面较平坦部位时，刀具以球头顶端刃切削，切削条件较差，因而应采用环形刀。

在加工中心上，机床各种刀具分别装在刀库上，按程序规定随时进行选刀和换刀工作。因此必须有一套连接普通刀具的接杆，以便使钻、镗、扩、铰、铣削等工序用的标准刀具，迅速、准确地装到机床主轴或刀库上去。作为编程人员应了解机床上所用刀杆的结构尺寸、调整方法及调整范围，以便在编程时确定刀具的径向和轴向尺寸。

7. 切削用量的确定

切削用量包括主轴转速（切削速度）、被吃刀量、进给量。对于不同的加工方法，需要选择不同的切削用量，并应编入程序单内。

合理选择切削用量的原则是，粗加工时，一般以提高生产率为主，但也应考虑经济性和加工成本；半精加工和精加工时，应在保证加工质量的前提下，兼顾切削效率、经济性和加工成本。具体数值应根据机床说明书、切削用量手册，并结合经验而定。

进给量（进给速度）F 是数控机床切削用量中的重要参数，主要根据零件的加工精度和表面粗糙度要求以及刀具、工件的材料性质选取。当加工精度、表面粗糙度要求高时，进给量数值应选小些。

8. 加工路线的确定

在数控加工中，刀具刀位点相对于工件运动的轨迹称为加工路线。编程时，加工路线的确定原则主要有以下几点：

（1）加工路线应保证被加工零件的精度和表面粗糙度，且效率较高。

（2）使数值计算简单，以减少编程工作量。

（3）应使加工路线最短，这样既可减少程序段，又可减少空程时间。

此外，确定加工路线时，还要考虑工件的加工余量和机床、刀具的刚度等情况，确定是一次走刀，还是多次走刀来加工以及在铣削加工中是采用顺铣还是采用逆铣等。

对点位控制的数控机床，只要求定位精度较高，定位过程尽可能快，而刀具相对工件的运动路线是无关紧要的，因此这类机床应按空行程最短来安排走刀路线，除此之外还要确定刀具轴向的运动尺寸，其大小主要由被加工零件的孔深来决定，但也应考虑一些辅助尺寸，如刀具的引入距离和超越量。

铣削平面零件时，一般采用立铣刀侧刃进行切削。为减少接刀痕迹，保证零件表面质量，对刀具的切入和切出程序需要精心设计。铣削外表面轮廓时，铣刀的切入和切出点应沿零件轮廓曲线的延长线上切向切入和切出零件表面，而不应沿法向直接切入零件，以避免加工表面产生划痕，保证零件轮廓光滑。

加工过程中，工件、刀具、夹具、机床系统平衡弹性变形的状态下，进给停顿时，切削力减小，会改变系统的平衡状态，刀具会在进给停顿处的零件表面留下划痕，因此在轮廓加工中应避免进给停顿。

铣削曲面时，常用球头刀采用"行切法"进行加工。所谓行切法是指刀具与零件轮廓的切点轨迹是一行一行的，而行间距是按零件加工精度的要求确定。

总之，确定走刀路线的原则是，在保证零件加工精度和表面粗糙度的条件下，尽量缩短加工路线，以提高生产率。

▎11.4.3　数控铣削编程

1. 数控铣削编程基础

数控程序有规定的结构与格式，数控程序结构主要有程序名、程序段、程序结束等内容。如用计算机将数控程序传输到数控机床还需加上引导符和截止符等，举例说明如图11.53所示。

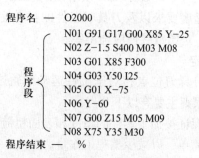

图11.53　数控程序结构与格式

其中程序段格式为：N_ G_ X_ Y_ Z_ F_ S_ T_ M_ 。

相应代码含义见表11.7。

表 11.7　数控代码含义

机　　能	地　址　码	意　　义
程序号	O	程序编号
顺序号	N	顺序编号
准备功能	G	机床动作方式指令
坐标指令	X，Y，Z R I，J，K	坐标轴移动指令 圆弧半径 圆弧中心坐标
进给机能	F	进给速度指令
主轴机能	S	主轴转速指令
刀具机能	T	刀具编号指令
辅助机能	M	接通、断开、启动、停止等

2. 数控编程方法

数控机床的加工是由数控程序控制的，而数控程序是由数控指令组成的。要完成数控加工先要学习数控指令，要说明的是数控系统不同，或是数控机床不同，数控指令和程序编制都可能不同，这里所说明的是 FANUC 数控程序的编程方法。

如前所述，数控铣床的切削运动中，铣刀旋转为主运动，而铣刀和工件之间的移动为进给运动，具体到 KVC1050A 数控铣床的切削运动为：铣刀旋转为主运动，但 X、Y 轴方向上的进给运动是刀具不动而工件移动，然而 Z 轴方向上的进给运动是刀具移动而工件不动，在此按通用编程规则：即假定工件不动而刀具移动。

（1）常用辅助功能指令或其他功能指令

1）模态指令与非模态指令概念

通俗地说，模态指令就是一经指定就一直有效，直到被同组代码所取代，相同的模态指令可省略不写。而非模态指令只在本程序段有效，其他程序段要使用时必须重写。下面介绍的数控指令，如无特别说明均为模态指令。

2）常用辅助功能指令

常用辅助功能指令（M 功能）及其意义如下：

M00　　　　程序暂停

M01　　　　程序选择停止

M02　　　　程序结束

M03　　　　主轴正转

M04	主轴反转
M05	主轴停止
M06	自动换刀
M08	冷却液开
M09	冷却液/冲屑液关
M11	刀库机械手不正常时(例如突然断电)的恢复
M13	主轴正转并且开冷却液
M14	主轴反转并且开冷却液
M29	刚性攻螺纹指令
M30	程序结束返回程序头
M98	调用子程序
M99	返回主程序

3）进给指令

进给功能也叫 F 功能，F 功能以每分钟进给距离的方式指定进给速度。它由地址码 F 及后面的数字组成。即地址 F 后面直接给定进给速度的数值，例如 F150 表示刀具的进给速度为 150 mm/min。

4）主轴功能指令

主轴功能为主轴转速功能或 S 功能，它用于定义主轴的转速。

主轴功能由地址码 S 及后面的数字组成，单位为 r/min，如 S800 表示主轴转速为 800 r/min。

编程时除了用 S 功能指定主轴转速外，还要用 M 功能指定主轴的转向，即 M03 主轴正转，M04 主轴反转。

5）刀具的选择与刀具交换

① 刀具的选择

编程之前，先将工艺选定的刀具进行编号，并用装刀具指令装入机床。

刀具选择是指把刀具库上指令了刀号的刀具转到换刀的位置。为下次换刀做好准备。这一动作的实现，是通过选刀指令——T 功能指令实现的。T 功能指令用 T×× 表示。T02 表示 2 号刀。

② 刀具交换

刀具交换是指刀库上正位于换刀位置的刀具与主轴上的刀具进行自动换刀。这一动作的实现，是通过换刀指令 M06 实现的。

③ 自动换刀程序的编制

在一个程序段中，同时包含 T 指令与 M06 指令

T×× M06；

执行本程序段时，刀具沿 Z 轴自动返回参考点，然后执行主轴准停及自动换刀的动作。为避免执行 T 功能指令时占用加工时间，刀具也可在前面的程序段中提前写出。而在 M06 指令中单独执行。

（2）常用准备功能指令

常用准备功能是编制数控加工程序时的主要指令，编程人员必须熟练掌握这些指令的使用方法、特点，才能更好地编写出加工程序。准备功能是使机床进入某种运动状态或工作方式的指令。下面介绍常用的准备功能 G 指令。

1）设定工件坐标系

编程的核心任务是描述刀具运动轨迹，这必须要以坐标系作为参照。一般是编程人员先设定工件坐标系，再用坐标值设定指令来指定坐标。

坐标值设定指令有 G54 - G59，常用为 G54，由操作者在加工零件前，通过"工件零点附加偏置"的操作实现。操作者在安装工件后，测量工件坐标系原点相对于机床坐标系原点的偏移量，并把工件坐标系在各轴方向上相对于机床坐标系的位置偏移量，置入工件坐标偏置存储器中，假设编程人员使用 G54 工件坐标系编程，并要求刀具运动到工件坐标系中 X100. Y50Z200. 的位置，程序中可以写成：G90 G54 G00 X100. Y50. Z200.，其执行时，刀具就运动到 G54 所设工件坐标系中 X100. Y50. Z200. 的位置。

2）坐标平面选择指令

右手直角笛卡儿坐标系的三个互相垂直的轴 X、Y、Z，分别构成三个平面（即 XY 平面、ZX 平面和 YZ 平面。对于三坐标的铣床和加工中心，常用这些指令确定机床在哪个平面内进行插补运动。比如用 G17 表示在 XY 平面。

3）刀具移动指令

① 快速点定位指令 G00

用 G00 快速点定位，命令刀具以点位控制方式，从刀具所在点以最快的速度，移动到目标点。

程序格式：G00X_Y_Z_；

X_Y_Z_为目标点坐标。

当用绝对坐标值编程时，X_Y_Z_为目标点在工件坐标系中的坐标值，不运动的坐标可以不写。机床快速移动的速度不需要指定，而是由生产厂家确定，并可在机床说明书中查到。

② 直线插补 G01

用 G01 指定直线插补，其作用是指令两个坐标（或三个坐标）以联动的方式，按指定的进给速度 F，插补加工出任意斜率的平面（或空间）直线。程序格式为：

G01 X_Y_Z_F_;

X_Y_Z_为目标点坐标值。F_为刀具移动的速度。

G01 程序中必须含有 F 指令，如无 F 指令则认为进给速度为零。

4）圆弧插补 G02、G03

用 G02、G03 指定圆弧插补。G02 表示顺圆插补；G03 表示逆圆插补。圆弧顺逆时由针方向来判断方法，即沿圆弧所在平面（如 X，Y）的另一个坐标的负方向（−Z）看去，顺时针方向为 G02，逆时针方向为 G03。程序格式为：

G02

　　　X_Y_Z_I_J_K_F_;

G03

X、Y、Z 为圆弧终点坐标值，可以用绝对坐标值，也可以用增量坐标值，由 G90 和 G91 决定。在增量方式（G91）下，圆弧终点坐标是相对于圆弧起点的增量值。I、J、K 表示圆弧圆心的坐标值，它是圆心相对于圆弧起点在 X、Y、Z 轴方向上的增量值，与前面定义的 G90 和 G91 无关。F 规定了沿圆弧切向的进给速度。

注意：I、J、K 为零时可以省略。

圆弧插补也可以用圆弧半径 R 代替 I、J、K 指令，程序格式如下：

$$\left.\begin{array}{c} G17 \\ G18 \\ G19 \end{array}\right\} \left.\begin{array}{c} G02 \\ \\ G03 \end{array}\right\} \left\{\begin{array}{c} X\_Y\_ \\ X\_Z\_ \\ Y\_Z\_ \end{array}\right\} R\_F\_;$$

在使用 R 的圆弧插补中，由于在同一半径 R 的情况下，从起点到终点的圆弧路径可能有两个。为了区别二者，特规定圆弧所对应的圆心角小于等于 180°时 R 为正；圆心角大于 180°的圆弧时 R 为负。

5）自动返回参考点（G28）

执行这条指令，可以使刀具以点位方式经中间点快速返回到参考点，中间点的位置由这指令后面的 X_Y_Z_坐标值所决定。

格式 G28 X_Y_Z_;

指令中 X_Y_Z_表示中间点，其坐标值可以用绝对坐标值（G90）也可以用增量坐标值（G91），设置中间点，是为防止刀具返回参考点时与工件或夹具发生干涉。自动返回参考点（G28）为非模态指令。

使用这条指令时，一般应注意：

① 通常 G28 指令是用于自动返回参考点，原则上应在执行该指令前取消各种刀具补偿。

② 使用 G28 的时一般应先使 Z 轴返回参考点，再使 X 轴、Y 轴返回参考点以保证安全。

6）暂停指令 G04

G04 指令可使刀具作短暂的无进给光整加工，一般用于铣平面、锪孔等场合，程序格式为：

$$G04 \begin{cases} X\_; \\ P\_; \end{cases}$$

地址码 X 或 P 为暂停时间，其中 X 后面可用带小数点的数，单位为 s，如 G04X5.0 表示在程序执行完后，要经过 5 s 以后，后一程序段才执行。地址 P 后面不允许用小数点，单位为 1 ms，G04P1000 表示暂停 1s。

G04 指令为非模态指令。

7）刀具长度补偿指令 G43、G44、G49

刀具长度指令一般用于刀具轴向（Z 方向）的补偿，它使刀具在 Z 方向上的实际位移量比程序给定值增加或减少一个偏置量，当刀具在长度方向的尺寸发生变化时，可以在不改变程序的情况下，通过改变偏置量，加工出所要求的零件尺寸。

$$\left.\begin{matrix} G43 \\ G44 \end{matrix}\right\} Z\_H\_;$$

G43 为刀具长度正补偿。

G44 为刀具长度负补偿。

Z_ 为目标点坐标。

H_ 为刀具长度补偿值的存储地址。补偿量存入由 H 代码指令的存储器中。

使用 G43、G44 时，不管用绝对坐标值还是用增量坐标值指令编程，程序中指定的 Z 轴终点坐标值，都要与 H 代码指令的存储器的偏移量进行运算。

G49 为撤销刀具长度补偿指令。

8）刀具半径补偿 G41、G42、G40

G41、G42 为刀具半径补偿指令。

当用半径为 R 的圆柱铣刀加工工件轮廓时，如果机床不具备刀具半径补偿功能，编程人员要按照距理论轮廓距离为 R（R 为刀具半径）的刀具中心运动轨迹的数据来编程。其运算有时很复杂，而且当刀具刃磨后，刀具的半径减小，那么就要按新的刀心轨迹重新编程，否则加工出来的零件会增加一个余量（即刀具的磨损量）。

刀具半径补偿的作用，就是数控装置根据理论轮廓和刀具半径 R 自动计算出刀具中心的轨迹，这样编程人员就只要根据理论轮廓（图样上给定的尺寸）进行编程，加工时刀具中心会自动偏移一个刀具半径沿轮廓移动，加工出所需要的理论轮廓。

G41——指令刀具左偏置，即沿刀具进刀方向看去，刀具中心在零件轮廓的左侧。

G42——指令刀具右偏置，即沿刀具进刀方向看去，刀具中心在零件轮廓的右侧。

G40——取消刀补。

刀具半径补偿的过程分为三步：

① 刀补的建立

刀补的建立就是在刀具从起点接近工件时，刀具中心从与编程轨迹重合过渡到与编程轨迹偏离一个偏置量的过程。刀具补偿程序段内，必须有 G00 或 G01 功能才有效。如

G41 G01 X50.0 Y40.0 F100 D01；或 G41 G00 X50.0 Y40.0 D01；

偏置量（刀具半径）应预先由操作者寄存在 D01 指令的存储器中。

② 刀补的进行

在 G41、G42 程序段后，刀具中心始终编程轨迹相距一个偏置量，直到刀补取消。

③ 刀补的取消

刀具离开工件，刀具中心轨迹要过渡到与编程重合的过程。

G40 G01 X0 Y0 F100；或   G40 G00 X0 Y0；

G40 必须和 G41 或 G42 成对使用。

在建立刀补与取消刀补的过程中，必须注意刀具与工件之间的相互位置，避免撞刀。

刀具补偿功能给数控加工带来了方便，简化了编程工作。编程人员不但可以直接按零件轮廓编程，而且还可以用同一个加工程序，对零件轮廓进行粗、精加工。

9）公英制转换 G20/G21

G20 和 G21 为信息指令，G20 为英制输入，G21 为公制输入，系统允许用英制和公制两种单位输入方式。

3. 固定循环功能与子程序

加工过程中有些加工动作相同或相似，我们可以将这些内容编成子程序来循环调用或是利用机床提供的固定循环功能

　　加工中心机床的固定循环功能，主要用于孔加工，包括钻孔、镗孔、攻螺纹等。使用一个程序段就可以完成一个孔加工的全部动作。继续加工孔时，如果孔加工的动作无须变更，则程序中所有模态的数据可以不写，因此可以大大简化程序。

　　（1）固定循环

　　孔加工固定循环通常由以下 6 个动作组成：

　　动作 1——X 轴和 Y 轴定位　使刀具快速定位到孔加工的位置；

　　动作 2——快进到 R 点　刀具自初始点快速进给到 R 点；

　　动作 3——孔加工　以切削进给的方式执行孔加工的动作；

　　动作 4——在孔底的动作　包括暂停、主轴准停、刀具移位等的动作；

　　动作 5——返回到 R 点　为了安全移动刀具进行其他孔的加工应选择 R 点；

　　动作 6——快速返回到初始点　孔加工完成后一般应返回到初始点。

　　① 初始平面

　　初始平面是为安全下刀而规定的一个平面。初始平面到零件表面的距离可以任意设定在一个安全的高度上，当使用同一把刀具加工若干孔时，只有孔与孔之间存在障碍需要跳跃或全部孔加工完时，才使用 G98 这个功能使刀具返回到初始平面上的初始点。

　　② R 点平面

　　R 点平面又称为 R 参考平面，这个平面是刀具下刀时自快进转为工进的高度平面，距工件表面的距离主要考虑工件表面尺寸的变化，一般可取 2～5 mm。使用 G99 时，刀具将返回到该平面上。

　　③ 孔底平面

　　加工盲孔时孔底平面就是孔底的 Z 轴高度，加工通孔时一般刀具还要伸出工件底平面一段距离，主要是保证全部孔深都加工到尺寸，钻削加工还应考虑钻头钻尖对孔深的影响。

　　孔加工循环与平面选择指令（G17、G18 或 G19）无关，即不管选择了哪个平面，孔加工都是在 XY 平面定位并在 Z 轴方向上钻孔。

　　④ 固定循环的代码

　　常见的固定循环的代码见表 11.8。

　　⑤ 返回点平面 G98、G99

　　由 G98 或 G99 决定刀具在返回时到达的平面。如果指令了 G98 则自该程序段开始，刀具返回时是返回到初始平面，如果指令了 G99 则返回到 R 点平面。

表 11.8   固定循环功能

G 代码	孔加工动作（−Z 方向）	在孔底的动作	刀具返回方式（+Z 方向）	用　途
G73	间歇进给	—	快速	高速深孔往复排屑钻
G74	切削进给	暂停—主轴正转	切削进给	攻左旋螺纹
G76	切削进给	主轴定向停止—刀具移位	快速	精镗孔
G80	—	—	—	取消固定循环
G81	切削进给	—	快速	钻孔
G82	切削进给	暂停	快速	锪孔、镗阶梯孔
G83	间歇进给	—	快速	深孔往复排屑钻
G84	切削进给	暂停—主轴反转	切削进给	攻右旋螺纹
G85	切削进给	—	切削进给	精镗孔
G86	切削进给	主轴停止	快速	镗孔
G87	切削进给	主轴停止	快速返回	反镗孔
G88	切削进给	暂停—主轴停止	手动操作	镗孔
G89	切削进给	暂停	切削进给	精镗阶梯孔

⑥ 孔加工方式   G73 – G89

孔加工方式的指令见表 11.2，其一般格式如下：

G73 – G89   X_Y_Z_R_Q_P_F_L_；

X_Y_——指定要加工孔的位置，使用绝对值还是增量值与 G90 或 G91 的选择有关。

Z_——指定孔底平面的位置（与 G90 或 G91 的选择有关）。

R_——指定 R 点平面的位置（与 G90 或 G91 的选择有关）。

Q_——在 G73 或 G83 方式中用来指定每次的加工深度，在 G76 或 G87 方式中规定位移量。Q 值的使用一律用增量值而与 G90 或 G91 的选择无关。

P_——用来指定刀具在孔底的暂停时间，与在 G04 中指定 P 的时间单位一样，则以 ms 为单位，不使用小数点。

F_——指定孔加工切削进给时的进给速度。这个指令是模态的，即使取消了固定循环，其后的加工中该指令仍然有效。

L_——指令孔加工重复的次数，忽略这参数时就默认为是 L1。如果程序中选择了 G90 方式，刀具在原来孔的位置重复加工。如果选择 G91 方式，则用一个程序段就能实现分布在一条直线上的若干个等距孔的加工。L 指令仅在被指定的程序段中才有效。

取消孔加工方式用 G80。

（2）子程序

1）子程序的应用

① 零件上有若干处具有相同轮廓形状。在这种情况下，只编写一个轮廓形状的子程序，然后用一个主程序来多次调用该程序。

② 加工中反复出现具有机上轨迹的路线。被加工的零件从外形上看并无相同的轮廓，但需要刀具在某一区域分层或分行反复走刀，走刀轨迹总是出现某一特定的形状，采用子程序就比较方便，此时通常要以增量方式编程。

③ 程序中的内容具有相对的独立性。加工中心编写的程序往往包含许多独立的工序，有时工序之间的调整也是允许的，为了优化加工顺序，把每一个独立的工序编成一个子程序，主程序中只有换刀和调用子程序等指令。

④ 满足某种特殊的需要。

2）子程序的调用与执行

① 子程序的格式

O × × × ×

—— —— —— —— —— ——

—— —— —— —— —— ——

        ……

—— —— —— —— —— ——；

M99；

② 子程序的调用

调用子程序使用如下格式：

M98 P n × × × ×；

其中 M98 是调用子程序指令，地址 P 后面的 n 是子程序被重复调用的次数，若只调用一次也可以省略不写，××××为调用的子程序号。

③ 子程序的执行

子程序的执行过程举例说明如下：

O0001；	O1010；
N0010— — — —；	N1020— — — —
N0020 M98 P21010；	N1030— — — —
N0030— — — —；	N1040— — — —
N0040 M98 P1010；	N1050— — — —
N0050— — — —；	N1060— — — —
	M99

……

主程序执行到 N0020 时转去执行 O1010 子程序，重复执行两次后继续执行 N0030 程序段，在执行 N0040 时又转去执行 O1010 子程序一次，返回时又继续执行 N0050 及其后面的程序。

3）子程序的嵌套

为了进一步简化程序，可用一个子程序调用另一个子程序，这称为子程序的嵌套。编程中使用较多的是二重嵌套。当用一个子程序调用另一个子程序时，其执行过程与上述完全相同。

11.4.4　典型零件的数控铣削加工

1. 加工如图 11.54 所示零件。

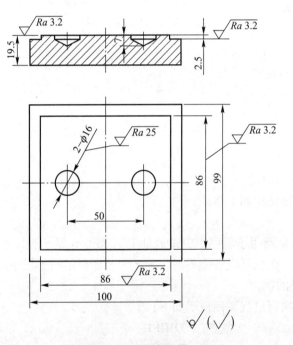

图 11.54　典型零件 1

材料状态为：$100 \times 99 \times 20$（mm）的铝块

工艺方案：考虑到该零件精度要求不高，材料为铝件，工件为方形零件且关于几何中心对称，本工序只加工顶面，因此拟定工艺方案为：

装夹方式：平口钳

工件坐标系：G54

原点：设在工件几何中心，与设计基准重合。即 XOY 零点在零件俯视图几何中心，Z 向零点在毛坯表面，工件坐标系方向与机床坐标系一致。

使用机床：KVC1050A（FANUC Oi – MB）

工步安排：

（1）铣平面

    铣 86×86 方形

        刀具　φ20 mm 立铣刀　编号　T01

        主轴转速　800 r/min

        进给速度　200～300 mm/min

（2）钻孔

        刀具　φ16 mm　麻花钻　编号　T02

        主轴转速　300 r/min

        进给速度　50 mm/min

程序如下：

```
%                                     N180   Y8
O1234                                 N190   X – 55
N10    G17G21G90G54                   N200   Y – 7
N20    T1M6                           N210   X55
N30    M01                            N220   Y – 22
N40    M3S800                         N230   X – 55
N50    G0Z50                          N240   Y – 37
N60    X65Y53                         N250   X55
N70    Z – 3                          N260   G0Z200
N80    G1X – 53F300                   N270   M5
N90    Y – 53                         N280   T2M6
N100   X53                            N290   M01
N110   Y65                            N300   G55M3S300
N120   G0Z50                          N310   G0Z50
N130   X55Y38                         N320   X25Y0
N140   Z – 0.5                        N330   Z3
N150   G1X – 55                       N340   G1Z – 7.5 F50
N160   Y23                            N350   G0Z50
N170   X55                            N360   X – 25
```

N370	Z3	N410	G28Z50
N380	G1Z – 7.5	N420	G28X0Y0
N390	G0Z50	N430	M30
N400	M5		%

2. 加工如图 11.55 所示零件。

材料状态为：$120 \times 120 \times 20(\mathrm{mm})$ 的铝块

工艺方案：考虑到该零件精度要求不高，材料为铝件，工件为方形零件且关于几何中心对称，本工序只加工顶面，因此拟定工艺方案为：

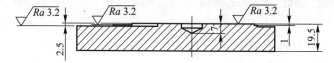

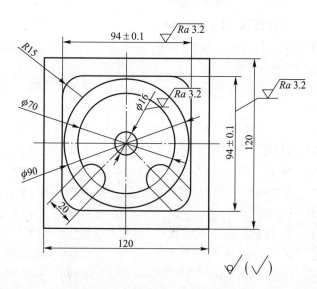

图 11.55 典型零件 2

装夹方式：平口钳

工件坐标系：G54

原点：设在工件几何中心，与设计基准重合。即 XOY 零点在零件俯视图几何中心，Z 向零点在毛坯表面，工件坐标系方向与机床坐标系一致。

使用机床：KVC1050A（FANUC Oi – MB）

工步安排：

（1）铣平面

铣 $94 \times 94 \times R15$ 方形轮廓

铣两个宽度为 20 的斜槽

铣 $\phi 90$ 圆形轮廓

刀具　$\phi 20$ mm 立铣刀　编号　T01

主轴转速　800 r/min

进给速度　200 ~ 300 mm/min

（2）钻孔

刀具　$\phi 16$ mm　麻花钻　编号　T02

主轴转速　300 r/min

进给速度　50 mm/min

使用机床：KVC1050A（FANUC oiMB）

程序如下：

%		N90	G42X75Y47D01
O1234		N100	Z – 3
N10	G17G54G40G80G21	N110	G1X – 32F300
N20	G91G28Z0	N120	G03X – 47Y32R15F200
N30	T1M6	N130	G01Y – 47F300
N40	M01	N140	X47
N50	M08	N150	Y32
N60	M03S800	N160	G03X32Y47R15F200
N70	G90G43G00Z50H01	N170	G01X – 75F300
N80	X0Y0	N180	G0Z50
N190	G40X0Y0	N300	Z – 1.5
N200	X – 72Y – 72	N310	G01X0
N210	Z – 3	N320	G03J – 45F200
N220	G01X – 24.749Y – 24.749	N330	G01X – 75F300
N230	G00Z50	N340	G00Z50
N240	X72Y – 72	N350	G40X0Y0
N250	Z – 3	N360	X60Y41
N260	G01X24.749Y – 24.749	N370	Z – 0.5
N270	G00Z50	N380	G91
N280	X0Y0	N390	M98P31235
N290	G42X75Y45D01	N400	G00G90Z50

N410　G00Z50
N420　M09
N430　M5
N440　G91G28Z0
N450　T2M6
N460　M01
N470　M08
N480　M3S300
N490　G90G43G00Z50H02

N500　G98G81X0Y0Z-7.5R5F50
N510　G80
N520　G00Z50
N530　M5
N540　M9
N550　G28Z50
N560　G28X0Y0
N570　M30
%

子程序如下
%
O1235
N10　G1X-120F300
N20　G00Y-16
N30　G01X120
N40　G00Y-16
N50　M99
%

复习思考题

1. 名词解释
（1）数控机床　（2）加工中心　（3）柔性制造单元　（4）准备功能指令　（5）模态指令　（6）非模态指令　（7）辅助功能指令
2. 简述题
（1）数控机床一般由哪几部分组成？
（2）数控机床的特点是什么？
（3）现代数控机床主要朝哪几方面发展？
（4）数控机床按伺服控制方式可分为哪几类机床？
（5）工件坐标系的零点设置应遵循哪些原则？

3. 简述题

（1）数控车床一般由哪几部分组成？

（2）数控车床的特点是什么？

（3）数控车床按机床的功能分为哪几类？

（4）数控车床常采用哪种车刀？其刀片的材料通常有哪些？

4. 编程题

下列各零件图中，如图 11.56 所示，坯料均为 ϕ20 的铝棒，表面粗糙度均为 Ra3.2，请用 FANUC 0i Mate – TB 系统格式分别编写数控车削程序。

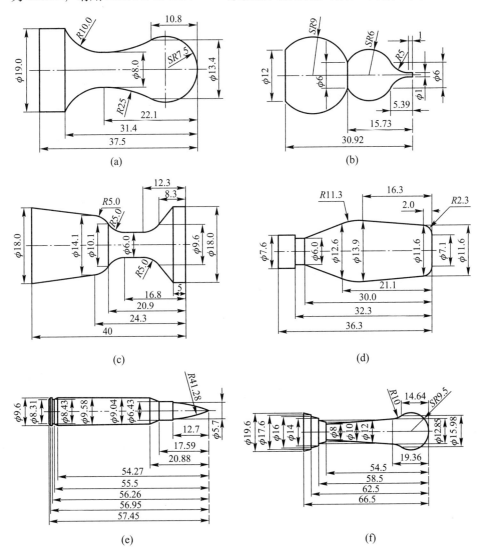

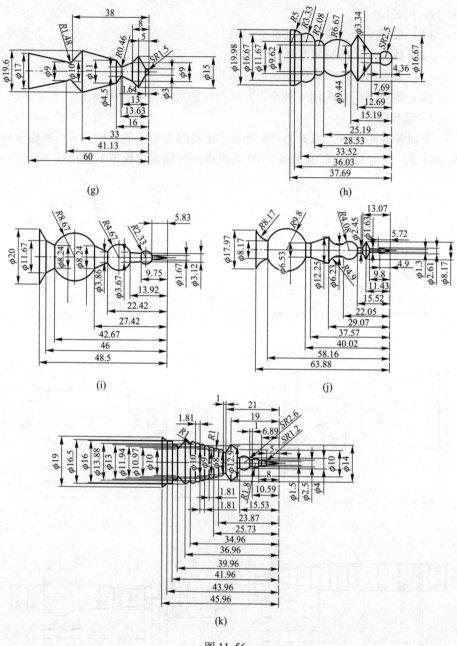

(g)   (h)

(i)   (j)

(k)

图 11.56

5. 图 11.57、图 11.58 是要加工的两个零件，毛坯是 $100 \times 99 \times 20$(mm) 铝块、平口钳装夹，选用机床：KVC1050A（FANUC Oi – MB），选用刀具：$\phi 16$ 立铣刀和 $\phi 16$ 麻花钻各一把，请编写数控加工程序。

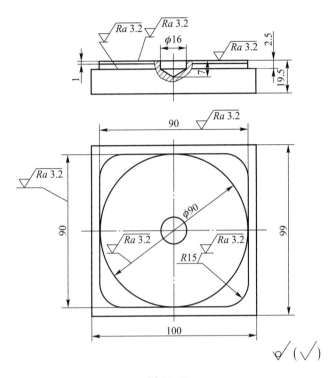

图 11.57

A、B、…、M 各点坐标（以俯视图中心为原点，X 轴向右）如下：

A,(0,45)	B,(–42.776, –13.971)
C,(–43.067, –30.335)	D,(–42.210, –35.261)
E,(–35.261, –42.210)	F,(–30.335, –43.067)
G,(–21.773, –41.541)	H,(21.773, –41.541)
I,(30.335, –43.067)	J,(35.261, –42.210)
K,(42.210, –35.261)	L,(43.067, –30.335)
M,(42.776, –13.971)	

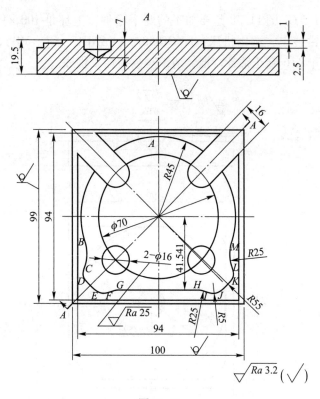

图 11.58

第 12 章　特种加工技术基础知识

· ·

随着社会的发展和科学技术的进步，许多借助电能、热能、光能、声能、化学能、电化学能及特殊机械能等多种能量或它们的组合来进行加工的特种加工技术，在现代制造技术中已得到广泛应用，成为现代加工不可缺少的加工方法。

特种加工技术的主要优点有：

① 加工范围不受材料的物理、力学性能的限制。具有"以柔克刚"的特点，可以加工任何硬、脆、耐热或高熔点的金属或非金属材料。

② 加工质量易控制。被加工零件精度和表面质量有严格的、确定的规律性，便于控制加工质量。

③ 可以进行高精度微加工。由于加工过程中无宏观作用力，适合加工薄壁工件、弹性件，并能精确控制加工质量。

④ 可以进行无污染的纯净材料加工。某些能在可控气氛中进行的特种加工方法，可以进行纯净材料加工。

⑤ 能形成新加工技术系统工程。对各种不同特点的特种加工进行工艺合理复合，能扬长避短形成有效的新生加工技术体系，满足日益增长的技术需求。

广义地说，除了传统的一般加工方法之外的加工技术都可称特种加工技术。生产实践中，常见的特种加工有电火花加工、电子束加工、离子束加工、激光加工、电解加工和超声波加工等。

12.1   电火花加工

12.1.1   概述

电火花加工又称放电加工（electrical discharging machining——EDM），是苏联科学家鲍·拉扎连科夫妇在 1943 年发明的，20 世纪 50 年在我国开始对其进行研究并逐步应用于生产。

电火花加工是指在一定的加工介质中，通过两电极（工具电极和工件电极）之间的火花放电的电蚀作用来实现加工的。电火花放电腐蚀的主要原理是：电火花放电时依靠电火花局部、瞬时产生的高温，使金属表面熔化、气化、蒸发，在爆炸力的作用下，把金属材料蚀除下来，抛入工作介质中，迅速冷却、凝固成微小的金属颗粒，金属颗粒被工作液迅速冲离火花放电区，从而使工件表面形成一个微小的凹坑。这样不断地放电加工，使工件不断地被蚀除，实现金属材料的尺寸加工。大量的实验资料表明，每次电火花腐蚀的微观过程是电场力、磁力、热力、液体动力、电化学和胶体化学等综合作用的过程。这一过程大致可以分为四个连续阶段：极间介质的电离、击穿，形成放电通道；介质热分解、电极材料熔化、气化热膨胀；电极材料的抛出；极间介质的消电离。

1. 放电通道的形成阶段

当脉冲电源电压加到工具电极与工件之间时，两极之间立即形成一个电场。电场强度与电压成正比，与两极间距离成反比，随着极间电压的升高或极间距离的减小，极间电场强度也随之增大。由于工具电极和工件的微观表面是凹凸不平的，极间距离又很小，因而极间电场强度是很不均匀的，两极间离得最近的突出点或尖端处的电场强度一般为最大。

液体介质中不可避免地含有某种杂质（如金属微粒、碳粒子、胶体粒子等），也有一些自由电子，使介质呈现一定的电导率。在电场作用下，这些杂质将使极间电场更不均匀，当阴极表面某处的电场强度增加 10^5 V/mm，即 100 V/μm 左右时，就会产生场致电子发射，由阴极表面向阳极方向逸出电子。在电场力的作用下带负电荷的电子高速向阳极运动并撞击工作液介质中的分子或中性原子，产生碰撞电离，形成带负的粒子（电子）和带正电的粒子（正离子），导致带电粒子雪崩式增多，使介质击穿而形成放电通道。

　　放电通道是由数量大体相等的带正电的正离子和带负电的电子以及中性粒子（原子或分子）组成的等离子体。带电粒子由于相对高速运动而相互碰撞，产生大量的热，使放电通道温度极高，但分布不均匀。从通道中心向边缘逐渐降低，通道中心可高达 10 000℃ 以上。由于受到放电时电流产生的磁场作用对放电等离子体产生向心的磁压缩效应，同时受到周围介质惯性动力压缩效应的作用，放电通道瞬间扩展到很大阻力。故放电开始阶段通道截面很小，而通道内由高温膨胀形成的初始压力可达数十兆帕。高压高温的放电通道以及随后工作液介质瞬时气化所形成的气体（以后发展成气泡）急速扩展，产生一个强烈的冲击波向四周传播。在放电过程中，还伴随着一系列物理现象，其中有热效应、电磁效应、光效应、声效应和频率范围很宽的电磁波辐射以及爆炸冲击波等。

　　2. 电极材料的熔化阶段

　　当脉冲电压由空载电压降到工作电压时，使火花放电通道间的电子高速奔向正极，正离子奔向负极。电能变成动能，动能通过碰撞又转变为热能。于是在通道两端的正极和负极表面分别成为瞬时热源，并且在瞬间达到很高的温度。通道的高温首先把工作液介质气化。正负极表面的高温使得金属材料熔化，直至沸腾气化。这些气化后的工作液和金属蒸气，瞬时间体积猛增，迅速热膨胀，就像火药、爆竹点燃后那样具有爆炸的特性。观察电火花加工过程，可以见到放电间隙间冒出很多小气泡，工作液逐渐变黑，并听到轻微而清脆的爆炸声。主要靠此热膨胀和局部微爆炸，使熔化、气化了的金属材料被蚀除，形成放电腐蚀痕迹。

　　3. 电极材料的抛出阶段

　　通道和正、负极表面放电点瞬时高温使工作液气化并使金属材料熔化、气化，热膨胀产生很高的瞬时压力。通道中心的压力最高，使气化了的气体体积不断向外膨胀，形成一个扩张的"气泡"，气泡上下、内外的瞬时压力并不相等，压力高处的熔融金属液体和蒸气，被排挤、抛出而进入工作液中。

　　实际上熔化和气化了的金属在抛离电极表面时，向四处飞溅，除绝大部分抛入工作液中收缩成小颗粒外，有一小部分飞溅、镀覆、吸附在对面的电极表面上。这种互相飞溅、镀覆以及吸附的现象，在某些条件下可以用来减少或补偿工具电极在加工过程中的损耗。

　　材料的抛出是热爆炸力、电动力、液体动力等综合作用的结果。

　　4. 极间介质的消电离阶段

　　当脉冲电流结束时，热源消失，火花放电通道迅速收缩而崩溃，同时带电粒子的数目迅速减少，脉冲电流也迅速降为零，标志着全部放电腐蚀过程结束，除了电极和工件上留下凹坑外，在极间介质液体中悬浮着金属微粒、炭黑和小气泡，这就是极间介质的消电离。但为了保证下一次放电的正常进行，此后应有一段间隔时间，使间隙介质充分的消电离，即放电通道中的带电粒子复合为中性粒子，恢复本次放电通道处间隙介质的绝缘强度，以免总是重复在同一处发生放电而导致电弧放电。这样可以保证按两极相对最近处或电阻率最小处形成下一击穿放电通道。

在加工过程中产生的电蚀产物（如金属微粒、碳粒子、气泡等）如果不及时排除、扩散出去，就会改变间隙介质的成分和降低绝缘强度。脉冲火花放电时产生的热量如不及时传出，带电粒子的自由能不易降低，将大大减少复合的概率，使消电离过程不充分，结果将使下一个脉冲放电通道不能顺利地转移到其他部位，而始终集中在某一部位，从而导致该处介质局部过热而破坏消电离过程，脉冲火花放电将恶性循环转变为有害的稳定电弧放电。

电火花加工的若干基本规律如下。

（1）极性效应对金属蚀除率（生产率）的影响

在电火花加工过程中，无论是正、负极都会受到不同程度的电蚀，即使是相同材料（如钢加工钢），其正、负极的电蚀量也不相同。这种两极材料由于正负极性不同而导致材料蚀除量不同的现象称为极性效应。通常把工件接脉冲电源正极（工具电极接负极）的加工方法称"正极性"加工；反之称"负极性"或"反极性"加工。

产生极性效应的原因比较复杂，通常认为是在火花放电过程中，电子质量与惯性小，易于起动与加速，在击穿放电初期能迅速奔向正极，把能量传递给阳极表面，使之迅速熔化和气化，而正离子质量与惯性比电子大得多，启动和加速较慢，在击穿放电初期大量正离子来不及到达负极表面，只有少量能到达负极传递能量。所以在用短脉冲加工时（负电子对正极的轰击作用大于正离子对负极的轰击作用），正极的蚀除速度大于负极，这时工件应接正接；反之用长脉冲时负极的蚀除速度大于正极，这时工件应接负极。即用窄脉冲精加工时应选用正极性加工，而采用长脉冲粗加工时，应采用负极性加工，可以获得较高的蚀除率和较低的电极损耗。

（2）电火花加工的加工速度和工具电极的损耗速度

电火花加工时，单位时间内工件的电蚀量称为加工速度即生产率，单位时间内工具的电蚀量称为损耗速度，它们是一个问题的两个方面。

加工速度与单个脉冲能量成正比，提高脉冲电压和增大脉冲电流，可提高加工速度，但加工表面粗糙度增大，适宜于粗、半精加工，提高脉冲频率也可提高加工速度。但由于脉冲间隙太短，易形成连续电弧放电而破坏正常加工过程。

而工具电极的损耗不仅看工具损耗速度还要看同时所能达到的加工速度，

即以相对损耗作为衡量该工具材料损耗的指标。为减少工具损耗必须利用电火花加工中的极性效应、吸附效应（负极性加工时，碳吸附于工具电极表面，形成黑膜减少电极损耗）和传热效应（应采用导热性好、熔点高的材料做电极）等。

（3）影响电火花加工精度和加工表面质量的主要因素

电火花加工中放电间隙对加工精度有较大影响。比较突出的加工精度问题主要是沿电极进给方向产生的斜度（如图 12.1）和尖角棱边变圆（如图 12.2）等。前者是由于孔壁上段易于在蚀除物影响下产生附加"二次放电"，使上部分间隙变大，造成沿电极进给方向产生斜度。后者是因为电极尖角处易产生尖端放电而被蚀除损耗造成。采用高频窄脉宽精加工，放电间隙小，圆角半径可明显减少，可获得圆角半径小于 0.01 mm 的尖棱，提高了仿形精度。适合于加工精密小模数齿轮等冲模。而对表面粗糙度影响最大的是单个脉冲能量，脉冲能量越大，蚀除量也大，放电凹坑又大又深，而使表面粗糙度恶化。

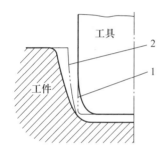

图 12.1　电火花加工时的加工斜度

1—电极损耗时的工具轮廓线；2—电极有
损耗而不考虑二次放电时的工件轮廓线

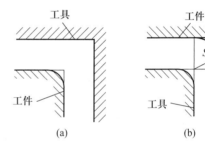

图 12.2　电火花加工时的尖角变圆

根据工具电极和工件电极相对运动的方式和用途的不同，常见的电火花加工有电火花穿孔成形加工、电火花线切割加工、电火花高速小孔加工（见表 12.1）。

表 12.1　常见的电火花加工的特点和用途

分　类	特　点	用　途	备　注
电火花穿孔成形加工	工具电极为成形电极，与被加工表面有相同的截面形状 工具电极和工件间主要有一个相对的伺服进给运动	穿孔加工：加工各种冲模、挤压模、粉末冶金模、各种异形孔及微孔等 型腔加工：加工各种型腔模具及各种复杂的型腔零件	典型机床有 D7140、D7125 电火花穿孔成形机床，约占电火花机床总数的 30%

续表

分　类	特　点	用　途	备　注
电火花线切割加工	工具电极为沿着轴线方向移动的线状电极 工具电极与工件在两个水平方向同时有相对伺服进给运动	切割加工各种冲模或直接加工出零件 各种窄缝及贵重金属的下料、裁割等	典型机床有 DK7740、DK7725 数控电火花线切割机床，约占电火花机床总数的60%
电火花高速小孔加工	采用 $\phi0.3\sim3$ 空心管状电极，管内冲入高压工作液 细管电极旋转	加工速度可达 $60\,mm/min$，深径比达 $1:100$ 以上 加工线切割穿丝孔 加工深径比很大的小孔，如喷嘴等	典型机床有 D703A 电火花高速小孔加工机床，约占电火花机床总数的2%

下面对电火花穿孔成形机床和电火花线切割机床作重点介绍。

12.1.2　电火花穿孔成形机床

1. 电火花穿孔成形机床的组成

如图 12.3 所示，电火花穿孔成形加工机床由机床本体、脉冲电源、自动进给调整装置、工作液循环过滤系统四个基本部分组成。

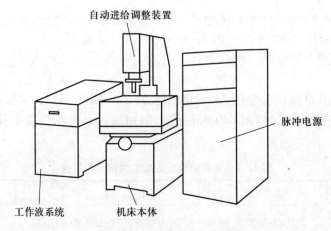

自动进给调整装置

脉冲电源

工作液系统　　机床本体

图 12.3　电火花加工机床的组成

（1）机床本体

机床本体由床身、立柱、主轴头、工作台及其附件组成，如图 12.4 所示。床身 1 和立柱 2 是基础结构，由其确保电极与工作台、工件间的相互位置，其精度高低对加工过程有直接影响。

主轴头 3 是机床的关键部件，控制着工件与工具电极间的放电间隙。

工作台 4 用于支承和装夹工件，分上下两层（上溜板和下溜板）。通过手轮转动纵横向丝杆来改变电极与工件的相对位置。工作台上面还装有工作液槽，使电极和被加工工件浸泡在工作液里起冷却和排屑作用。全数控型电火花机床的工作台侧面不再安装手轮。

主轴头和工作台的主要附件有可调节工具电极角度的夹头和平动头（平动加工中详述）。

（2）脉冲电源

电火花加工用的脉冲电源的作用是把工频交流电转换成一定频率的单向脉

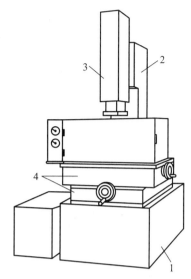

图 12.4　电火花加工机床本体

1—床身；2—立柱；3—主轴头；4—工作台

冲电流，以供火花放电加工所需要的能量来蚀除金属。脉冲电源对电火花加工的生产率、表面质量、加工速度、加工过程的稳定性和工具电极损耗等技术经济指标有很大的影响。

（3）自动进给调整装置

自动进给调整装置用于控制火花放电间隙。若为数控机床，还有控制工具电极和工件相对运动数控系统。同时还可以用国际上通用的 ISO 代码进行编程、程序控制数控摇动加工等。

（4）工作液及其循环系统

我国当前使用的工作液主要是煤油、皂化液或去离子水等，在大功率工作条件下则采用高燃点机油、变压器油等。加工时通过工作液来压缩火花通道、消电离、冷却、将电蚀产物从电极间隙中排除出去，使重复脉冲放电能正常进行。工作液循环系统包括工作液泵、容器、过滤器及管道等，使工作液强迫循环并过滤。因为电火花加工中电蚀产物颗粒很小，小颗粒若存在于放电间隙中，会使加工处于不稳定状态，直接影响生产率和表面粗糙度。

2. 电火花穿孔成形加工

电火花穿孔成形加工主要分穿孔加工和型腔加工。电火花穿孔加工适用于机加工无法解决的形状复杂及淬硬件上的通孔加工（如冲模、粉末冶金模、拉丝模、挤压模、形孔零件、小于 3 mm 的小圆孔、异形孔和深孔等）。加工精度主要取决于工具电极的精度、加工中需考虑极性效应、电极损耗、二次放电、电参数等工艺因素。电火花型腔加工适用于广义盲孔的加工（如锻模、压铸模、塑料模等型腔模及型腔零件）。与穿孔加工相比，型腔加工电极损耗不均匀，蚀除量大，排屑困难，需较多的附件，加工比较困难，故应选用合适的电源与电极材料，设计合理的电极结构，以减小电极损耗，保证加工精度。

（1）电火花穿孔成形加工的工具电极

工具电极材料应具有导电性好、熔点高、导热性好、机械强度高、制造工艺性好，易于加工达到要求的精度和表面质量，来源丰富，价格便宜等特点。因此常用紫铜、黄铜、石墨、铸铁、钢等材料。根据电火花加工的区域大小与复杂程度、工具电极的加工工艺性等实际情况，工具电极的结构常采用整体电极、镶拼式电极、组合电极（又称多电极）、标准电极等几种形式。

（2）电火花穿孔成形加工的电规准

电规准是电火花加工过程中的一组电参数。如脉冲电压、电流、频率、脉宽、极性等，电规准一般可分为粗、中、精等三种，每种又可以分为几档。

粗规准要求蚀除量大、生产率高、电极损耗小。一般采用较大电流（数十至上百安培）、大脉宽（$20\,\mu s \sim 300\,\mu s$），加工表面粗糙度 Ra 在 $10\,\mu m$ 以上。

中规准用于过渡加工，以减少精加工时的加工余量，提高加工速度，采用电流一般在 $20\,A$ 以下，脉宽为 $4\,\mu s \sim 20\,\mu s$，加工表面粗糙度 Ra 在 $5\,\mu m$ 以上。

精规准多为高频率、小电流（$1 \sim 4\,A$），短脉冲（$2\,\mu s \sim 6\,\mu s$），加工表面粗糙度 Ra 在 $2.5\,\mu m$ 以下。

（3）电火花穿孔成形加工的平动加工

电火花加工时其火花间隙为粗加工 ＞ 半精加工 ＞ 精加工。当采用单电极加工型腔时，粗加工后，就无法对四周侧壁进行修光。因此需要用平动头的平动量进行侧向修整和提高其尺寸精度。具体做法是：加工时先用低损耗、高生产率的粗规准进行加工，然后用平动头使电极作平面圆周运动，进行侧向"仿形"加工，如图 12.5 所示，并按粗、中、精的顺序逐级减小电规准，同时依次加大电极的平动量，以补偿前后两个加工规准之间的放电间隙差，最终完成整个型腔的加工。

（4）电火花穿孔成形加工电蚀产物的排除在电火花成形加工过程中，如不及时排除电蚀产物，会使加工速度明显下降，电极损耗大幅增加，影响加工精度，甚至会产生连续电弧放电，烧损电极与工件。因此要及时地、不断地更新放电间隙中的工作液，排除电蚀产物，以维持电火花加工的正常进行。常用的排屑方法有冲液排屑法、抬刀排屑法、下冲液排屑法（如图 12.6）、上冲液排屑法（如图 12.7）等几种。

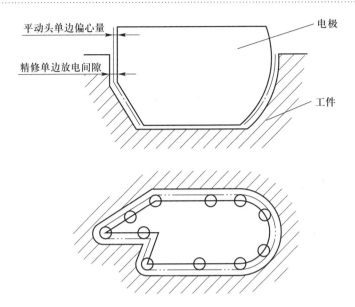

图 12.5　单电极平动头侧面修光加工示意图

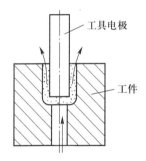

图 12.6　下冲液排泄法

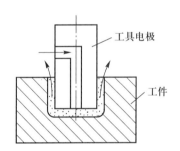

图 12.7　上冲液排泄法

　　另外，电火花放电时会产生多种气体，如果不及时排除，会产生"放炮"现象，易使电极和工件产生错位，影响加工精度。一般可在电极上钻一些排气小孔，并辅以定时抬刀，及时排气。

12.1.3　电火花线切割机床

　　电火花线切割加工（wire cut electrical discharge machining，简称 WCEDM）是在电火花加工基础上发展起来的一种新工艺。电火花线切割不需要制造成形电极，是用简单和不断移动的电极丝（钼丝或铜丝）靠火花放电，对工件进行切割加工。由于电极丝比较细，不仅可加工微细异形孔、窄缝和复杂形状的工件，还可直接用精规准一次将工件切割成形，自动化程度高，操作方便，生产率高，加工精度高。适合于加工各种高硬度、高韧性和高脆性的导电材料，如淬火钢、硬质合金，以及各种精密细小、形状复杂的直通型工件，如各种冲模、凸轮、样板等精密零件。

电火花线切割加工的基本原理如图 12.8 所示，是利用连续移动的线电极（接负极）与工件（接正极）在工作液中的脉冲放电来蚀除金属。因放电高温不仅使工件该处金属熔化、气化，也使工件与电极丝间的工作液气化。气化的金属和工作液蒸气瞬间热膨胀，并具有爆炸特性。靠这种热膨胀和局部微爆炸，抛出熔化和气化了的金属材料而实现对工件的电蚀切割加工。

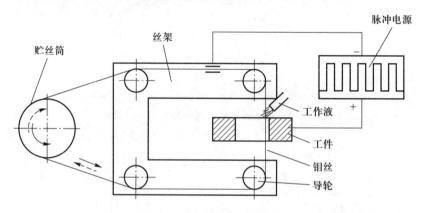

图 12.8　线切割加工示意图

电火花线切割机床按电极丝移动速度的快慢，分为快走丝和慢走丝两大类。通常快走丝机床的丝速为 5 ~ 12 m/s，慢走丝机床的丝速则在 5 m/s 以下。快走丝机床所使用的电极丝是钼丝，其电极丝是往复使用的；而慢走丝机床所使用的电极丝是铜丝，其电极丝是一次性使用的。这里主要介绍快走丝线切割机床。

1. 电火花线切割机床的组成

电火花线切割机床主要由机床本体、控制系统及脉冲电源三大部分组成。

（1）机床本体

机床本体由工作台、运丝机构、丝架、床身和工作液系统组成。

1）工作台

工作台用于安装并带动工件在水平面作 X、Y 两个方向的移动。工作台分上下两层，分别与 X、Y 向丝杠相连，由两个步进电动机分别驱动。步进电动机每接收到计算机发出的一个脉冲信号，其输出轴就旋转一步距角，再通过一对变速齿轮带动丝杠转动，从而使工作台在相应的方向上移动 0.001 mm。

工作台上一般配有工件安装台。安装台由上、下安装板和绝缘柱组成，保证工件与工作台之间绝缘。

2）运丝机构

运丝机构的主要功能是带动电极丝按一定的线速度运动，在加工区域保持张力的均匀一致，保障加工的顺利进行。

快走丝机床的运丝机构由运丝电机、联轴器、储丝筒、减速装置、走丝丝杠副和移动拖板组成。运丝电动机通过联轴器与储丝筒的一端直接连接，带动储丝筒作正、反向转动，运丝速度的大小取决于储丝筒的直径（储丝筒的直径一般为 120 ~ 160 mm）。储丝筒的另一端与减速装置连接，通过走丝丝杠副带动拖板作直线移动，使钼丝整齐地排列在储丝筒上。储丝筒旋转一圈，拖板的移动距离取决于减速装置的减速比和走丝丝杠的螺距，通常为 0.25 ~ 0.30 mm，以保证加工中不叠丝。

3）丝架

丝架的主要作用是在电极丝按给定线速度运动时支承电极丝，并使电极丝放电部分与工作台保持所需的几何角度。当机床具有锥度切割功能时，丝架又是固定 U—V 轴拖板的基座。丝架上有上、下两个臂，呈 U 形结构。上、下臂上均装有导轮组件以便将电极丝架着进入工作区。

丝架上还装有进电棒，电极丝上的电源是通过进电棒来加载的。除了加载电源用的进电棒外，有的进电棒则是为了提供断丝信号的取样。通常，进电棒与丝架之间要用绝缘套隔离。为了减少传导损失，进电棒应尽量在靠近加工区的位置。

4）床身

床身是机床的基础构件，主要起支承和连接坐标工作台、运丝机构、丝架等部件的作用，要有较高的刚度，还应能减小温度变化引起的变形，并经过时效处理消除内应力，使其长久不会变形。

有的厂家利用床身的空腔安装电气部件（如：机床电器、高频电源等）或工作液箱，由于这些部件加工过程中会产生热量，易使机床局部的温度升高，这对保持机床的精度有负面的影响。

5）工作液系统

工作液系统的主要功能是向放电部位稳定供给具有一定绝缘性能的工作液，及时带走加工区域的电蚀产物及放电产生的热量，维持放电正常、持续地进行。

工作液系统实际上就是工作液的循环系统。工作液泵将工作液经滤网吸入，并通过主进液管分送到丝架的上、下臂进液管，用阀门调节其供液量的大小，加工后的废液由工作台靠自重流回工作液箱。

（2）控制系统

电火花线切割机床的控制系统主要有两方面的功能：一方面是要按照加工工件的要求，即加工程序的要求，自动控制加工工件相对于电极丝按一定的轨迹运动。另一方面是在加工过程中，自动控制进给的速度，以维持正常、稳定的火花放电切割加工。

现代的数控线切割机床除了具有上述的加工轨迹控制和加工进给控制外，一般还有很多其他自动化操作方面的控制功能，主要有：短路回退、间隙补偿、自动找中心、加工图形的缩放、旋转和平移以及加工过程中的自适应控制等。

（3）脉冲电源

电火花线切割所用的脉冲电源又称高频电源，是线切割机床的重要组成部分之一。在一定条件下，线切割机床的加工效率主要取决于脉冲电源的性能。

脉冲电源应具有如下性能：

① 脉冲峰值电流大小要适当。受机械结构和电极丝张力等影响，电极丝的直径不可太大，一般在 $0.1 \sim 0.25$ mm 之间，因此电极丝允许通过的峰值电流不可太大。但是，由于工件有一定厚度，要维持稳定放电加工并具有合适的加工速度，峰值电流又不能太小。实际加工中，快走丝线切割加工的峰值电流通常为 $10 \sim 30$ A，慢走丝线切割加工的峰值电流约为快走丝的 $6 \sim 10$ 倍。

② 脉冲宽度要窄且可以调节。由于电火花线切割加工大多属于中、精加工，往往是将工件一次加工成形。为了满足中、精加工的需要，应对单个脉冲能量进行控制。脉冲宽度愈窄，放电时间愈短，热传导损耗小，能量利用率提高，且不易产生烧伤现象。但为了保持合适的加工速度，脉冲宽度又不能太小。在生产实际中，快走丝线切割脉冲宽度的变化范围约为 $0.5 \sim 64$ μs，而慢走丝的脉冲电源的脉宽变化范围可大一些，通常在 $0.1 \sim 100$ μs 之间。

③ 脉冲频率要尽量高，以利于提高加工表面质量及加工速度；脉冲间隔不能过小，否则放电区域消电离不充分，易产生电弧，烧伤工件或烧断电极丝。一般脉冲频率在 $5 \sim 500$ kHz 范围内。

④ 必须输出单向直流脉冲，否则无法利用极性效应。对可能出现的负脉冲（反向脉冲）要予以消除。

脉冲电源的种类：

根据电路主要器件的不同，可分为晶体管式、晶闸管式、RC 式和晶体管控制的 RC 式。

根据对放电间隙状态的依赖情况，可分为独立式、非独立式和半独立式。

根据放电脉冲波形不同，又可分为方波（矩形波）、锯齿波及分组脉冲等。

2. 电火花线切割的加工

电火花线切割的加工步骤主要包括以下几个方面：

（1）程序的编制

线切割编程有手工编程（亦称人工编程）和自动编程（亦称计算机编程）两种。手工编程是根据图形的特点，将其分割成直线与圆弧段，计算出直线起点、终点，圆弧中心的坐标和圆弧半径，确定加工路线，然后进行编程。手工编程只适合对简单的工件图形进行编程，其程序格式有传统的 3B 格式、4B 格式和国际通用的 ISO 格式等。现代的数控线切割机床一般都配置了自动编程软件（如 YH 系统），可以在屏幕上绘制加工零件的图形，并通过内部软件把图形信息自动转换成线切割加工程序。也可将用其他绘图软件绘制的图形或扫描仪扫入的图形，通过内部软件把图形信息转换成加工程序。加工程序可以直接输入线切割控制器，控制线切割机床加工成形。有的机床的数控系统配有双CPU，可以在控制加工的同时，对另一零件进行编程，以减少加工辅助时间，提高生产效率。

（2）工件的装夹

线切割机床的夹具比较简单，一般是采用压板和螺钉固紧工件。工件装夹要求：工件的基准面与电极丝垂直，或与工作台的 X、Y 方向平行；对工件的夹紧力要均匀；工件装夹位置应有利于工件找正和切割加工。

（3）电极丝的安装、调整

电极丝在切割加工过程中是一种消耗品，由于火花放电电蚀的原因，它会逐渐变细、变脆，加工一定的时间后应予以更换。

为了准确地切割出符合精度要求的工件，电极丝必须与工件装夹的基准面或工作台的定位面垂直，并调整好电极丝的松紧度。

（4）加工路线和起点的选择

由于火花放电切割加工局部产生的高温及对坯料整体内应力的破坏，都可能引起工件的变形，影响加工精度，严重时甚至夹断电极丝而不能正常工作。所以，合理地选择切割加工路线和起点至关重要。

一般情况下，切割加工路线应从工件装夹位置的附近开始向离开工件装夹位置的方向切割，最后回到工件装夹位置附近，并将工件与其夹持部分分割的线段安排在切割总程序的末端。如图 12.9a 所示是不合理的切割路线，图 12.9b 是合理的。

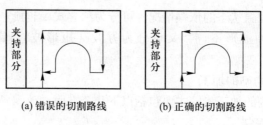

(a) 错误的切割路线   (b) 正确的切割路线

图 12.9   切割路线的确定

图 12.10 所示的由外向内顺序的切割路线，通常在加工凸模类零件时采用。但坯件材料被割离，会在很大程度上破坏材料内应力平衡状态，使材料变形。图 12.10a 是不正确的方案，图 12.10b 的安排较为合理，但仍存在着变形。因此，对于精度要求较高的零件，最好采用图 12.10c 的方案，电极丝不由坯件的外部切入，而是将切割起始点取在坯件预制的穿丝孔中。

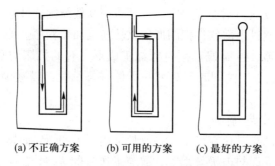

(a) 不正确方案   (b) 可用的方案   (c) 最好的方案

图 12.10   切割起始点和切割路线的安排

加工的起点应尽量选择在工件截面图形的相交点或是精度要求不高且便于修整的位置。

（5）切割加工电参数的选择

线切割机床加工电参数的选择主要是指脉冲电源波形及相关参数的选择，主要包括对脉冲宽度、脉冲间隔、开路电压、短路峰值电流和进给速度的选择。一般考虑，要求获得较好的表面粗糙度时，应选小的电规准；要求获得较高的切割速度时，可选用大一些的脉冲参数，但应注意所选电极丝的截面积对加工电流的限制，以免造成断丝。工件厚度大时，应选用较高的脉冲电压、较大的脉宽和峰值电流，以增大放电间隙，改善排屑条件，在易断丝的场合，如工件材料含非导电杂质多、工作液中脏污程度较严重等，应减小电流、增大脉冲间隔时间。

实际加工操作，传统的方法是：用矩形波脉冲电源进行电火花线切割加工时，不管工件材料、厚度、脉冲宽度大小如何，只要调节变频进给控制旋钮，把加工电流（即电流表上指示的平均电流）调节到短路电流（脉冲电源短路时的电流值）的 70% ~ 80%，基本上切割加工即为最佳工作状态，此时变频进给速度最合理，加工最稳定，切割速度最高。

12.2 其他特种加工技术简介

除了电火花加工技术在工业制造中广泛应用外，其他如电子束、离子束、激光束等束流加工，电解加工，超声波加工等特种加工的方法，在现代制造技术中也获得普遍应用，已成为不可缺少的加工方法。

12.2.1 束流加工

束流加工是近几十年来迅猛发展的高新技术之一，主要是指电子束加工、离子束加工、激光束加工，又称"三束加工"。近几年还出现了高速水射流加工和电液束加工。"三束加工"的精度可达亚微米甚至分子或原子级的尺寸精度。

1. 电子束加工

（1）电子束加工的基本原理

如图 12.11 所示，电子束加工是在真空条件下，利用聚焦后能量密度极高的电子束（$10^6 ~ 10^9$ W/cm^2），以极高的速度冲击到工件表成的极小面积（直径为 5 ~ 10 μm 的斑点）上，在极短时间内（几分之一微秒）内，将大部分动能转变成热能，使工件被冲击部分材料达到几千摄氏度以上，热量还来不及向周围扩散，就已把局部材料瞬时熔化、气化，并被真空系统抽走，实现加工。

（2）电子束加工的特点及应用

电子束由于能量密度高，聚焦点范围小，加工速度快，电子束强度和位置可控制，自动化程度高，属于精密微细加工。而且加工过程无宏观切削力，工件不产生宏观应力与变形。可加工材料范围广，对各种硬脆性、韧性、导体、非导体、热敏性、易氧化材料，金属和非金属材料都可以加工。而且加工在真空室内进行，加工表面不氧化，特别适用于加工易氧化的金属及合金材料，以及纯度要求极高的半导体材料。

由于电子束能量大小及能量注入时间的可控制，电子束加工可用于电子束热处理、电子束焊接、打孔、切割及对高分子材料进行电子束光刻加工等。

图 12.12 所示为电子束加工的喷丝头异形孔截面，出丝口的窄缝宽度为 0.03 ~ 0.07 mm，长度为 0.80 mm，喷丝板厚为 0.6 mm。

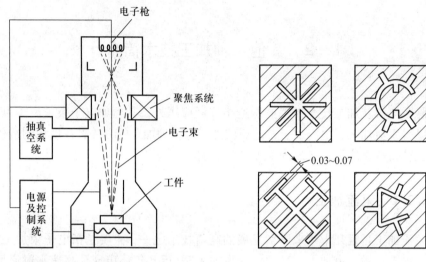

图 12.11   电子束加工原理及设备组成   图 12.12   电子束加工的喷丝头异形孔

2. 离子束加工

（1）离子束加工的基本原理

离子束加工的基本原理与电子束加工相似，也是在真空条件下，把氩、氪、氙等惰性气体，通过离子源产生离子束，并经过加速、焦束、聚焦后，投射到工件表面的加工部位，以实现去除加工。与电子束加工不同的是，离子带正电荷，其质量比电子大数千、数万倍，如氩离子的质量是电子质量的 7.2 万倍，所以一旦离子被加速到较高的速度时，离子束比电子束具有更大的撞击动能。它是靠微观的机械撞击能量，而不是靠动能转化为热能来加工的。它的物理基础是离子束射到材料表面时所发生的撞击效应、溅射效应和注入效应。具有一定动能的离子斜射到工件材料（靶材）表面时，可以将表面的原子撞击出来，这就是离子的撞击效应和溅射效应。如果将工件直接作为离子轰击的靶材，工件表面就会受到离子刻蚀（也称离子铣削）。如果将工件放置在靶材附近，靶材原子就会溅射到工件表面而被溅射沉积吸附，使工件表面镀上一层靶材原子的薄膜。如果离子能量足够大并垂直工件表面撞击时，离子就会钻进工件表面，就是离子的注入效应。

（2）离子束加工的特点及应用

由于离子束可通过电子光学系统进行聚焦扫描，离子束轰击材料可逐层去除原子，离子束流密度及离子能量可精确控制，所以离子刻蚀可达到毫微米（0.001 μm）级的加工精度。离子镀膜可控制在亚微米级精度，离子注入的深度和浓度也可极精确地控制。因此离子束加工是所有特种加工方法中最精密、最微细的加工方法，是当代毫微米加工（纳米加工）技术的基础。

由于离子束加工是在高真空中进行，污染少，特别适用于对易氧化的金属、合金材料和高纯度半导体材料的加工。

离子束加工是一种微观作用，无宏观压力，加工应力与变形极小，适合于加工各种材料和低刚度零件。

目前离子束加工应用于从工件上去除加工的离子刻蚀加工，如在半导体刻出小于 0.1 μm 宽度的沟槽；用于给工件表面添加的离子镀膜加工，如在高速钢刀具上离子镀氮化钛，使刀具耐用度提高 1 ~ 2 倍；用于表面改性的离子注入加工等。

3. 激光加工

（1）激光加工的基本原理

激光是一种经受激辐射产生的加强光。它具有亮度高、方向性好、高单色性和高相干性的性能特点。通过光学系统可聚焦成为一个极小的光束（微米级），而且可根据加工要求调整光束粗细。激光加工时，把激光束聚焦在工件加工部位时，工件材料会迅速熔化、气化（焦点处功率可达 $10^8 ~ 10^{10}$ W/mm^2，温度可达一万多摄氏度），随着激光能量的不断被吸收，材料凹坑内金属蒸气迅速膨胀，压力突然增大，熔融物爆炸式高速喷射出来，在工件内部形成方向性很强的冲击波。激光加工就是在光热效应下产生高温熔融和受冲击波抛出的综合作用过程。

激光加工器一般分为固体激光器和二氧化碳气体激光器，图 12.13 是固体激光器工作原理图。当激光工作物质钇铝石榴石受到光泵（激励脉冲氙灯）的激发后，会吸收具有特定波长的光，在一定条件下可导致工作物质中的亚稳态粒子数大于低能级粒子数，这种现象称为粒子数反转。此时一旦有少量激发粒子产生受激辐射跃迁，就会造成光放大，再通过谐振腔内的全反射镜和部分反射镜的反馈作用产生振荡，最后由谐振腔的一端输出激光。激光通过透镜聚焦形成高能光束照射在工件表面上，即可进行加工。固体激光器中常用的工作物质除钇铝石榴石外，还有红宝石和钕玻璃等材料。

（2）激光加工的特点与应用

激光加工属高能束流加工，几乎可加工任何金属材料和非金属材料。适合于加工各种微孔（$\phi 0.01 ~ 1$ mm）、深孔（深径比 50 ~ 100）、窄缝等，如化学纤维喷丝头打孔（$\phi 100$ mm 的圆盘上打 12 000 个 $\phi 0.06$ mm 的孔），仪表中的

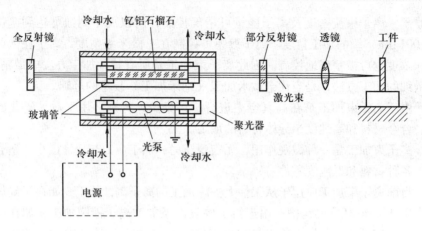

图 12.13　固体激光器工作原理图

宝石轴承打孔，金刚石拉丝模具加工以及火箭发动机和柴油机的燃料喷嘴加工等。激光加工速度快，热影响区小，工件无变形，可透过玻璃等透明材料进行加工。平均加工精度可达 0.01 mm，表面粗糙度可达 0.4 ~ 0.1 μm。

激光加工时，激光输出功率等参数可调，适合于多种类型加工，如对材料的表面热处理、焊接、切割、打孔、雕刻及微细加工等。

12.2.2　电解加工

1. 电解加工的基本原理

电解加工是利用金属在电解液中产生阳极溶解的电化学腐蚀原理，将工件加工成形的。属于电化学加工范畴。其基本原理如图 12.14 所示，工件直流电源接正极（阳极），工具接负极（阴极）。两极间保持较小的间隙（0.1 ~ 1 mm），具有一定压力（0.49 ~ 1.96 MPa）的电解液从间隙中高速流过，工件表面的金属就不断产生阳极溶解，溶解产物被高速流动（5 ~ 50 m/s）的电解液带走，实现电解加工。

电解加工成形表面时，刚开始工件形状与工具阴极形状不同，工件表面上各点与工具表面的距离也不相同，通过各点的电流密度也不同。距离近的地方电流密度大，电解液的流速也较快，阳极的溶解速度也较快。距离远的地方电流密度小，阳极溶解也慢，如图 12.15a 所示。随着阳极材料的不断蚀除，两极间隙将加大，为维持工件的快速溶解，工具电极将连续地向工件作进给运动，使两极间隙能维持一个最佳的距离，工件的相应表面就被加工出和阴极型面近似相同的反形状，如图 12.15b 所示。

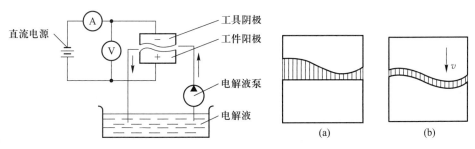

图 12.14　电解加工示意图　　　　图 12.15　电解加工成形原理

2. 电解加工的特点与应用

电解加工属不接触、无宏观切削力、无应力和无变形的加工。具有进给运动简单、加工速度快，可一次加工出形状复杂的型面或型腔，且不产生加工毛刺，工具电极无损耗，可加工高硬度、高强度和高韧性等难切削的导电材料。

电解加工可应用于加工复杂成形模具和零件，如汽车、拖拉机连杆等各种型腔锻模，航空、航天发动机的扭曲叶片，汽轮机定子、转子的扭曲叶片，炮筒内管的螺旋"膛线"（来复线），齿轮、液压件内孔的电解去毛刺及扩孔、抛光、刻印等。

12.2.3　超声波加工

1. 超声波加工的基本原理

超声波加工是利用工具作超声频率的振动，通过磨料撞击和抛磨工件，从而使工件成形的一种加工方法。其基本原理如图 12.16 所示。超声波发生器产生的超声频电振荡通过换能器产生 16 000 Hz 以上的超声频纵向振动，并借助于变幅杆把振幅放大到 0.05～0.1 mm 左右，从而使工具的端面作超声频振动。在工具和工件之间注入磨料悬浮液（由水或煤油与磨料混合而成），磨料就在工具超声频振荡作用下，以极高的速度和加速度不断地撞击、抛磨工件表面，其冲击加速度可达重力加速度的一万倍左右，使材料表面粉碎成很细的微粒，从工件上剥落下来。又由于悬浮液的高速搅动，使磨料不断得到更新，同时带走被粉碎下来的材料微粒。与此同时，当工件端面以很大的加速度离开工件表面时，加工间隙内形成负压和局部真空，在悬浮液内形成微空腔，当工具端面又以很大加速度接近工件表面时，空腔闭合，闭合压力可达几十个大气压，爆炸时可产生水压冲击，强化加工过程。同时悬浮液在超声振荡下形成的冲击波还使钝化的磨粒，及时得以更新，进一步提高加工速度。

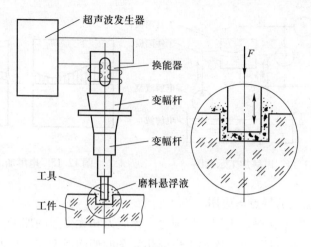

图 12.16　超声波加工原理图

可见，超声波加工是磨粒在超声波作用下的机械撞击和抛磨作用以及超声波空化作用的综合结果，其中磨粒的撞击作用是主要的。

2. 超声波加工的特点及应用

超声波加工是基于微观局部的撞击作用进行加工的，材料越脆硬，受撞击作用所遭受的破坏愈大，愈适合于超声波加工。尤其是玻璃、陶瓷、石英、锗、硅、石墨、玛瑙、宝石、金刚石等不导电的非金属材料。对导电的硬质合金、不锈钢、淬火钢等也可加工，但加工效率较低。

超声波加工是靠微细磨料作用的，加工精度较高，一般表面粗糙度值 Ra 可达 $1.0 \sim 0.1 \, \mu m$，加工精度可达 $0.01 \sim 0.02 \, mm$，并可加工细小结构和低刚度的工件。

目前，超声波加工在工业部门中主要用于对脆硬材料加工各种复杂形状的孔、型腔、成形表面、套料和微细孔的加工。如图 12.17 所示。

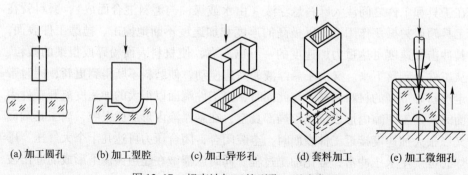

(a) 加工圆孔　　(b) 加工型腔　　(c) 加工异形孔　　(d) 套料加工　　(e) 加工微细孔

图 12.17　超声波加工的型孔、型腔类型

此外，超声波加工还可用于切割、雕刻、研磨、清洗、焊接和探伤等。

复习思考题

1. 试述电火花加工的基本原理及其工艺特点。
2. 什么是电火花加工的极性效应？在电火花加工过程中应如何利用极性效应？
3. 影响电火花加工精度和加工表面质量的主要因素有哪些？电火花成形加工中平动头的作用是什么？
4. 电火花成形加工过程中为什么要排除电蚀产物？有哪些常用排屑方法？
5. 电火花成形加工和线切割加工的用途有哪些？
6. 激光加工的原理是什么？其加工的特点有哪些？

第13章 快速成形制造技术

13.1 概　　述

20世纪下半叶以来，随着科学技术的迅速发展，制造业正在经历一场深刻的变革。随着产品数量的增加和人类生活水平的提高，人们对产品的性能和质量要求越来越高，用户的要求不断变化，市场需求已由卖方市场转化为买方市场并日趋全球化。空前激烈的市场竞争迫使制造企业必须以更快的速度设计、更高的制造性能价格比和更迎合顾客需求的产品。在产品需求日趋复杂化与开发时间日趋缩短这样一种形势下，传统大批量生产方式和制造技术已不可能适应这种要求，于是先进制造技术就成为世界范围内的研究热点，涌现了计算机集成制造、敏捷制造、并行工程、智能制造等先进的生产管理模式和净成形、激光加工、快速成形等先进的成形概念和技术。

先进制造技术（advanced manufacturing technology——AMT）的概念源于20世纪80年代。它是指在制造过程和制造系统中融合电子、信息和管理以及新工艺、新材料等现代科学技术，使材料转换为产品的过程更有效、成本更低、更及时满足市场需求的先进工程技术的总称。

快速成形（rapid prototyping——RP）技术是一种基于离散堆积成形思想的新型成形技术，是集成计算机、数控、激光和新材料等最新技术而发展起来的。美国3D Systems创始人Charles Hull于1984年在San Garbriel CA. 设计了世界上第一个基于离散/堆积原理的RP装置起至今已有二十多年，RP技术已由它的技术热情期进入了早成熟期，并朝着RM（rapid manufacturing）和桌面化设备方向发展。

13.2　快速成形制造技术的原理与特点

快速成形技术（rapid prototyping——RP）是由 CAD 模型直接驱动的快速制造任意复杂形状三维物理实体的技术总称。其基本过程是：首先设计出所需零件的计算机三维模型（数字模型、CAD 模型），然后根据工艺要求，按照一定的规律将该模型离散为一系列有序的单元，通常在 Z 向将其按一定厚度进行离散（习惯称为分层），把原来的三维 CAD 模型变成一系列的层片；再根据每个层片的轮廓信息，输入加工参数，自动生成数控代码；最后由成形机成形一系列层片并自动将它们连接起来，得到一个三维物理实体。这样就将一个复杂的三维加工转变成一系列二维层片的加工，因此大大降低了加工难度，并且成形过程的难度与待成形的物理实体形状和结构的复杂程度无关，这也是所谓的降维制造（如图 13.1 所示）。

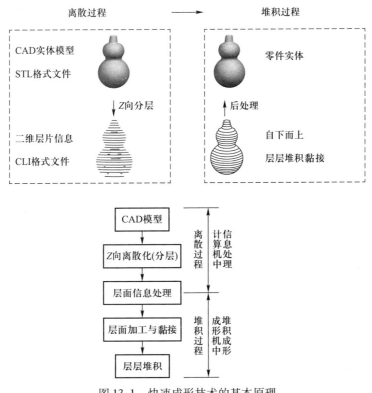

图 13.1　快速成形技术的基本原理

快速成形技术与传统加工技术有本质的区别，具有鲜明的特点：

① 数字制造。区别于传统的模拟制造方式。它采用离散（数字化）的材料单元来构造最终形体，而传统成形制造工艺，最终成形零件的材料都是用连续模拟量来描述的。

② 高度柔性和适应性。基于离散/堆积制造的原理，该技术原则上可以加工任意复杂的形状，并且无须专用工装设备。

③ 直接 CAD 模型驱动。设计出 CAD 模型后，后续工作全部由计算机自动处理，无需或只需较少的人工干预就可以制造出需要的原型，如同使用打印机或绘图仪一样方便快捷。

④ 快速性。"即时制造"和"快速成形"反映了该技术的快速性。快速成形技术是建立在高度技术集成的基础之上，从 CAD 设计到原型（或零件）加工完毕，只需几小时至几十小时。虽然复杂、较大的零部件也可能达到上百小时，但从总体上看，速度要比传统成形方法快得多。快速性的最突出的体现是无需工模具设计/制造/调整，从全过程来看，能够快速完成设计/制造一体化。这使得快速成形技术尤其适合于新产品的开发与管理。

⑤ RP 所用的材料类型丰富多样，包括树脂、纸、工程蜡、工程塑料（ABS 等）、陶瓷粉、金属粉、砂、生物材料等，可以在机械，家电，建筑，医疗等各个领域应用。此外，快速成形技术是边堆积边成形的，材料制备过程与成形过程可同时进行，因此它有可能在成形的过程中改变成形件的组分，从而制造出具有材料功能梯度的零件，这是其他传统工艺难以做到的，也是快速成形技术与传统工艺相比具有的优势。

13.3   快速成形制造技术的分类

目前快速成形技术在"分层制造"思想的基础上，已出现了几十种工艺，并且新的工艺还在不断涌现，按成形的核心工具可分为两类：激光类 RP 技术和喷射类 RP 技术。

1. 激光类 RP 技术

采用激光作为成形工具，典型技术有：

① SL（stereolithography）工艺称为光造型或光刻或三维光刻，是最早出现的一种快速成形工艺，它采用激光一点点照射光固化液态树脂使之固化的方法成形原型，该工艺由美国 3D Systems 公司首先商业化开发成功。

② SGC (solid ground curing) 工艺称为实体磨削固化，它采用掩膜版技术使一层光固化树脂整体一次成形，不像 SL 设备那样，每一层树脂是逐点照射固化成形的，这样就提高了原型制造速度。该工艺由以色列的 Cubital 公司开发成功，并推出商品机器。

③ LOM (laminated object manufacturing) 工艺称为分层实体制造，它采用激光切割箔材，箔材之间靠热熔胶在热压辊的压力和传热作用下熔化并实现黏接，一层层叠加制造原型。该工艺首先由美国 Helisys 公司商业化开发成功，清华大学开发出基于同样原理的成形工艺，并称为 SSM (solid slicing manufacturing)。

④ 直接 SLS (selective laser sintering) 工艺称为直接选择性激光烧结，它采用激光逐点照射粉末材料，使粉末材料熔融实现材料的连接。德国 EOS 公司在此工艺方面做出了很大的成绩。

⑤ 间接 SLS 工艺称为间接选择性激光烧结，它采用激光逐点照射烧结 (sintering) 粉末材料，使包覆于粉末材料外的固体黏接剂熔融实现材料的连接。该工艺首先由美国 DTM 公司商品化。

2. 喷射类 RP 技术

以喷头作为成形工具，典型技术有：

① FDM (fused deposition modeling) 工艺称为熔融沉积成形，它采用丝状热塑性成形材料，连续地送入喷头后在其中加热熔融并挤出喷嘴，逐步堆积原型。该工艺首先由美国 Stratasys 公司开发成功。清华大学开发出基本原理相近的成形工艺，并称为 MEM (melted extrusion manufacturing)。

② 3D – P (three dimensional printing) 工艺称为三维印刷，它采用逐点喷洒黏接剂来黏接粉末材料的方法制造原型。该工艺由美国 MIT 研究成功，Soligen、Z Corp. 等公司将其商品化。

③ PCM (patternless casting manufacturing) 工艺称为无木模铸造，它采用逐点喷洒黏接剂和催化剂的方法来实现铸造砂粒间的黏接。该工艺由清华大学提出并开发成功。

④ 3D Printer 工艺称为三维打印机，它采用块状固体热塑性成形材料，送入喷头后在其中加热熔融并挤出喷嘴，逐步堆积原型。美国 Stratasys 公司和 IBM 公司联合开发成功基于该工艺的桌面快速成形设备 Genisys 3D Printer，是桌面快速成形设备中较为成功的商业化产品。

⑤ BPM (ballistic particle manufacturing) 工艺称为弹道粒子制造。它采用具有五轴自由度的喷头喷射熔融材料的方法制造原型。首先由美国 Perception Systems 公司开发并商品化，但在激烈的市场竞争中该公司已倒闭。

⑥ 3D Plotting (three dimentional plotting) 称为三维绘图工艺，它采用类似

喷墨打印的方法喷射熔融材料来堆积原型。该工艺由美国 Sanders Prototype 公司开发并商品化。

⑦ MJS（multiple jet solidification）工艺称为多相喷射固化，该工艺采用活塞挤压熔融材料使其连续地挤出喷嘴的方法来堆积原型。由德国 Institute for Manufacturing Engineering and Automation（IPA）和 Institute for Applied Materials Research（IFAM）共同开发。

⑧ IFRP（ice forming rapid prototyping）——冰成形，它采用专用数字电路激发 $\Phi0.08$ mm 的喷头每秒喷出 $500\sim1000$ 个水滴，在低温下冰冻成形，由于采用水为成形材料，价格低，无污染。该工艺由清华大学提出并开发成功。

13.4　快速成形制造技术的应用

由于快速成形技术能够缩短产品开发周期、提高生产效率、改善产品质量、优化产品设计，因此从其诞生之日起，就受到了学术界和工业界的极大重视，并迅速在航空航天、汽车、机械、电子、电器、医学、玩具、建筑、艺术品等许多领域获得了广泛应用，取得了极大的成果。

13.4.1　新产品的开发

RP 技术最重要的应用就是开发新产品。在新产品开发过程中，原型的用途主要包括以下几方面：

① 外形设计：很多产品特别是家电、汽车等对外形的美观和新颖性要求极高。一般检验外形的方法是将产品图形显示于计算机终端，但经常发生"画出来好看而做出来不好看"的现象。采用 RP 技术可以很快做出原型，供设计人员和用户审查，使得外形设计及检验更快捷直观有效。

② 检查设计质量：以模具制造为例，传统的方法是根据几何造型在数控机床上开模，这对于一个价值数十万乃至数百万元的复杂模具来说风险太大，设计上任何不慎，反映到模具上就是不可挽回的损失。RP 方法可在开模前真实而准确地制造出零件原型，设计上的各种细微问题和错误就能在模型上一目了然地显示出来，这就大大减少了开模风险。

③ 功能检测：设计者可以利用原型快速进行功能测试以判明是否满足设计要求，从而优化产品设计。如风扇、风鼓等的设计，可获得最佳的扇叶曲

面、最低噪音的结构等。

④ 手感：通过原型，人们能触摸和感受实体，这对照相机、手握电动工具等的外形设计极为重要，在人机工程应用方面具有广泛的意义。

⑤ 装配干涉检验：在有限空间内的复杂系统，对其进行装配干涉检验是极为重要的，如导弹、卫星系统。原型可以用来做装配模拟，观察工件之间如何配合、如何相互影响。如汽车发动机上的排气管，由于安装关系极其复杂，通过原型装配模拟可以一次成功地完成设计。

⑥ 供货询价及用户评价等：由于能及时提供产品模型给用户评价，大大增加了产品的竞争力。

⑦ 试验分析模型：RP 技术还可以应用在计算分析与试验模型上。例如，对有限元分析的结果可以做出实物模型，从而帮助了解分析对象的实际变形情况。另外，凡是涉及空气动力学或流体力学实验的各种流线型设计均需做风洞试验，如飞行器、船舶、高速车辆的设计等，采用 RP 原型可严格地按照设计将模型迅速地制造出来进行测试。

总体来说，通过快速制造出物理原型，可以尽早地对设计进行评估，缩短设计反馈的周期，方便而又快速地进行多次设计反复，提高了产品开发的成功率，降低开发成本，总的开发时间也会缩短。

13.4.2　快速模具制造

应用 RP 方法快速制作工具或模具的技术一般称为快速工/模具技术（rapid tooling——RT），目前它已成为 RP 技术的一个新的研究热点。由于传统模具制作过程复杂、耗时长、费用高，往往成为设计和制造的瓶颈，因此应用 RP 技术制造快速、经济模具成为该技术发展的主要推动力之一。直接用 RP 技术制造金属零件或模具更是 RP 领域研究人员的目标，目前已取得一定的成果，但还未达到实用推广阶段，因此需要金属零件或要进行批量生产时，还需要利用 RP 技术与各种转换技术相结合，间接制造金属零件或模具。

RP 工艺制作的零件原型，可以与熔模铸造、陶瓷模法、喷涂法、研磨法、电铸法等转换技术相结合来制造金属模具或金属零件。有些工艺，如 PCM、SLS、3DP 等，可以直接制造铸型，浇注金属后就可以得到模具或零件。

13.4.3　生物医学应用

医学应用是快速成形很重要的一个应用方向。除了应用于医疗器械的设计开发方面，快速成形已经运用于器官（如骨骼，心脏等）、种植体（如人工关节等）的原型制作。

快速成形技术应用于医学、医疗领域使得医学水平和医疗手段不断提高，以数字影像技术为特征的临床诊断发展迅速，如计算机辅助断层成像（CT）、磁共振成像（MRI）、三维B超等技术，对人体局部扫描可获得截面图像，再对器官进行计算机三维建模。这些数据传到快速成形系统用以建造实体器官模型。这些模型给那些想不通过开刀就可观看病人骨结构的研究人员、种植体设计师和外科医生提供了帮助。很多专科如颅外科、骨外科、神经外科、口腔外科、整形外科和头颈外科等都开始应用快速成形技术，帮助外科医生进行教学，诊断，手术规划等工作。

像其他的新技术一样，RP在生物医学中的应用也是不断在走向成熟。现在主要包括以下三个方面的应用：

① 解剖学体外模型制造（体外模型）；

② 生物相容性假体制造（植入体）；

③ 组织工程细胞载体支架结构的制造（人体器官）。

13.5　典型快速成形工艺

13.5.1　SL（stereolithography）工艺

SL工艺是基于液态光敏树脂的光聚合原理工作的。这种液态材料在一定波长（325或355 nm）和强度（$P = 10 \sim 400\,\mathrm{MW}$）的紫外光的照射下能迅速发生光聚合反应，分子量急剧增大，材料也就从液态转变成固态。图13.2为SL工艺原理图。液槽中盛满液态光固化树脂，激光束在偏转镜作用下，能在液态表面上扫描，扫描的轨迹及激光的有无均由计算机控制，光点扫描到的地方，液体就固化。成形开始时，工作平台在液面下一个确定的深度，液面始终处于激光的焦平面，聚焦后的光斑在液面上按计算机的指令逐点扫描，即逐点固化。当一层扫描完成后，未被照射的地方仍是液态树脂。然后升降台带动平台下降一层高度，已成形的层面上又布满一层树脂，刮平器将黏度较大的树脂液面刮平，然后再进行下一层的扫描，新固化的一层牢固地粘在前一层上，如此重复直到整个零件制造完毕，得到一个三维实体模型。

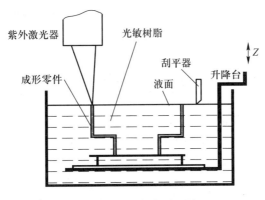

图 13.2　SL 工艺原理图

SL 方法是目前 RP 技术领域中被研究得最多的方法，也是技术上最为成熟的方法。采用该工艺的 RP 设备一般来说属 RP 领域的高端产品，价格昂贵，但由于以下优点仍受到广大用户的欢迎：

① 精度高。目前已商业化的 RP 工艺中，SL 属精度较高者，其紫外激光束在焦平面上聚焦的光斑最小可达 ϕ0.075 mm，最小层厚在 20 μm 以下。材料单元离散得如此细小，很好地保证了成形件的精度和表面质量。SL 工艺成形件的精度一般可保证在 0.05 mm 至 0.1 mm 之内。

② 成形速度较快。在快速成形过程中，离散与堆积是矛盾的统一，离散得越细小，精度越高，但成形速度越慢。可见在减小光斑直径和层厚的同时必须极大地提高激光光斑的扫描速度。美国、日本、德国和我国的商品化光固化成形设备均采用振镜系统（两面振镜）来控制激光束在焦平面上的平面扫描。325 ~ 355 nm 的紫外激光热效应很小，无须镜面冷却系统，轻巧的振镜系统保证激光束可获得极大的扫描速度，加之功率强大的半导体激励固体激光器（其功率在 800 ~ 1000 MW 以上）使目前商品化的光固化成形机最大扫描速度可达 10 m/s 以上。如此大的扫描速度所完成的平面扫描轨迹已呈现出一种面投影图案，使各点固化极其均匀和同步。

③ 扫描质量好。现代高精度的焦距补偿系统可以实时地根据平面扫描光程差来调整焦距，保证在较大的成形扫描平面（600 mm × 600 mm）内，任何一点的光斑直径均限制在要求的范围内，较好地保证了扫描质量。

④ 关键技术得到解决。经众多公司多年的改进，SL 工艺中关键的树脂刮平系统已达到很高的水平，大多数光固化设备的刮平精度可达 0.02 ~ 0.1 mm 的范围，如真空吸附式和主动补偿式刮板系统。高精度、高速度刮平系统大大提高了光固化成形的精度与效率。

但这种方法也有自身的局限性，比如需要支撑，树脂收缩导致精度下降，光固化树脂有一定的毒性等。

13.5.2 FDM（fused depostion modeling）工艺

FDM（熔融沉积制造）工艺的材料一般是热塑性材料，如蜡、ABS、PC、尼龙等，以丝状供料。材料在喷头内被加热熔化。喷头沿零件截面轮廓和填充轨迹运动，同时将熔化的材料挤出，材料迅速固化，并与周围的材料黏接。图 13.3 为 FDM 工艺原理图。

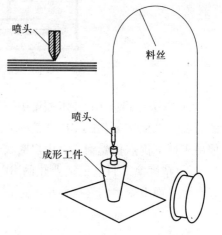

图 13.3　FDM 工艺原理图

FDM 工艺不用激光，使用、维护简单，成本较低。用蜡成形的零件原型，可以直接用于失蜡铸造。用 ABS 制造的原型因具有较高强度而在产品设计、测试与评估等方面得到广泛应用。近年来又开发出 PC，PPSF 等更高强度的成形材料，使得该工艺有可能直接制造功能性零件。

该工艺的特点有：

① 成形材料广泛。由于 FDM 工艺的喷嘴直径一般为 0.1～1 mm，所以，一般的热塑性材料如塑料、蜡、尼龙、橡胶等，作适当改性后都可用于 FDM 工艺。同一种材料可以有不同的颜色，可用于制造彩色零件。该工艺也可以堆积复合材料零件，如把低熔点的蜡或塑料熔融时与高熔点的金属粉末、陶瓷粉末、玻璃纤维、碳纤维等混合作为多相成形材料。可成形材料的广泛性是导致 FDM 技术快速发展的根本原因，因为它最大限度地满足了用户对可成形材料多样性的要求。

② 成形设备简单、成本低。FDM 工艺是靠材料熔融实现连接成形，不像 SL、LOM、SLS 等工艺靠激光的作用来成形。没有激光器及其电源，大大简化了设备，降低了成本。FDM 设备运行、维护也相对容易，工作可靠。

③ 成形过程对环境无污染。FDM 工艺所用的材料一般为无毒、无味的热塑性材料，因此对周围环境不会造成污染。设备运行时噪音也很小。

④ 容易向两极发展，制成桌面化和工业化 RP 系统。桌面制造系统是 RP 领域产品开发的一个热点，RP 系统作为 CAD 系统三维图形输出的外设而广泛

被人们接受。由于是在办公室环境中使用，因此要求桌面制造系统体积小，操作、维护简单，噪音小，污染少，且成形的速度快，但精度要求适当降低。

13.5.3　SLS（selective laser sintering）工艺

SLS 工艺又称为选择性激光烧结，是利用粉末状材料成形的。将材料粉末铺洒在已成形零件的上表面，并刮平；用高强度的 CO_2 激光器在刚铺的新层上扫描出零件截面；材料粉末在高强度的激光照射下被烧结在一起，得到零件的截面，并与下面已成形的部分粘接；当一层截面烧结完后，铺上新的一层材料粉末，选择地烧结下层截面。图 13.4 为 SLS 工艺原理图。

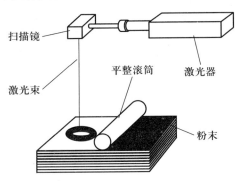

图 13.4　SLS 工艺原理图

SLS 工艺最大的优点在于选材较为广泛，如尼龙、蜡、ABS、树脂裹覆砂（覆膜砂）、聚碳酸酯（poly carbonates）、金属和陶瓷粉末等都可以作为烧结对象。粉床上未被烧结部分成为烧结部分的支撑结构，因而无须考虑支撑系统（硬件和软件）。SLS 工艺与铸造工艺的关系极为密切，如烧结的陶瓷型可作为铸造之型壳、型芯，蜡型可做蜡模，热塑性材料烧结的模型可做消失模。

SLS 工艺又分为直接和间接 SLS 工艺。其中间接 SLS 工艺所用的材料通常是复合粉末，例如裹覆了树脂的砂粒材料，又如与各类黏接剂充分均匀混合的金属或陶瓷粉末。复合粉末要含有低温易熔组元或黏接剂，可以采用低功率激光器在较低温度下使易熔组元熔化，然后得到三维烧结实体，称为"绿件"（green part）。而裹覆砂中的树脂则是典型的黏接剂，其熔点相当低。这种生坯强度较低，但形状准确，经过后处理可以制成高强度的金属或陶瓷零件。后处理常包括脱粘与再烧结两步。生坯放到烧结炉中进行脱粘与再烧结，脱去易熔低强度组分，剩余的高熔点及化学性能稳定的粉末烧结成金属或陶瓷零件。完成的金属件通常呈褐色，称为"褐件"（brown part）。为降低空隙率，"褐件"还可以渗入其他金属如铜等,获得最终金属零件或陶瓷—金属复合零件。

13.5.4   3DP（three dimension printing）工艺

3DP（三维印刷）工艺与 SLS 工艺类似,采用粉末材料成形,如陶瓷粉末,金属粉末。所不同的是材料粉末不是通过烧结连接起来的,而是通过喷头用黏接剂（如硅胶）将零件的截面"印刷"在材料粉末上面。用黏接剂黏接的零件强度较低,还需后处理。先烧掉黏接剂,然后在高温下渗入金属,使零件致密化,提高强度。

具体工艺过程如下:上一层黏接完毕后,成形缸下降一个距离（等于层厚:0.013~0.1mm）,供粉缸上升一高度,推出若干粉末,并被铺粉辊推到成形缸,铺平并被压实。喷头在计算机控制下,按下一建造截面的成形数据有选择地喷射黏接剂建造层面。铺粉辊铺粉时多余的粉末被集粉装置收集。如此周而复始地送粉、铺粉和喷射黏接剂,最终完成一个三维粉体的黏接。未被喷射黏连剂的地方为干粉,在成形过程中起支撑作用,且成形结束后,比较容易去除。图13.5为3DP工艺原理图。

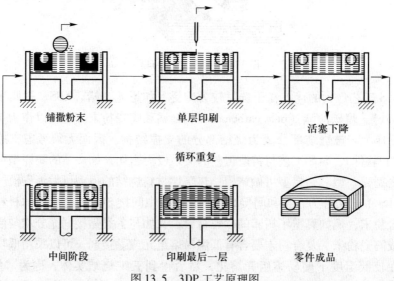

图 13.5   3DP 工艺原理图

该工艺的特点是成形速度快,成形材料价格低,非常适合做桌面型的快速成形设备。并且可以在黏连剂中添加颜料,可以制作彩色原型,这是该工艺最具竞争力的特点之一,有限元分析模型和多部件装配体非常适合用该工艺制造。缺点是成形件的强度较低,只能做概念型使用,而不能做功能性试验。

13.5.5　LOM（laminated object manufacturing）工艺

　　LOM（叠层实体制造或分层实体制造）工艺，采用薄片材料，如纸、塑料薄膜等。片材表面事先涂覆上一层热熔胶。加工时，热压辊热压片材，使之与下面已成形的工件粘接；用 CO_2 激光器在刚黏接的新层上切割出零件截面轮廓和工件外框，并在截面轮廓与外框之间多余的区域内切割出上下对齐的网格；激光切割完成后，工作台带动已成形的工件下降，与带状片材（料带）分离；供料机构转动收料轴和供料轴，带动料带移动，使新层移到加工区域；工作台上升到加工平面；热压辊热压，工件的层数增加一层，高度增加一个料厚；再在新层上切割截面轮廓。如此反复直至零件的所有截面黏接、切割完，得到分层制造的实体零件。图 13.6 为 LOM 工艺原理图。

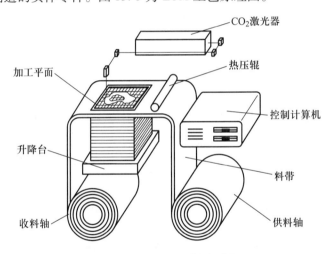

图 13.6　LOM 工艺原理图

　　LOM 工艺只须在片材上切割出零件截面的轮廓，而不用扫描整个截面。因此成形厚壁零件的速度较快，易于制造大型零件，零件的精度较高（<0.15 mm）。工件外框与截面轮廓之间的多余材料在加工中起到了支撑作用，所以 LOM 工艺无需加支撑。

13.5.6　PCM （patternless casting manufacturing） 工艺

　　PCM（无模铸型制造技术）工艺，也是基于快速成形技术的离散/堆积成形原理，但它是一种完全不同于传统铸型制造工艺的造型方法。简单地说，

PCM 工艺的基本原理如图 13.7 所示。首先从零件 CAD 模型得到铸型 CAD 模型。由铸型 CAD 模型的 STL 文件分层，得到截面轮廓信息，再以层面信息产生控制信息。造型时，第一个喷头在每层铺好的型砂上由计算机控制精确地喷射黏接剂，第二个喷头再沿同样的路径喷射催化剂，两者发生胶联反应，一层层固化型砂而堆积成形。黏接剂和催化剂共同作用下的地方的型砂被固化在一起，其他地方的型砂仍为颗粒态。固化完一层后再黏接下一层，所有的层黏接完之后就得到一个空间实体。原砂在黏接剂没有喷射的地方仍是干砂，比较容易清除。清理出中间未固化的干砂就可以得到一个有一定壁厚的铸型，在砂型的内表面涂敷或浸渍涂料之后就可用于浇铸金属。

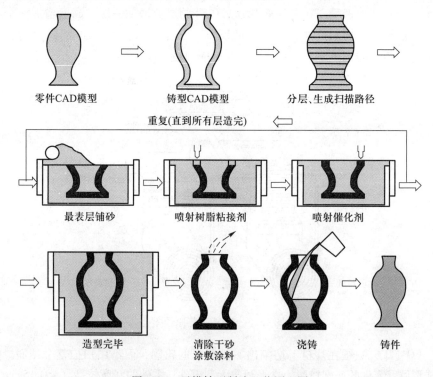

图 13.7   无模铸型制造工艺原理图

与传统铸型制造技术相比，采用快速成形工艺制造砂型具有无可比拟的优越性，它不仅使铸造过程高度自动化、敏捷化，降低工人劳动强度，而且在技术上突破了传统工艺的许多障碍，使设计、制造的约束条件大大减少。具体表现在以下方面：

　　① 制造时间短；

　　② 制造成本低；

③ 无需木模；

④ 一体化造型，型、芯同时成形；

⑤ 无起模斜度；

⑥ 可制造含自由曲面（曲线）的铸型。

13.6　快速成形的软件系统

在快速成形制造系统中，机械系统是基础，控制系统是关键，软件系统是灵魂。软件系统由两部分组成，一部分是数据处理软件，另一部分是控制软件。数据处理软件的主要任务是从物体的 CAD 模型或其他模型经过分层、填充产生工艺加工信息的层片文件。这个层片文件可以通过转换生成可供数控加工的 NC 代码文件。控制系统软件主要完成分层信息输入、加工参数设定、生成 NC 代码、控制实时加工等。

快速成形技术中的数据处理过程如图 13.8 所示，图 13.8 中 STL、SLC、CLI 及 HPGL 等文件是 RP 技术的数据转换格式，其中 STL 文件格式最初是在 SL（立体光刻造型）技术中得到应用，由于它在数据处理上较简单，而且与 CAD 系统无关，因而很快发展为快速成形领域中 CAD 系统与快速成形系统之间数据转换的标准。

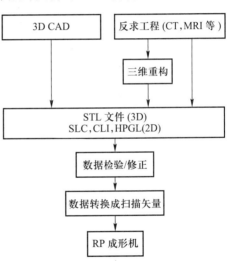

图 13.8　RP 中的数据处理过程

13.6.1　三维 CAD 系统

快速成形技术是计算机技术、数控技术、激光技术、材料和机械科学等发展和集成的结果，CAD 技术实现了零件的曲面或实体造型，能够进行精确的离散运算和繁杂的数据转换。随着六十年代"计算机图形学"的出现，实体造型中诸如边界计算、曲面表示、布尔运算等关键技术的相继解决，能够较真实地表示物体的三维实体模型开始应用。许多具有三维实体造型功能的 CAD 系统陆续问世。

利用三维实体产品模型，设计者在设计产品时，不需要将三维物体进行投影，想象各种角度的视图，用多个剖面表示内容结构，用多个视图解释投影的二义性。而可以直接在计算机上构造三维物体，并赋以质量、颜色等特性，并从任意角度观察物体。随着参数化特征造型技术的发展，设计人员还可以在零件上构造具有加工工艺特性的特征结构，修改原先设计的尺寸，使零件的形态按要求进行变化。

从 RP 的数据处理过程来看，第一步就是 CAD 造型，即利用 CAD 软件设计出所要成形的零件的三维模型，然后再经过定向、加支撑等步骤，将 CAD 模型以 STL 文件格式或层片文件格式输出。产品模型发展到实体模型，能较完整表示一个三维物体。这为 RP 技术的产生准备了条件，同时也提出了需求。因为如果没有能表示三维物体的数据模型，而只是一些图纸，想要用 RP 的原理制造出实体模型就需要手工计算出各个截面，编制每个截面的加工代码。计算劳动量太大，以致无法实现。假设一个零件的高度有 50 mm，每层厚度为 0.1 mm，共 500 层的加工量，而一个人每天计算 10 层，就需 50 天的编程时间。这根本谈不上是快速。因此三维物体的实体模型表示，是 RP 技术的一项重要的支撑技术，它的发展和成熟是 RP 技术出现且实用化的必要条件。

当今的三维 CAD 平台市场百花齐放，在汽车，航天，电子，家电等行业都得到了广泛的应用。高端的系统主要有 UG，Pro/E，CADDS5，I – DEAS，这些 CAD 系统主要以图形工作站为硬件支撑平台，在产品几何造型、运动分析、计算分析、数控编程及绘图方面的功能都很强。目前也开始发行用于 PC 机的版本，如 UG NX，Pro/E Wildfire 等；中端的 SolidEdge，SolidWorks 则是运行在便宜的 PC 机上，这一优势使其对于数量众多的中小型客户具有极大的吸引力，但曲面造型功能不及高端 CAD 系统；低端的 AutoCAD，CAD – KEY 等是以二维为主逐渐向三维扩展的 CAD 系统，目前拥有许多二维设计的用户。尽管这些 CAD 系统建模技术和功能强弱不同，但它们的出现无疑大大地推进了 CAD 技术在现代化生产中的广泛应用，同时也带动了快速成形技术在各个领域的应用。

13.6.2 STL 数据模型

由于 CAD 系统众多，数据格式各不相同，因而 CAD 模型要拿到快速成形系统中进行制造，必须进行数据转换。常用的转换格式有：STL、IGES、

VRML、CFL、CLI、SLC、PHGL、DXF、VDA – FS 等。

STL 文件是 SLA 设备生产厂家美国 3D Systems 公司提出的一种用于 CAD 模型与 RP 设备之间的数据转换的文件格式，现在已为几乎所有的 RP 设备制造商及相关的 CAD 系统所接受，成为 RP 技术领域中事实上的"准"工业标准。目前国际市场上三维 CAD 软件基本都配有 STL 文件接口，比如 Pro/ENGI-NEER、UG、I – DEAS、CADKEY，CATIA，SolidWorks、SolidEdge，AutoCAD 等。它最大的优点是简单、通用、灵活，但也有易产生错误、不够精确、数据量大、不包含加工面信息等缺点。

STL 文件是通过对 CAD 实体模型或曲面模型进行表面三角化离散得到的，是一种由小三角形面片构成的三维多面体模型。从几何上看，STL 文件的定义如图 13.9 所示，每一个三角形面片用三个顶点表示。每个顶点由其坐标(X，Y，Z)表示。由于必须指明材料包含在面片的那一边，所以每个三角形面片还必须有一个法向，用(Xn，Yn，Zn)表示。对于多个三角形相交于一点的情况，由于与此点有关的每个三角形面片都要记录该点，则此点被重复记录多次，造成数据的冗余。从整体上看，STL 文件是由许多这样的三角形面片无序地排列集合在一起组成的，如图 13.10 所示。

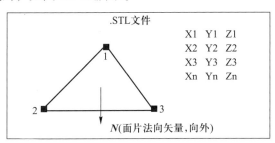

图 13.9　STL 文件格式

一般情况下，三角形的个数与该模型的近似程度密切相关。三角形数量越多，近似程度越好，精度越高；三角形数量越少，则近似程度越差。用同一 CAD 模型生成两个不同的 STL 文件，精度高者可能要包含多达 10 万个三角形面片，文件达数兆，而精度低者可能只用几百个三角形面片，这对后续处理的时间和难度影响很大。所以，在输出 STL 文件时，必须慎重选择输出精度，如果精度选择不当，有可能出现以下两种情况：

① 文件精度不足，通常这种情况下 STL 文件会比较小，只有几 K 到几百 K 字节。低精度的 STL 文件会降低其描述 CAD 模型的能力，将一些曲面，球面用较少的面片表达，使得这些表面的光顺程度较低，如用八棱柱表示圆柱等。因而造成制作出的原型上有很明显的平面和棱角，降低了原型的质量。在

一些比较复杂的 CAD 模型上很容易发生这样的问题。在较低的精度设定下，STL 文件可能大致上看精度不错，但一些小孔，小柱就会成为多边棱柱，严重影响原型的整体质量。

　　② 文件过大，通常在比较复杂，曲面较多的 CAD 模型和反求出的 CAD 模型上容易出现。这是由于文件输出精度过高形成的。该情况容易造成两个问题：a. 文件传输速度慢，现在快速成形系统经常通过网络用 ftp，email 等形式传输 STL 模型，过大的文件会延长传输时间，在网络条件较差的情况下甚至无法传输，造成不必要的损失。b. 数据处理慢。STL 模型要经过 RP 系统的专用软件处理后才可以输入快速成形机造型。几十、上百兆的 STL 文件会加重软件处理的负担，延长处理时间，降低成形速度，甚至造成软件无法对其进行处理。

　　所以从 CAD 系统输出 STL 模型是一定要选择合适的输出精度。

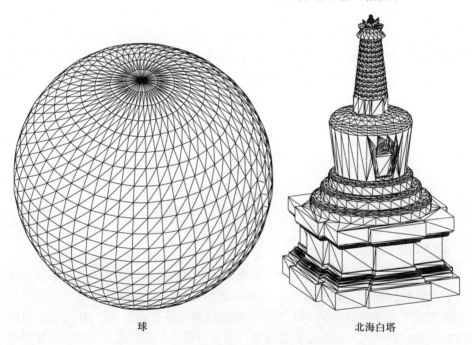

球　　　　　　　　　　　　北海白塔

图 13.10　用 STL 文件表示的三维实体

13.6.3　反求工程

　　传统的产品开发流程是一种预定的顺序模式，即从市场需求抽象出产品的功能描述，然后进行概念设计，在此基础上进行总体及详细的零部件设计。然而在很多场合下产品的初始信息状态不是 CAD 模型，而是各种形式的物理模型或实物样件，若要进行仿制或再设计，必须对实物进行三维数字化处理。数字化手段包括传统测绘及各种先进测量方法，将获得的三维离散数据作为初始素材，借助专用曲面处理软件和 CAD 系统构造实物的 CAD 模型。

反求工程技术广泛应用于汽车、航空、家电、电子、模具等众多领域，是快速成形技术除 CAD 系统外另一大数据来源。

反求工程中常用的一些三维数据获取技术有如下几种。

1. 机械坐标测量机（CMM）

坐标测量机作为一种精密的几何量测量手段，在工业中得到广泛应用。传统的坐标测量机多采用机械探针等触发式测量头，可通过编程规划扫描路径进行点位测量，逐次获取被测形面上一点的 X，Y，Z 坐标值。三坐标测量机的特点是测量精度高，对被测物的材质和色泽无特殊要求等优点。对于没有复杂内部型腔、特征几何尺寸多、只有少量特征曲面的零件，CMM 是一种非常有效可靠的三维数字化手段。

2. 激光线结构光扫描

激光线结构光扫描测量法是一种基于三角测量原理的主动式结构光编码测量技术，亦称为光切法（light sectioning），通过将一激光线结构光投射到三维物面上，利用 CCD 摄取物面上的二维变形线图像，即可解算出相应的三维坐标。

3. 投影光栅法

这是一类主动式全场三角测量技术，通常采用普通白光将正弦光栅或矩形光栅投影于被测物面上，根据 CCD 摄取变形光栅图像，根据变形光栅图像中条纹像素的灰度值变化，可解算出被测物面的空间坐标，这类测量方法具有很高的测量速度和较高的精度，对计量场背景、对比度变化及系统噪声有较低的敏感性，是近年发展起来的一类较好的三维传感技术。

4. 层切图像法

层切图像法可用于测量物体截面轮廓的几何尺寸，其工作过程为：将待测零件用专用树脂材料（填充石墨粉或颜料）完全封装，待树脂固化后，把它装夹到铣床上，进行微吃刀量平面铣削，结果得到包含有零件与树脂材料的截面，然后由数控铣床控制工作台移动到 CCD 摄像机下，位置传感器向计算机发出信号，计算机收到信号后，触发图像采集系统驱动 CCD 摄像机对当前截面进行采样、量化，从而得到二维离散数字图像。层切法可对有孔及内腔的物体进行测量，不足之处是这种测量是破坏性不可逆的过程。

5. 计算机断层扫描（CT）法

计算机断层扫描（CT）技术最具代表的是基于 X 射线的 CT 扫描机，它是以测量物体对 X 射线的衰减系数为基础，用数学方法经过计算机处理而重建断层图像，这种方法最早是应用于医疗领域，目前已经开始用于工业领域（所谓"工业 CT"），特别针对中空物体的无损三维测量。快速成形应用与医学方面时，经常要用到 CT 或 MRI 数据进行反求。

常用的反求工程软件有 CopyCAD，Surface，Imageware，GeoMagic 等。

13.6.4　快速成形数据处理软件

从 CAD 或反求得到 3D 模型是不能直接在快速成形系统中使用的，必须经过数据处理软件将其分解为层片后才可输入成形机进行制造。快速成形软件的核心功能是将 CAD 模型进行离散分层，并按照一定的工艺流程规划，自动生成 NC 代码。整个软件系统可以分为以下几个模块，如图 13.11 所示。

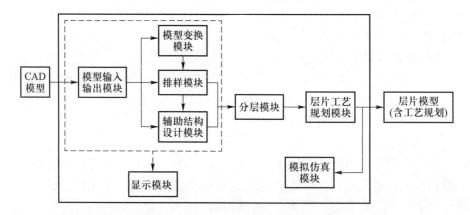

图 13.11　快速成形数据处理软件系统

数据处理软件主要有如下功能：

1. 优化加工方向

快速成形制造的加工方向是工艺规划中的一个很重要的方面，直接影响加工质量。由于存在原理性的制造误差——"台阶误差"，选取不同的加工方向时，精度和表面质量可能相差很大。另外，不同的加工方向影响总的分层数，对 SL 等工艺，会造成加工时间的重大差别。对于 SL 和 FDM 等工艺，加工方向则密切影响支撑的添加方式，支撑数量的多少和大小。可见，零件的造型方向影响它的表面质量、加工时间、支撑质量以及不同方向的强度。起初，造型方向是由设计者或者加工者通过手工进行选择。他们研究零件的特征，根据需要选择某一个造型方向，然后在 CAD 造型软件或者 STL 文件的数据处理软件中对零件进行旋转。近些年来，研究者研究了一些全自动或者半自动的判断最佳造型方向的方法。台阶大小、支撑接触面积、加工时间、表面质量、应力变形等是考虑加工方向的几个主要因素，如图 13.12 所示。

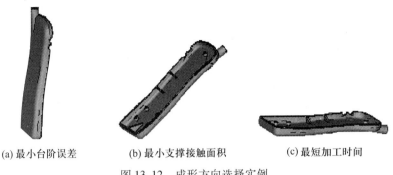

(a) 最小台阶误差　　　　　(b) 最小支撑接触面积　　　　(c) 最短加工时间

图 13.12　成形方向选择实例

2. STL 模型校验和修复

RP 工艺对 STL 文件的正确性和合理性有较高的要求，主要是要保证 STL 文件无裂缝、空洞、无悬面、重叠面和交叉面，以免造成分层后出现不封闭的环和歧义现象。从 CAD 系统中输出的 STL 模型错误概率较小，而从反求系统中获得的 STL 模型较多。错误原因和自动修复错误的方法一直是快速成形软件领域的重要方向。

STL 文件出现的许多问题往往来源于 CAD 模型中存在的一些问题，这些问题最好是返回到 CAD 系统在产生 STL 文件以前解决，而不是在 RP 系统中处理。

3. 分层

按照一定的厚度对 CAD 模型进行离散处理。由于 STL 是三角化的表面模型，存在精度等缺陷。为解决这个问题，提出了 CAD 系统内进行直接分层（direct slicing），在 CAD 造型数据结构的基础上直接进行分层操作，无须借助中介的文件转换方式（如图 13.13 所示），从而在根本上解决从 CAD 到 RP 的数据转换问题。

4. 辅助结构设计

不同的工艺需要不同的辅助结构。有些工艺在成形加工时需要通过软件添加支撑结构，比如 SLA 和 FDM 等工艺。另外一些工艺在成形过程中不需要另外添加支撑，而是用自身材料作为支撑，如分层实体制造（SSM）工艺中切碎的纸，SLS，3DP 中未成形的粉末。支撑结构在固定零件，保持零件形状，减少翘曲变形方面有着重要作用（如图 13.14 所示）。不同工艺对支撑的要求是大同小异的，为后续层提供定位和支撑，并可以去除。支撑的质量主要从以下三方面进行判断：① 支撑的强度和稳定性；② 支撑的加工时间；③ 支撑的可去除性。一个不良的支撑结构会造成变形、位置偏移、坍塌、裂缝等问题，甚至造成无法成形。

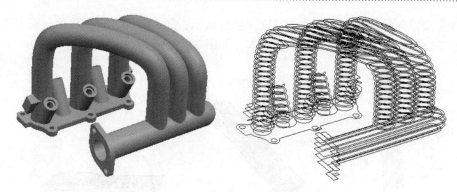

图 13.13 STL 模型及其分层结果

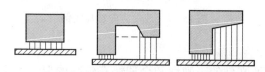

图 13.14 SL 工艺的待支撑区域

根据零件几何形状的不同，可以选用不同的支撑类型。常见的支撑类型有：网状支撑、线状支撑、点状支撑和三角片状支撑（图 13.15）等。网状支撑一般用于大面积的支撑区域。对于狭长的支撑区域，应采用由通过其中线的纵板和若干横板组成的线状支撑。点状支撑用于非常小的支撑区域，并且要比待支撑区域稍大。而三角片状支撑用于垂直悬臂，可以大大减少支撑体积，提高支撑的可去除性。

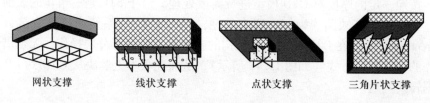

网状支撑　　　　线状支撑　　　　点状支撑　　　　三角片状支撑

图 13.15 SL 的支撑类型

5. 层片扫描路径规划

扫描路径是指加工过程中扫描头扫描的轨迹，一般包括轮廓和填充两部分。根据 RP 工艺的不同，扫描方式会有很大的不同。合适的扫描方式和路径规划可以提高原型的精度，表面质量和强度，节约造型时间和成型材料。SL、LOM、FDM、SLS 等各工艺的轮廓和填充方式不同，如图 13.16 所示。根据工艺要求，轮廓有时还需加上"刀偏"补偿，以提高加工精度。工艺要求决定了"刀偏"补偿及填充方式。

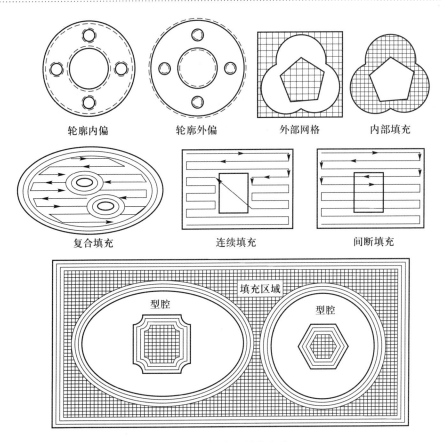

图 13.16　轮廓及填充方式

6. 模型的几何处理

包括大原型分割拼装，以及模型抽壳，反型规则等。分割拼装成形，是将一个 CAD 模型按一定方式分成几个子块之后采用快速成形方法分别加工出来，再采用黏接等方式拼合到一起，形成一个完整的原型。抽壳是将原型进行空腔化处理，减少成形体积，提高成形速度和材料利用率。反型则是计算 CAD 模型的凹模或凸模，以成形零件的模具或铸形，在快速工模具制造方面有广泛的应用。

7. 排样

多零件排样在快速成形制造中有着很重要的意义，其目标是使原型排列尽可能稠密，从而使加工空间的利用效率最大化，提高成形速度和材料利用率。

国外各种 RP 设备一般都带有自己的数据处理软件，如 3D SYSTEM 公司的 lightyear、QuickCast，Helisys 公司的 LOMSlice，DTM 的 Rapid Tool，Stratasys

公司的 QuickSlice、SupportWorks、AutoGen, Cubital 的 SoliderDFE, Sander Prototype 公司的 ProtoBuild 和 ProtoSupport 等。

由于 CAD 与 RP 的接口软件开发的困难性和相对独立性，国外涌现了一些作为 CAD 与 RP 系统之间桥梁的第三方软件。这些软件的开发者一般为个人或公司，软件功能不多，一般针对 RP 工艺规划中某个方面的问题。比较著名的一些软件有 CIDES、Brigeworks、ADMesh、SHAPES、SolidView、Blockware、RapidTools、Magics、Surfacer、DeskArtes、STL – Manager 等。

Bridge Works：由美国的 Solid Concept 公司在 1992 年推出，后经不断改进，现已发展到 Version 4.0 以上。该软件可通过对 STL 模型特征的分析，自动添加各种支撑。

STL Manager：由美国的 POGO 公司于 1994 年推出，主要用于 STL 的显示和支撑添加。

DeskArtes：包括 View Expert、3Data Expert、Design Expert、Rapid Tools 四个模块。

VisCAM：Marcam Engineering 公司开发，可为多种 RP 设备进行数据处理。

Magics：比利时的 Materialise 公司在 1993 年推出的 Magics 是功能强大，应用广泛的一个优秀的第三方数据接口软件。现已发展到 Version 9.1，包括 Magics Communicator、Magic RP、Magic Tooling、Mimics、Surgicase 等模块，可以进行基于 STL 文件的显示、错误检验、自动添加支撑、分层、制造时间估计等处理，还提供了各种对 CT、IGES 和多种 CAD 系统数据文件的有效处理。

复习思考题

1. 快速成形制造技术的原理和特点是什么？
2. 快速成形制造技术的分类是什么，并举出每种类型的典型工艺。
3. 快速成形制造技术的主要用途是什么？
4. 快速成形的软件系统由哪几部分组成？

第14章 三坐标测量技术简介

三坐标测量又称为三次元测量，是一种基于坐标测量的通用数字测量方式。三坐标测量机（coordinate measuring machine——CMM）是指在一个六面体的空间范围内，能够表现几何形状、长度及圆周分度等测量能力的机器。三坐标测量机的测量功能应包括尺寸精度、定位精度、几何精度及轮廓精度等。从 60 年代起，随着电子、计算机及传感器等技术的迅速发展，三坐标测量机的功能得到很大的改善，可以对工件的尺寸、几何形状及轮廓等测量达到快速且精确，三坐标测量成为现代工业测量不可或缺的利器。

14.1 三坐标测量的基本原理及特点

14.1.1 三坐标测量的基本原理

三坐标测量是将被测零件放入测量机容许的测量空间内，通过对零件表面点的测量来获取零件形面上离散点的几何信息，根据这些点的空间坐标值，计算机对被测得点或点群进行分析拟合、数据处理及计算，最终获得被测零件的几何尺寸、形状和位置等。

测量过程中，测量机首先将各被测几何元素的测量转化为对这些几何元素上一些点集坐标位置的测量，在测得这些点的坐标位置后，再根据这些点的空间坐标值，经过数学运算求出其尺寸和形位误差。如图 14.1 所示，要测量工件上一圆柱孔的直径，可以在垂直于孔轴线的截面 I 内，触测内孔壁上三个点

（点1、2、3），再根据这三点的坐标值就可计算出孔的直径及圆心坐标 O_1；如要测圆的圆度，则要在该截面内触测三个以上的点，根据最小二乘法或最小条件法计算出该截面圆的圆度误差；同理，要测孔的圆度，则要对多个垂直于孔轴线的截面圆进行测量，根据各圆心坐标值还可计算出孔轴线位置等。

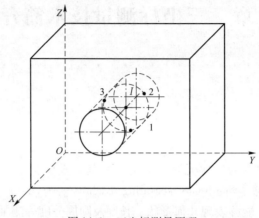

图 14.1   三坐标测量原理

14.1.2   三坐标测量的特点

三坐标测量机一般采用计算机数控系统，自动化、柔性化、稳定性方面都较好。它的特点主要有：

① 数字式测量。测量以数字的形式来表示，测量信号一般为电脉冲，可以将它直接送到数控装置进行比较处理和显示。数字式测量装置比较简单、位移脉冲信号抗干扰能力较强。

② 测量精度高且质量稳定。数控系统定位精度和重复定位精度高，测量精度和质量由设备来保证，精度不受零件复杂程度的影响，一般测量精度能达到 ±0.002 mm，能测量形状复杂的零件。

③ 自动化程度高。测量一般通过程序来控制，消除了操作者的人为误差。三坐标测量机能快速准确地评价尺寸数据，可大幅提高产品质量，加快生产速度和提高生产效率。

④ 成本高。采用计算机控制，有驱动装置、光栅检测装置和脉冲编码器等精密部件，所以，三坐标测量机虽有很多优点，但价格很昂贵。

14.1.3   三坐标测量机的应用

三坐标测量机由于测量精度高、速度快，已广泛用于机械制造业、汽车、电子、航空航天及国防等各领域。主要应用体现在以下方面：

① 对复杂精密类零件测量。三坐标测量机可以对工件的尺寸、形状和形位公差进行精密检测，可完成各种复杂形状的测量，是测量和获得尺寸数据的最有效的方法之一，可以代替多种表面测量工具及昂贵的组合量规，可大大缩短复杂测量所需的时间。

② 对数控加工过程控制。现代三坐标测量机不仅能在计算机控制下完成各种复杂测量，而且可以通过与数控机床交换信息，为操作者提供关于生产过程状况的数字信息，实现对加工的质量控制。

③ 逆向工程设计。运用三坐标测量机能获得产品三维数字化原始数据（点云/特征），通过对测量数据处理，进行曲面重构，甚至实体重构，可实现产品的逆向工程设计。

14.2　三坐标测量机的结构

14.2.1　三坐标测量的分类

三坐标测量机种类繁多、形式各异、性能多样，可按不同方法对其进行分类。

1. 按结构分

测量机按结构主要分为悬臂式、单立柱式和门式等类型如图 14.2 所示。

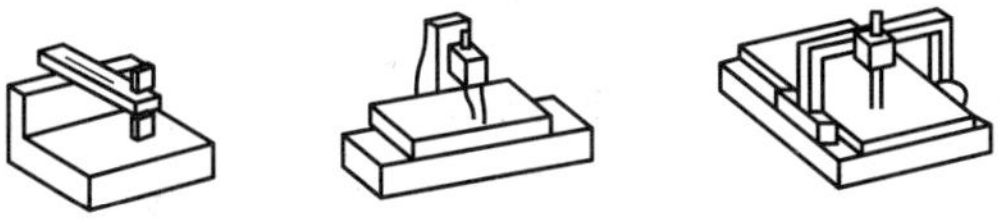

(a) 悬臂式　　　　(b) 单立柱式　　　　(c) 门式

图 14.2　三坐标测量机的三种不同结构

① 悬臂式结构，移动组件的惯性较少，操作容易，但刚性较差，主要用于低等精度的测量机。

② 单支柱式，Z 轴为主轴在垂直方向移动，支柱整体沿着水平面的导槽在 Y 轴上移动，且垂直 Z 轴，而 X 轴连接于支柱上。这种结构刚性好，变形少，但移动范围小，主要用于小型的三坐标测量机。

③ 门式结构，水平梁的两端被支柱支撑，比悬臂式有更高的精度和更好

的刚性，移动范围也很大，大部分用于较大型的三坐标测量机。

2. 按安置的方位分

按测头在测量机上安置的方位，三坐标测量机可分为三种基本类型：垂直式、水平式和便携式。

① 垂直式坐标测量机（如图 14.3a 所示）在垂直臂上安装测头。这种测量机的精度比水平式测量机要高，因为桥式结构比较稳固而且移动部件较少，使得它们具有更好的刚性和稳定性。垂直式三坐标测量机包含各种尺寸，可以测量从小齿轮到发动机箱体，甚至是商业飞机的机身。

② 水平式测量机（如图 14.3b 所示）把测头安装在水平轴上。它们一般应用于检测大型工件，如汽车的车身等，以中等水平的精度检测为主。

③ 便携式测量机（如图 14.3c 所示）简化了那些不能移到测量机上的工件和装配件的测量，便携式测量机可以安装在工件或装配件上面甚至是里面，这便允许对内部空间的测量，允许用户在装配现场实地测量，从而节省了移动、运输和测量单个工件的时间。

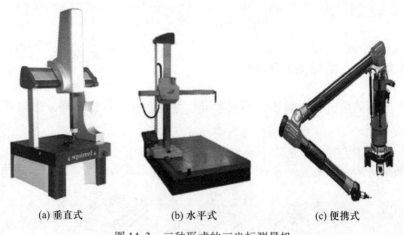

(a) 垂直式　　　　　(b) 水平式　　　　　(c) 便携式

图 14.3　三种形式的三坐标测量机

3. 按测量方式分

三坐标测量机按测量方式通常可分为接触式、非接触式和接触与非接触并用式。

① 接触测量方式指通过测头在工件上进行取点组合来进行测量。常用于机加工产品、压制成形产品、金属膜等的测量。

② 非接触式三坐标测量机就是用扫描头对被测工件表面进行数据点扫描来进行测量，主要用于对容易发生变形的工件的检测，如手机模具的生产、印刷线路的生产，还可为逆向工程提供工件原始信息等。

14.2.2　三坐标测量机的组成

三坐标测量机需要三个方向的标准器（标尺），利用导轨实现沿相应方向的运动，还需要三维测头对被测量进行探测和瞄准。此外，测量机还具有数据处理和自动检测等功能，需由相应的电气控制系统与计算机软硬件实现。

三坐标测量机一般由机床本体、三维测头系统、数据处理软件系统和电气控制硬件系统等部分组成，如图 14.4 所示。

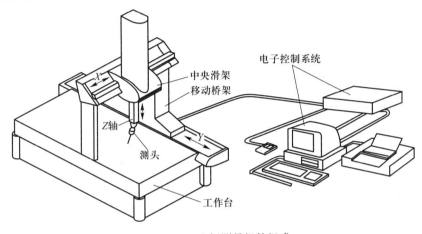

图 14.4　三坐标测量机的组成

1. 机床本体

主要包括：

① 框架，是指测量机的主体机械结构架子。它是工作台、立柱、桥架、壳体等机械结构的集合体。

② 标尺系统，是测量机的重要组成部分，是决定仪器精度的一个重要环节。三坐标测量机所用的标尺有光栅尺、线纹尺、精密丝杠、感应同步器、磁尺及光波波长仪等，该系统还应包括数显电气装置。

③ 导轨，是测量机实现三维运动的重要部件。测量机多采用气浮导轨、滑动导轨和滚动轴承导轨，而以气浮静压导轨为主要形式。气浮导轨由导轨体和气垫组成，有的导轨体和工作台合二为一。气浮导轨还应包括气源、稳压器、过滤器、气管、分流器等一套气动装置。

④ 驱动装置，是测量机的重要运动机构，可实现机动和程序控制伺服运动的功能。在测量机上一般采用的驱动装置有丝杠螺母、滚动轮、钢丝、齿形带、齿轮齿条、光轴滚动轮等，并配以伺服马达驱动。

⑤ 平衡部件，主要用于 Z 轴框架结构中。它的功能是平衡 Z 轴的重量，以使 Z 轴上下运动时无干扰，使检测时 Z 向测力稳定。如更换 Z 轴上所装的测头时，应重新调节平衡力的大小，以达到新的平衡。Z 轴平衡装置有重锤、发条或弹簧、气缸活塞杆等类型。

⑥ 转台与附件，转台是测量机的重要元件，它使测量机增加一个转动运动的自由度，便于某些种类零件的测量。转台包括分度台、单轴回转台、万能转台（二轴或三轴）和数控转台等。用于坐标测量机的附件很多，视需要而定。一般指基准平尺、角尺、步距规、标准球体（或立方体）、测微仪及用于自检的精度检测样板等。

2. 三维测头系统

即三维测量的传感器，它可在三个方向上感受瞄准信号和微小位移，以实现瞄准与测微两种功能。测量的测头主要有硬测头、电气测头、光学测头等，此外还有测头回转体等附件。测头有接触式和非接触式之分。按输出的信号分，有用于发信号的触发式测头和用于扫描的瞄准式测头、测微式测头。

3. 数据处理软件系统

即测量机软件，包括控制软件与数据处理软件。这些软件可进行坐标交换与测头校正，生成探测模式与测量路径，可用于基本几何元素及其相互关系的测量，具有统计分析、误差补偿和网络通信等功能。

4. 电气控制系统

主要包括：

① 测量机的电气控制部分，它具有单轴与多轴联动控制、外围设备控制、通信控制和保护与逻辑控制等。

② 计算机硬件部分，三坐标测量机可以采用各种计算机，一般有 PC 机和工作站等。

③ 打印与绘图装置，此装置可根据测量要求，打印出数据、表格，亦可绘制图形，为测量结果的输出设备。

复习思考题

1. 简述三坐标测量机的测量原理及特点。
2. 三坐标测量机的主要用途有哪些？
3. 从结构上分，三坐标测量机可分为哪几种？各有何优点？

参考文献

[1] 傅水根，李双寿. 机械制造实习［M］. 北京：清华大学出版社，2009.
[2] 张木青，于兆勤. 机械工程训练教材［M］. 广州：华南理工大学出版社，2004.
[3] 鞠鲁粤. 机械制造基础［M］. 上海：上海交通大学出版社，2007.
[4] 林建榕，王玉，蔡安江. 工程训练［M］. 北京：航空工业出版社，2004.
[5] 贺锡生. 金工实习［M］. 南京：东南大学出版社，1996.
[6] 李卓英. 金工实习教材. 北京：北京理工大学出版社. 1995.
[7] 范全福. 金工实习教材. 北京：高等教育出版社. 1986.
[8] 宋力宏，倪为国. 金属工艺学实习教材［M］. 天津：天津大学出版社，1999.
[9] 张力真，徐允长. 金属工艺学实习教材［M］. 3 版. 北京：高等教育出版社，2001.
[10] 陈培里. 金属工艺学实习指导及实习报告［M］. 浙江：浙江大学出版社，1996.
[11] 任润刚. 金工实习［M］. 北京：机械工业出版社，1989.
[12] 孙希羚. 机械工艺基础［M］. 北京：北京理工大学出版社，1995.
[13] 蒋亨顺. 数控机床编程与操作（电加工分册）［M］. 北京：中国劳动社会保障出版社，2002.
[14] 王连英. 数控线切割机床加工技术［M］. 武汉：武汉理工大学出版社，2004.
[15] 张学仁. 电火花线切割加工技术工人培训自学教材［M］. 哈尔滨：哈尔滨工业大学出版社，1989.
[16] 郭洁民. 电火花加工技术问答［M］. 北京：化学工业出版社，2007.
[17] 张国雄. 三坐标测量机［M］. 天津：天津大学出版社，1999.

［18］曹麟祥，汪慰军．三坐标测量机的现状、发展与未来［J］．宇航计测技术，1996（02）：15－19．

［19］Kunzmann H. Trapet E.，Waldele F. Concept for the Traceability of Measurements with Coordinate Measuring Machines［G］. 7th International Precision Engineering Seminar. Kobe Japan：1993：40－52.

［20］梁荣茗．三坐标测量机的设计、使用维修与检定［M］．北京：中国计量出版社，2001．

［21］祝婷．几何量精度测量技术实践［M］．南京：东南大学出版社，2005．

［22］申树义，高济．塑料模具设计［M］．北京：机械工业出版社，1993．

［23］李树，贾毅．塑料吹塑成型与实例［M］．北京：化学工业出版社，2006．

［24］张荫朗．塑料注射模具［M］．北京：中国石化出版社，1995．

［25］王旭．塑料模结构图册［M］．北京：机械工业出版社，1994．

［26］赵小东．金工实习［M］．南京：东南大学出版社，1997．

［27］李学枢，石伯平．金属工艺学实习教材［M］．北京：高等教育出版社，1997．

［28］陆文华．铸铁及其熔炼［M］．北京：机械工业出版社，1981．

［29］郑来苏．铸造合金及其熔炼［M］．西安：西北工业大学出版社，1994．

［30］盛善权．机械制造［M］．北京：机械工业出版社，1999．

［31］孙维峰．快速成型（RP）的原理方法及应用［J］．机电技术，2008，31（03）：9－11．

［32］李玉蓉．快速成型技术的应用［J］．科技信息，2011（13）：95．

［33］刘晓辉．快速成型技术发展综述［J］．农业装备与车辆工程，2008（02）：10－13．

［34］罗新华，花国然．快速原型制造技术的应用及进展［J］．机械制造，1998（03）：7－9．

［35］韩霞．快速成型技术与应用［M］．北京：机械工业出版社，2006．

［36］崔波，刘青社，崔世强．快速成形制造技术的发展与应用［J］．河北工业科技，2000，17（01）：41－45．

［37］黄树槐，张祥林，马黎，黄乃瑜．快速原型制造技术的进展［J］．中国机械工程，1997（05）：8－12．

［38］牛爱军，党新安，杨立军．快速成型技术的发展现状及其研究动向［J］．热加工工艺，2008，37（05）：116－118．

［39］王延庆，王广春，孙金平．基于快速原型技术的金属粉末成形方法［J］．粉末冶金工业，2005，15（02）：32－36．

郑重声明

高等教育出版社依法对本书享有专有出版权。任何未经许可的复制、销售行为均违反《中华人民共和国著作权法》,其行为人将承担相应的民事责任和行政责任;构成犯罪的,将被依法追究刑事责任。为了维护市场秩序,保护读者的合法权益,避免读者误用盗版书造成不良后果,我社将配合行政执法部门和司法机关对违法犯罪的单位和个人进行严厉打击。社会各界人士如发现上述侵权行为,希望及时举报,本社将奖励举报有功人员。

反盗版举报电话　(010) 58581999　58582371　58582488

反盗版举报传真　(010) 82086060

反盗版举报邮箱　dd@hep.com.cn

通信地址　北京市西城区德外大街 4 号　高等教育出版社法律事务与版权管理部

邮政编码　100120